国家示范骨干高职院校重点建设专业系列教材

园林植物生产

胡秀良　张苏丹　主编

中国农业大学出版社
·北京·

内 容 简 介

园林植物让城市和乡村充满生机,园林植物生产是城镇绿化建设的物质基础,本教材从生产第一线吸取精华,本着教学做合一的教学理念,将园林植物生产按实际工作岗位的主要工作任务分为园林苗木生产、园林花卉生产和园林草坪生产三个部分,重点介绍各类苗木、花卉和草坪的生产过程与方法,内容及编排体现操作性、针对性和实用性。全书内容深入浅出,简明易懂,可读性强。本教材可作为农林高职院校园林、园艺类专业教材,亦可供园林绿化部门技术工作者、园林绿化公司经营人员和苗木花卉生产从业人员及专业户参考。

图书在版编目(CIP)数据

园林植物生产/胡秀良,张苏丹主编. —北京:中国农业大学出版社,2012.12
ISBN 978-7-5655-0647-5

Ⅰ.①园…　Ⅱ.①胡…②张…　Ⅲ.①园林植物-观赏园艺　Ⅳ.①S688

中国版本图书馆 CIP 数据核字(2012)第 311103 号

书 名 园林植物生产	
作 者 胡秀良　张苏丹　主编	
策划编辑 姚慧敏　伍 斌	**责任编辑** 洪重光
封面设计 郑 川	**责任校对** 王晓凤　陈 莹
出版发行 中国农业大学出版社	
社 址 北京市海淀区圆明园西路2号	**邮政编码** 100193
电 话 发行部 010-62818525,8625	**读者服务部** 010-62732336
编辑部 010-62732617,2618	**出 版 部** 010-62733440
网 址 http://www.cau.edu.cn/caup	**e-mail** cbsszs @ cau.edu.cn
经 销 新华书店	
印 刷 北京时代华都印刷有限公司	
版 次 2012年12月第1版　2012年12月第1次印刷	
规 格 787×1092　16开本　14.5印张　354千字	
定 价 25.00元	

图书如有质量问题本社发行部负责调换

编 审 人 员

主　编　胡秀良（黄冈职业技术学院）

　　　　张苏丹（黄冈职业技术学院）

副主编　陈全胜（黄冈职业技术学院）

　　　　王银林（黄冈职业技术学院）

　　　　陈彦霖（黄冈职业技术学院）

　　　　李小梅（黄冈职业技术学院）

参　编　毕　宇（黄冈职业技术学院）

　　　　胡文胜（黄冈职业技术学院）

　　　　杨辉德（黄冈职业技术学院）

　　　　廖祥六（黄冈职业技术学院）

　　　　陈　强（武汉市天马园林绿化工程有限公司）

　　　　陈金锋（武汉桑田绿化工程有限公司）

　　　　林加祥（浙江东方市政园林工程有限公司）

　　　　邢娟娟（武汉麦琪鲜花责任有限公司）

　　　　张力行（黄冈市花卉蔬菜科学技术研究所）

主　审　童仕彬（黄冈市花木盆景协会）

前　言

　　为满足城镇园林绿化行业和产业对高级技术应用型人才的需求,适应园林园艺行业实际工作岗位分工的变化,鉴于目前高职高专一体化教材不足的现状,根据高职高专教育教学改革的要求,我们组织了一批学术水平高,教学和生产实践经验丰富的教师和行业专家,编写了《园林植物生产》教学实践一体化教材。

　　本教材的编写原则是,注重教学与实践的融合性,突出知识与技术的实用性,体现学习与操作的程序性,强化技能与经验的科学性。

　　园林植物生产是园林园艺类专业的核心课程,是园林绿化、园林园艺生产从业人员必须掌握的应用性技术。因此,编写本教材要达到的目标,一是坚持理论与实践的高度融合,力争实现一体化教学;二是贯彻理论必需且够用的原则,突出实践主题,力争做到知识与技能同步并进;三是贴近生产实际,精选典型工作任务,力争提高学生的就业能力。

　　园林植物生产涉及的园林植物种类繁多,生长特性各异,生产方法与技术复杂,实践操作要求高。尽管我们努力将实际生产的典型任务、典型对象和典型技术纳入教材,而且为了能做到提高技能,积累经验,触类旁通,在教材中还包含实训和附录,但由于时间仓促,经验不足,编者水平有限,书中难免有疏漏与错误之处,恳请各位专家、同行和读者不吝赐教,谢谢!

　　本教材在编写过程中得到了清华大学、华中农业大学、黄冈市园林绿化管理局、鄂州市园林绿化管理局、黄冈市花木盆景协会、武汉法雅园林集团有限公司、黄冈市花卉蔬菜科学技术研究所、鄂州市枫叶红园林景观设计工程有限公司等单位的大力支持,在此表示由衷的感谢!

编　者

2012 年 10 月

目　录

单元 1　园林苗木生产

课题 1　园林苗圃的建立

◈**学习目标**

　　了解苗木苗圃的任务和分类；熟悉园林苗圃区划工作的内容；掌握园林苗圃建立的程序；能进行苗圃地的选址和规划设计。

◈**教学与实践过程**

一、工具和材料准备

　　工具：皮尺、铅笔、放大镜、三角板、计算器等绘图工具。

　　材料：已建苗圃图纸、设计说明书和苗圃档案，材料纸。

二、园林苗圃基本知识

　　城镇园林绿化建设和管理是我国城镇建设中的一项重要工作。园林树木、花卉、草坪及地被植物是城镇园林绿化的重要材料，是园林绿化建设的物质基础，不仅要有相当的数量，而且要有丰富的种类，以及较高的质量和对城镇生态环境的适应性，才能满足城镇园林绿化建设的需要。园林苗圃是培育各类园林苗木的重要基地，它为园林绿化提供各种规格的苗木。

（一）园林苗圃的概念和任务

1. 园林苗圃的概念

　　从传统意义上讲，园林苗圃是为了满足城镇园林绿化建设的需要，专门繁殖和培育园林苗木的场所。

　　从广义上讲，园林苗圃是生产各种园林绿化植物材料的重要基地，即以园林树木繁育为主，包括城市景观花卉、草坪及地被植物的生产，并从传统的露地生产和手工操作方式，迅速向设施化、智能化方向过渡，成为园林植物工厂。

　　从市场经济来讲，园林苗圃是企业，必须加快体制创新，加强经营管理，以取得最大的经济效益。

2. 园林苗圃的任务

　　园林苗圃的任务就是以市场为导向，运用较先进的技术、良好的生产设施和完善的经营管理体制，在较短的时间内以较低的生产成本，通过引进、选育、快繁等手段，迅速培育出各种用途、各种类型的园林植物苗木以满足园林绿化市场的需求，取得明显的经济效益和社会效益。

(二)园林苗圃的分类

1. 园林苗圃的分类依据

园林苗圃的分类一般依据苗圃的种植内容、苗圃面积和苗圃的生产年限来划分。

2. 园林苗圃的类型

①园林苗木圃;

②景观花卉圃;

③草皮生产圃;

④种苗圃;

⑤综合性苗圃。

园林苗木圃是指以培育城镇园林绿化所需苗木为主要任务的苗圃。这类苗圃所培育的苗木种类繁多,但以园林绿化风景树、行道树、色块树种为主。

近两年来,随着城镇园林绿化建设的迅速发展,不少园林绿化部门、园林绿化企业、农林院校、个体工商户纷纷在城郊征地、租地,建设园林苗木生产基地。这些苗圃的特点是:面积大(10 hm² 以上),科技含量高(与园林科研院所、教学部门合作或联营),专业性强(以生产适销对路、市场紧俏的新品种苗木为主),市场竞争力强,经济效益较好。

景观花卉圃是指以生产用于城镇绿化、美化的一、二年生草本花卉、宿根花卉、球根类草本花卉为主的苗圃。这类苗圃一般位于城市近郊,靠近公路,便于运输和销售。其占地面积大小不等,大城市周围 6～8 hm²,中小城镇则 3～5 hm²。景观花卉生产多数采用大棚设施,使用标准塑料花盆进行无土栽培,对花卉品种、栽培技术要求较高。

景观花卉能很好地烘托园林气氛,增强城市美化的效果。目前,城镇园林绿化建设对草花的需求量在迅速增加,因此这类苗圃具有很大的潜在发展空间。

草皮生产圃是指为城镇园林绿化、交通设施、体育场等绿地提供草皮的苗圃。草皮圃一般应选择城镇周围、靠近公路、灌排条件较好、地势平坦的地块。面积依种植方式的不同而异,传统的铲草皮生产方式,生产面积一般为 2～4 hm²;无土草毯生产方式,生产面积在 6～8 hm²;机械化铲草皮生产方式,面积则在 10 hm²。草皮是建植园林绿地的重要材料之一,特点是能够迅速建成并实现绿色覆盖。近期,随着我国园林绿化事业的快速发展,草皮生产的种类、方式和规模在逐渐扩大,草皮生产圃已成为我国城镇绿化、体育场地、水土保持等基本建设中快速建成草坪绿地的重要基地。

(三)园林苗圃的技术设计

1. 园林苗圃的选址

(1)园林苗圃的经营条件 选择适当的苗圃位置,创造良好的经营管理条件,有利于提高经营管理水平。经营条件是第一位的,应选择靠近公路、铁路和水路的地方;选择靠近村镇的地方;尽可能选择靠近科研单位、大专院校附近;注意环境污染问题。

(2)园林苗圃的自然条件

①地形、地势及坡向。苗圃地宜选择排水良好,地势较高,地形平坦的开阔地带。坡度以 1°～3°为宜,坡度过大易造成水土流失,降低土壤肥力,不便于机耕与灌溉。南方多雨地区,为了便于排水,可选用 3°～5°的坡地,坡度大小可根据不同地区的具体条件和育苗要求来决定,在较黏重的土壤上,坡度可适当大些,在沙性土壤上坡度宜小,以防冲刷。在坡度大的山地育

苗需修梯田。

坡向的不同直接影响光照、温度、水分和土层的厚薄等因素,对苗木的生长发育影响很大。一般南坡光照强,受光时间长,温度高,湿度小,昼夜温差大;北坡与南坡相反;东西坡介于二者之间,但东坡在日出前到上午较短的时间内温度变化很大,对苗木不利;西坡则因我国冬季多西北寒风,易造成冻害。可见不同坡向各有利弊,必须依当地的具体自然条件及栽培条件,因地制宜地选择最合适的坡向。如在华北、西北地区,干旱寒冷和西北风危害是主要矛盾,故选用东南坡最好;而南方温暖多雨,则常以东南、东北坡为佳,南坡和西南坡阳光直射幼苗易受灼伤。如在一苗圃内有不同坡向的土地时,则应根据树种的不同习性,进行合理的安排,如北坡培育耐寒、喜阴的种类,南坡培育耐旱喜光的种类等,以减轻不利因素对苗木的危害。

②土壤条件。土壤的质地、肥力、酸碱度等各种因素对苗木生长都有重要的影响。建立苗圃,对土壤的选择十分重要。

——土壤质地:苗圃土壤一般选择肥力较高的沙质壤土、轻壤土或壤土。这种土壤结构疏松,透水透气性能好,土温较高,苗木根系生长阻力小,种子易于破土。耕地除草、起苗等也较省力。

——土壤酸碱度:不同植物适应土壤酸碱度的能力不同。一些阔叶树以中性或微碱性土壤为宜,如丁香、月季等适宜 pH 7~8 的碱性土壤。一些阔叶树和多数针叶树适宜在中性或微酸性土壤上生长,杜鹃、茶花、栀子花都要求 pH 5~6 的酸性土壤。

充分考虑不同种类苗木的特性,选择和改良土壤。一般树种以中性、微酸性或微碱性为好。杜鹃、茶喜酸性土壤;侧柏、刺槐喜轻度盐碱。

——水源及地下水位:水源和地下水位是苗圃地选择的重要条件之一。苗圃地应选设在江、河、湖、塘、水库等天然水源附近,以利引水灌溉;这些天然水源水质好,有利于苗木的生长;同时也有利于使用喷灌、滴灌等现代化灌溉技术,如能自流灌溉则更可降低育苗成本。若无天然水源,或水源不足,则应选择地下水源充足,可以打井提水灌溉的地方作为苗圃。苗圃灌溉用水其水质要求以水中有淡水小鱼虾为适合作灌溉水的标志。最合适的地下水位一般情况下为沙土 1~1.5 m、沙壤土 2.5 m 左右、黏性土壤 4 m 左右。

——病虫害:选址时要作详细调查,特别注意蛴螬、蝼蛄及地老虎等地下害虫和立枯病、根癌病等菌类感染程度。应采取有效措施防止病虫害发生,难以根除的地方,不宜选作苗圃。

2. 园林苗圃面积的计算

苗圃的总面积包括生产用地面积和辅助用地面积两部分。

(1)生产用地面积计算　生产用地是指直接用于育苗的土地,通常包括播种区、营养繁殖区、移植区、大苗区、母树区、试验区及轮作休闲地等。

$$X = \frac{U \times A}{N} \times \frac{B}{C}$$

式中:X 为某种园林植物育苗所需面积;U 为每年生产该种园林植物苗木的数量;A 为育苗年龄;N 为该种园林植物单位面积计划产苗量;B 为轮作区的总数;C 为该树种每年育苗所占的轮作区数。

例　每年出圃二年生矮生紫薇实生苗 100 万株,采用三年轮作制,即每年有 1/3 的土地休闲(或种绿肥),2/3 的土地育苗,计划产苗量为 10 万株/hm² ,则:

$$X = \frac{100 \times 2}{10} \times \frac{3}{2} = 30\,(\text{hm}^2)$$

我国一般不采用轮作制,而是以换茬为主,故 B/C 常常不作计算。

依上述公式所计算出的结果是理论数字,在实际生产中,在苗木抚育、起苗、贮藏等工序中苗木都将会受到一定损失,在计算面积时要留有余地。故每年的计划产苗量应适当增加,一般增加 $3\%\sim5\%$。

某树种在各育苗区所占面积之和,即为该树种所需的用地面积,各树种所需用地面积的总和再加上引种实验区面积、温室面积、母树区面积就是全苗圃生产用地的总面积。

(2)辅助用地面积计算 辅助用地包括道路、排灌系统、防风林以及管理区建筑等的用地。苗圃辅助用地面积不能超过苗圃总面积的 $20\%\sim25\%$,一般大型苗圃的辅助用地占总面积的 $15\%\sim20\%$;中小型苗圃占 $18\%\sim25\%$。

3. 园林苗圃的区划

(1)园林苗圃区划的准备工作

①踏勘。由设计人员、施工人员及经营管理人员到确定的圃地范围内进行踏查、访问,了解圃地现状、历史、土壤、植被、水源、交通及病虫害等情况,提出初步区划意见。

②测绘地形图。地形图比例尺一般为 1∶(500∼2 000),等高距为 20∼50 cm。与区划有关的各种地形如高坡、道路、水面等都要绘入图中。

③土壤调查。根据圃地的地形、地势及指示植物分布选择典型地区挖掘土壤剖面,调查土层厚度、土壤结构、质地、酸碱度、地下水位等各种因子,必要时采集样本进行室内分析。并在地形图上绘出土壤分布图。

④病虫害调查。主要调查圃地内地下害虫,如金龟子、地老虎、蝼蛄、金针虫、有害鼠类、深根性杂草等情况。一般采用抽样方法,每公顷挖样方土坑 10 个,每个面积 0.25 m²,深40 cm,统计害虫数目种类以及数量。

⑤气象资料的收集。向当地的气象部门收集有关的气象资料。如平均温度、极温、无霜期、冻土层厚度、降水量及季节分布、空气相对湿度、主风方向、风力、日照时数等,还要了解圃地的小气候条件。

(2)园林苗圃的区划

①生产用地的区划。生产用地区划一般可设置播种区、营养繁殖区、移植区、大苗区、母树区、引种驯化区等各作业区。

——作业区的规格 一般大中型机械化程度高的苗圃,小区可呈长方形,长度视使用机械的种类确定,中小型机具 200 m,大型机具 500 m。小型苗圃以手工和小型机具为主,作业区的划分较为灵活,小区长度 50∼100 m 为宜。作业区的宽度依土壤质地、是否有利于排水而定,排水良好可适当宽些。一般以 40∼100 m 为宜。小区的方向应根据地形、地势、主风方向、圃地形状确定。坡度较大时,小区长边与等高线平行,一般情况下,小区长边最好采用南北向以利于苗木生长。

——作业区的设置

• 播种区:培育播种苗的地区,是苗木繁殖任务的关键部分。应选择全圃自然条件和经营条件最有利的地段作为播种区,人力、物力、生产设施均应优先满足。具体要求其地势较高而平坦,坡度小于 2°;接近水源,灌溉方便;土质优良,深厚肥沃,背风向阳,便于防霜冻;且靠近管理区。如是坡地,则应选择最好的坡向。

• 营养繁殖区:培育扦插苗、压条苗、分株苗和嫁接苗的地区,与播种区要求基本相同,应设在土层深厚和地下水位较高,灌溉方便的地方,但没有播种区要求严格。

• 移植:培育各种移植苗的地区,由播种区、营养繁殖区中繁殖出来的苗木,需要进一步培养成规格较大的苗木时,则应移入移植区中进行培育。依规格要求和生长速度的不同,往往每隔2~3年还要再次移植,逐渐扩大株行距,增加营养面积,所以移植区占地面积较大。一般可设在土壤条件中等,地块大而整齐的地方。同时也要依苗木的不同习性进行合理安排。

• 大苗区:培育植株的体型、苗龄均较大并经过整形的各类大苗的作业区。在本育苗区培育的苗木,通常是在移植区内进行过一次或多次的移植,培育的年限较长,可以直接用于园林绿化建设。大苗区的特点是株行距大,占地面积大,培育的苗木大,规格高,根系发达。一般选用土层较厚,地下水位较低,而且地块整齐的地区。在树种配置上,要注意各树种的不同习性要求。为了出圃时运输方便,最好能设在靠近苗圃的主干道或苗圃的外围运输方便处。

• 母树区:在永久性苗圃中,为了获得优良的种子、插条、接穗等繁殖材料,需设立采种、采条的母树区。本区占地面积小,可利用零散地块,但要土壤深厚、肥沃及地下水位较低。

• 引种驯化区:用于引入新的树种和品种,丰富园林树种种类,可单独设立实验区或引种区,亦可引种区和实验区相结合。引种驯化区应安排在环境条件最好的地区,靠近管理区便于观察研究记录。

• 温室区:用于培育从热带、亚热带引种的花木。一般设在管理区附近。

②辅助用地的区划。

——道路系统 苗圃道路分主干道、支道或副道、步道。大型苗圃还设有圃周环行道。

• 主干道:一般设置于苗圃的中轴线上,应连接管理区和苗圃的出入口。通常设置一条或相互垂直的两条。大型苗圃应能使汽车对开,一般6~8 m;中小型苗圃应能使一辆汽车通行,一般2~4 m。标高高于作业区20 cm。主干道要设有汽车调头的环行路,一般要求铺设水泥或沥青路面。

• 支道(副道):是主干道通向各生产小区的分支道路,常和主干道垂直,宽度根据苗圃运输车辆的种类来确定,一般2~4 m。标高高于作业区10 cm。中小型苗圃可不设支道。

• 步道:为临时性通道,与支道垂直,宽0.5~1 m。支道和步道不要求做路面铺装。

• 环行道:圃周环行道设在苗圃周围,防护林带内侧,主要供生产机械、车辆回转通行之用,一般为4~6 m。

——灌溉系统 灌溉系统包括水源、提水设备和引水设施3部分。

• 水源:主要有地面水和地下水两类。地面水指河流、湖泊、池塘、水库等。以无污染又能自流灌溉的最为理想。地下水指泉水、井水,其水温较低,宜设蓄水池以提高水温。水井要均匀分布在苗圃各区且设在地势高的地方,以便自流灌溉。

• 提水设备:现在多使用抽水机(水泵)。可依苗圃育苗的需要,选用不同规格的抽水机。

• 引水设施:有地面渠道引水和管道引水两种。

一是渠道引水。引水渠道一般分为3级:一级渠道(主渠)是永久性的大渠道,由水源直接把水引出,一般主渠顶宽1.5~2.5 m;二级渠道(支渠)通常也为永久性的,把水由主渠引向各作业区,一般支渠顶宽1~1.5 m;三级渠道(毛渠)是临时性的小水渠,一般宽度为1 m左右。主渠和支渠是用来引水和送水的,水槽底应高出地面,毛渠则直接向圃地灌溉,其水槽底应平于地面或略低于地面,以免把泥沙冲入畦中,埋没幼苗。各级渠道的设置常与各级道路相配合,使苗圃的区划整齐。渠道的方向与作业区方向一致,各级渠道常成垂直,同时毛渠还应与苗木的种植行垂直,以便灌溉。灌溉的渠道还应有一定的坡降,以保证一定的水流速度。但坡度也不宜过大,否则易出现冲刷现象。一般坡降应在 $1/1\,000 \sim 4/1\,000$,土质黏重的可大些,但不超过 $7/1\,000$。水渠边坡一般采用 $1:1$(即 $45°$)为宜,较重的土壤可增大坡度至 $2:1$。在地形变化较大、落差过大的地方应设跌水构筑物。通过排水沟或道路时可设渡槽或虹吸管。引水渠道面积一般占苗圃总面积的 $1\% \sim 5\%$。

二是管道引水。即将水源水通过埋入地下管道引入苗圃作业区进行灌溉。主管和支管均埋入地下,其深度以不影响机械化耕作为度,开关设在地端使用方便。

喷灌是苗圃中常用的一种灌溉方法。喷灌又分固定式和移动式两种。固定式喷灌需铺设地下管道和喷头装置。

移动式喷灌有管道移动和机具移动两种。管道移动式使用时抽水部分不动,只移动管道和喷头;机具移动式是以地上明渠为水源,抽喷机具如手扶拖拉机和喷灌机移动,这种喷灌投资较少,常用于中小型苗圃。

有条件的苗圃,可安装间歇喷雾繁殖床,用于扦插一些生根困难的植物,它能十分有效地提高插床的空气湿度。

滴灌是通过细管和滴头,将水直接滴入植物根系附近,不仅省水,还能提高水温。滴灌适宜于有株行距的苗木灌溉,是十分理想的灌溉设备。滴灌需要一套完整的首部枢纽、管道、滴头等设备。

——排水系统 排水系统对地势低、地下水位高及降雨量多而集中的地区尤为重要。排水系统由大小不同的排水沟组成,排水沟分明沟和暗沟两种,目前采用明沟较多。排水沟的宽度、深度和设置,应以保证雨后能很快排除积水而又少占土地为原则。排水沟的坡降落差应大一些,一般为 $3/1\,000 \sim 6/1\,000$。大排水沟应设在圃地最低处,直接通入河、湖或市区排水系统;中小排水沟通常设在路旁;作业区的小排水沟与小区步道相结合。在地形、坡向一致时,排水沟和灌溉渠往往各居道路一侧,形成沟、路、渠并列,既利于排灌,又区划整齐。在苗圃的四周最好设置较深而宽的截水沟,以防外水入侵,排出内水和防止小动物及害虫侵入。一般大排水沟宽 $1\,m$ 以上,深 $0.5 \sim 1\,m$;耕作区内小排水沟宽 $0.3 \sim 1\,m$,深 $0.3 \sim 0.6\,m$。排水系统面积一般占苗圃总面积的 $1\% \sim 5\%$。

——防护林带 防护林带的设置规格,依苗圃的大小和风害程度而异。一般小型苗圃与主风方向垂直设一条林带;中型苗圃在四周设置林带;大型苗圃除周围环圃林带外,应在圃内结合道路设置与主风方向垂直的辅助林带。如有偏角,不应超过 $30°$。一般防护林防护范围是树高的 $15 \sim 17$ 倍。

林带的结构以乔、灌木混交半透风式为宜,一般主林带宽 $8 \sim 10\,m$,株距 $1.0 \sim 1.5\,m$,行距 $1.5 \sim 2.0\,m$,辅助林带多为 $1 \sim 4$ 行乔木即可。

——建筑管理区 该区包括房屋建筑和圃内场院等部分。前者主要指办公室、宿舍、食堂、仓库、种子贮藏室、工具房、畜舍、车棚等;后者包括劳动集散地、运动场以及晒场、堆肥场等。苗圃建筑管理区应设在交通方便,地势高燥,接近水源、电源的地方或不适宜育苗的地方。大型苗圃的建筑最好设在苗圃中央,以便于苗圃经营管理。畜舍、猪圈、积肥场等应放在较隐蔽和便于运输的地方。建筑管理区面积一般为苗圃总面积的 $1\% \sim 2\%$。

三、园林苗圃建立的工作程序

(一)建筑工程施工

建立苗圃时,应将水、电及通讯设施最先引入安装,然后进行房屋的建设。其中也包括温室等生产用地建筑。

(二)圃路工程施工

定出主干道的位置,再以主干道的中心线为基线,进行道路系统的定点、放线,然后进行修建。

(三)灌溉工程施工

应根据水源不同建造提水设施,如果是地表水,修建取水构筑物和提水设备;如果是地下水,钻井后安装水泵。然后修筑引水设施,应严格按照设计标准进行施工。一般请相关部门协助完成。

(四)排水工程施工

一般先挖掘大排水沟,中排水沟与道路的边坡相结合,小排水沟结合整地进行。施工要符合设计要求,主要是坡降和边坡。

(五)防护林工程施工

在适宜的季节栽植防护林,最好使用大苗栽植。

(六)土地整备

苗圃地形坡度不大时可在路、沟、渠修建后结合土地翻耕进行平整,以后再结合耕种及苗木出圃等逐年进行平整;坡度过大时要修筑梯田;总坡度不大,但局部不平,应挖高填低。

圃地中如有盐碱土、沙土、黏土时,要进行土壤改良。轻度盐碱土可增施有机肥,雨后及时中耕除草;沙土可适当掺入黏土和多施有机肥;黏土可采取深耕、增施有机肥及填入沙土等措施加以改良;如圃地中有建筑垃圾,应全部清除,并换入好土。

上述工作完成后,可以开始实施园林苗圃的生产计划。

◆ 思考题

1. 园林苗圃地应具备哪些条件?
2. 园林苗圃的自然条件包括哪些因素?
3. 如何设置播种区?
4. 园林苗圃生产用地应如何进行合理区划?

课题2　园林树木种实的采集与调制

◆ 学习目标

了解种子成熟的形态特征;熟悉种子调制的内容和方法;能进行常用树种的种实采集与调制。

◆ 教学与实践过程

一、工具和材料准备

工具:种实采集与调制的工具很多,常用的有采种钩、采种叉、采种刀、采种钩镰、球果梳、剪枝剪、高枝剪、缸、桶、小木锹、草帘、木棒、筛子、簸箕等(图1-2-1)。

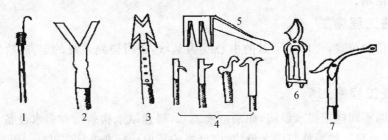

1. 采种钩　2. 采种叉　3. 采种刀　4. 采种钩镰　5. 球果梳　6. 剪枝剪　7. 高枝剪

图1-2-1　部分采种工具

材料:干果、肉质果、球果各2～3种。

二、园林植物种实采集的基本知识

在园林植物育苗生产实践中,通常只对种子来源广且容易采收的种实进行自采生产。特别是乡土树种和应用量较大的树种。很多种子均从市场购买。

(一)种子成熟

种子成熟包括生理成熟和形态成熟两个过程。

——生理成熟:种子发育初期,子房膨大,体积增大很快,种皮和果皮薄嫩,色泽浅淡。内部营养物质虽不断增加,但速度慢,水分多,多呈透明状液体。当种子发育到一定程度,体积不再增加,这时的种子在形态上表现出组织充实,木质化程度加强,内部营养积累速度加快,浓度提高,水分减少,由透明状液体变成混浊的乳胶状态,并逐渐浓缩向固体状态过渡,最后种子内部几乎完全被硬化的合成作用产物所充满。当种子的营养物质贮藏到一定程度,种胚形成,种实具有发芽能力时,称之为种子的"生理成熟"。生理成熟的种子含水量高,营养物质处于易溶状态,种皮不致密,尚未完全具备保护种仁的特性,不易防止水分的散失,此时采集的种实,其种仁急剧收缩,不利于贮藏,很快就会失去发芽能力。同时对外界不良环境的抵抗力很差,易被微生物侵害。因而种子的采集多不在此时进行。但对一些深休眠即休眠期很长且不易打破休眠的树种,如椴树、山楂、水曲柳等,可采收生理成熟的种子,采后立即播种,这样可以缩短休眠期,提高发芽率。

——形态成熟:当种子完成了种胚的发育过程,结束了营养物质的积累时,含水量降低,把营养物质由易溶状态转化为难溶的脂肪、蛋白质和淀粉,种子本身的重量不再增加,或增加很少,呼吸作用微弱,种皮致密、坚实、抗性增强,进入休眠状态后耐贮藏。此时种子的外部形态完全呈现出成熟的特征,称之为"形态成熟"。一般园林树木种子多宜在此时采集。

大多数树种生理成熟在先,隔一定时间才能达到形态成熟。也有一些树种,其生理成熟与形态成熟的时间几乎是一致的,相隔时间很短,如旱柳、白榆、泡桐、木荷、檫木、台湾相思、银合欢等,当种子达到生理成熟后就自行脱落,故要注意及时采收。还有少数树种的生理成熟在形态成熟之后,如银杏,在种子达到形态成熟时,假种皮呈黄色变软,由树上脱落,但此时种胚很小,还未发育完全,只有在采收后再经过一段时间,种胚才发育完全,具有正常的发芽能力,这种现象称为"生理后熟"。有人认为银杏在形态成熟时,花粉管尚未达到胚珠,经过一段时间后才能完成受精作用,逐渐再形成胚。因此,有生理后熟特征的种子采收后不能立即播种,必须经过适当条件的贮藏,采用一定的保护措施,才能正常发芽。

由于从生理成熟到形态成熟,在种子内部进行着一系列的生物化学变化,从而为种子的休眠创造了一定的条件。

(二)种子成熟的形态特征

种子是否成熟,可通过解剖、发芽试验、化学分析等试验来确定。生产实践中一般以形态成熟的外部特征来确定种子成熟期和采种期最为方便。

一般多在形态成熟期进行采种。种子成熟可通过以下6个方面判断:

①果实变色;

②果实变甜;

③酸味减少;

④涩味消失;

⑤果实变软;

⑥果实变香。

不同的树种、不同的种实类型,其形态成熟的表现特征也不一样。

1. 肉质果

肉质果指浆果、核果和肉质果等。成熟时果实变软,颜色由绿变红、黄、紫等色。如蔷薇、冬青、枸骨、火棘、南天竹、小檗、珊瑚树等就变为朱红色;樟、紫珠、檫木、金银花、水蜡、女贞、楠木、鼠李、山葡萄等变成红、橙黄、紫等颜色,并具有香味或甜味,多能自行脱落。

2. 干果类

干果类指荚果、蒴果、翅果和坚果等。成熟时果皮变为褐色,并干燥开裂,如刺槐、合欢、相思树、皂荚、油茶、乌桕、枫香、海桐、卫矛等。

3. 球果类

球果类包括绝大多数针叶树种,如松属、冷杉属、落叶松属、杉科以及柏科等。果鳞干燥硬化,变色。如油松、马尾松、侧柏等变为黄褐色;杉木变为黄色,并且有的种鳞开裂,散出种子。

(三)种实采收适期

应根据种实成熟期、脱落期、脱落特性等因子来决定采种期,详见表1-2-1。

表1-2-1 部分树种的采种期、种子脱粒及贮藏方法

树种	果科或种子成熟特征	采种期	种子脱粒处理及贮藏方法
油松	球果黄褐色微裂	10月份	暴晒球果,翻动,脱出种子;干藏
落叶松	球果浅黄褐色	9~10月份	暴晒球果,翻动,脱出种子;干藏
侧柏	球果黄褐色	10~11月份	暴晒球果,敲打,脱出种子;干藏
马尾松	球果黄褐色,微裂	11月份	堆沤球果,松脂软化后摊晒脱粒,风选;干藏

续表 1-2-1

树种	果科或种子成熟特征	采种期	种子脱粒处理及贮藏方法
杨树	蒴果变黄,部分裂出白絮	4～5 月份	薄摊阴干或阳干,揉搓过筛,脱出种子;随采随播或密封干藏
白榆	果实浅黄色	4～5 月份	阴干,筛选;随采随播或密封贮藏
麻栎	壳斗黄褐色	10 月份	薄摊稍阴干,水选;沙藏或流水贮藏
国槐	果实暗绿色,皮紧缩发皱	11～12 月份	用水泡去果皮晒干,或带皮晒干;干藏
桉树	蒴果青绿转为褐色,个别微裂	8～9 月份至翌年 2～5 月份	蒴果阴干,振动或打击脱粒;干藏
木荷	蒴果黄褐色木质化,果壳微裂	10～11 月份	蒴果阴干;干藏
臭椿	翅果黄色	10～11 月份	晒干,筛选;干藏
刺槐	荚果褐色	9～11 月份	晒干打碎荚皮,风选;干藏
香椿	蒴果褐色	10 月份	揉搓,去壳取种,阴干;干藏
苦楝	核果灰黄色	11～12 月份	水泡去皮或带皮晒干;干藏或沙藏
白蜡	翅果黄褐色	10～11 月份	晒干,筛选;干藏
枫杨	翅果褐色	9 月份	稍晒,筛选;沙藏
悬铃木	聚合果黄褐色	11～12 月份	晒干,揉出种子;干藏
泡桐	蒴果黑褐色	9～10 月份	阴干,脱粒;密封贮藏
紫穗槐	荚果红褐色	9～10 月份	晒干,风选或筛选;干藏
五角枫	翅果黄褐色	10～11 月份	晾干;干藏
乌桕	果实黑褐色	11 月份	暴晒去壳,碱水去蜡,晒干;干藏
杜仲	果壳褐色	10～11 月份	阴干;干藏
棕榈	果皮青黄色	9～10 月份	阴干脱粒;沙藏
女贞	果皮紫黑色	11 月份	洗去果皮,阴干种子,筛选;沙藏
香樟	浆果果皮黑紫色	11～12 月份	揉搓果皮,阴干,水选;沙藏
枇杷	果皮杏黄色	5 月下旬	除去果肉,洗净稍晾干,随播随种;不贮藏
广玉兰	果黄褐色	10 月份	除去外种皮,随即播种或层积沙藏
紫薇	果黄褐色	11 月份	阴干搓碎取出种子;干藏
石楠	果红褐色	11 月中旬至 12 月份	搓去果皮;沙藏
雪松	球果浅褐色	9～10 月份	晒干后取出种子;干藏
合欢	荚果黄褐色	9～10 月份	晒干打碎荚皮,风选;干藏
紫荆	荚果黄褐色	10 月份	晒干打碎荚皮,风选;干藏
海棠	果黄或红色	8～9 月份	除去果肉,洗净,水选,晾干;沙藏
无患子	果黄褐色有皱	11～12 月份	除去果皮,阴干;沙藏

续表 1-2-1

树种	果科或种子成熟特征	采种期	种子脱粒处理及贮藏方法
青桐	果黄色有皱	9～10月份	阴干,风选;沙藏
南洋楹	荚果变黑,干燥开裂	7～9月份	荚果晒干,打碎果皮;干藏
金钱松	球果淡黄或棕褐色	10月中下旬	球果阴干,翻动,脱出种子,干藏

(四)种实调制

种实调制是指种实采集后,为了获得纯净而质优的种子并使其达到适于贮藏或播种的程度所进行的一系列处理措施。种实调制的主要内容有:脱粒、净种、干燥和分级。但并不是所有的种子类型都必须经过这些工序,有的只需经过其中的一项或几项即可。而且调制方法因种实的特征特性不同而有差别。

三、种实采集的工作程序

(一)选择采集种实的母树

①优先考虑在良种繁育基地进行,也可在路边地角或其他零星栽植的地方进行。

②母树应具有培育目标所要求的典型特征。

③母树发育健壮,无机械损伤,未感染病虫害。

④母树年龄以壮龄为好。

(二)确定采收方法

种实的采收方法一般依树体和种实大小及种实脱落特性,主要有两种:一是地面收集,二是直接从植株上采集。

(1)地面收集 适用于大树及大粒种实。如核桃、板栗、栎类、油桐、山杏等。

方法是在地面铺置受纳种实的物件,如帆布、塑料布等;用机械或人工振动树木,促使其种实脱落,进行收集。此法是普遍使用的方法。

(2)直接从植株上采集 适用于小乔木、灌木或种实小粒或脱落后容易飞散的树种。如杨树、玉兰、香椿、侧柏、紫薇等。

方法是借助上树工具或不需上树时用高枝剪、钩刀、木棒、竹竿等采集或击落种实。用击打法收集种实时应注意用细孔网或塑料布等张开收集,同时,击打方向也应该是由树内向外顺向击打,以免损伤花芽和枝条。

四、种实调制的工序

(一)干果类调制工序

干果类指蒴果、荚果、坚果、翅果等,有开裂和不开裂两种。有的种子在种实干燥后自行脱粒,有的需要加工脱粒。

①脱粒:从种实中脱出种子。

②净种:去掉果皮、果翅及其他杂物。

③干燥:阳干法和阴干法。

④分级：依种子大小、重量、饱满度。

很多情况下，脱粒与干燥是同时进行的工序。干果有开裂和不开裂两种。有的种子在种实干燥后自行脱粒，有的需要加工脱粒。

根据其含水量的不同，可分别采用晒干法（阳干法）和阴干法脱粒。荚果类树种刺槐、合欢等含水量低、种皮保护力强，可直接置于太阳下晒干，然后敲打使种粒脱出。坚果类树种如橡栎、板栗、榛子等种实含水量高，种实丧失水分多则易失去生命力，宜采用阴干法干燥，摘除果皮即可。

（二）肉质果类调制工序

①淘洗：软化果肉、揉碎果肉，用水淘洗出种子。

②干燥：晒干法和阴干法。

③净种：去掉果肉、皮渣及其他杂物。

④分级：依种子大小、重量、饱满度。

一般情况下，从肉质果实中取出的种子含水率高，不宜在阳光下暴晒。应在通风良好的地方摊放阴干，达到安全含水量时进行贮藏。

（三）球果类调制工序

①干燥：多用自然干燥法、少用人工烘干法。

②脱粒：滤去杂物。

③去翅：手工揉搓、用去翅机。

④净种：去掉其他杂物。

⑤分级：依种子大小、重量、饱满度。

自然干燥法是采用自然条件使球果干燥脱粒的方法。适用于处理大多数针叶树的球果。如落叶松、云杉、侧柏、水杉、柳杉、杉木和侧柏。方法是：利用阳光暴晒，球果干燥开裂，10 天左右种子脱出。要经常翻动，注意避雨，未脱净的球果可用木棒敲打。缺点是常常受天气变化影响，干燥速度缓慢。

含松脂较多的（如马尾松）球果，不易开裂，用堆沤法：用 40℃ 左右温水或草木灰水淋洗，盖上稻草或其他覆盖物，使其发热，经 2 周左右待球果变成褐色并有部分鳞片开裂时，再摊晒 1 周左右，可使鳞片开裂，脱粒出种子。

五、净种与种子分级方法

净种和种子分级可同时进行。净种是为了去掉混杂在种子中的杂物，如鳞片、果柄、枝叶碎片、土块、异类种子，为种子的运输、贮藏创造良好的条件，在种子品质检验规程中，净度是划分种子等级的重要依据，净度高，种子等级高，利于贮藏。

（一）净种

根据种子和夹杂物的比重和大小不一，采用风选、筛选、水选。

（1）风选　利用风力将饱满种子与夹杂物分开。工具有风车、簸箕等。

（2）筛选　先用大孔筛使种子与小夹杂物通过，大夹杂物截留，倾出。再用小孔筛将种子截留，尘土和细小杂物通过。

（3）水选　利用种粒与夹杂物比重不同，将有夹杂物的种子在筛内浸入慢流水中，夹杂物及受病虫害的、发育不良的种粒上浮漂去,良种则下沉。经水选后的种子不宜暴晒,只宜阴干。

(二)种粒分级

同批的种子净种后将种子按大小进行分级。通常分为大、中、小3级。种子分级一般用筛选的方法,即用眼孔大小不同的筛子由小到大或由大到小逐级筛选。大粒种子可用粒选法分级。

◎**思考题**

1. 完全成熟的种子应具备什么特征?
2. 如何选择采集种实的母树?
3. 种实采集的方法有哪些?
4. 如何从种实的外观判断种子的成熟?
5. 试述干果、肉质果和球果各一种树种的果实采集与调制过程。

课题3　园林树木种子的贮藏和运输

◎**学习目标**

了解种子的贮藏特性;熟悉种子贮藏和运输的方法;能进行常用树种种子的贮藏操作。

◎**教学与实践过程**

一、工具和材料准备

工具:麻袋、箩筐、缸、布袋、塑料桶等容器。

材料:干果、肉质果各2~3种,河沙,硅胶、氯化钙等吸水剂,多菌灵、熟石灰粉、福尔马林等消毒物品,秸秆等。

二、种子特性及常用贮藏方法基本知识

贮藏种子的目的就是为了保持种子的发芽率,延长种子的寿命,以适应生产的需要。

(一)种子寿命

种子在一定环境条件下保持生活力的期限称为种子的寿命。一般指整批种子生活力显著下降即发芽率降至原来的50%时的期限为种子的寿命,而不以单个种子至死亡的期限计算。

种子寿命与种皮结构、种子内含物及种子含水量密切相关。坚硬、致密、不透气、不透水的种皮结构,受外界影响小,易于种子生命力的保存;一般含脂肪和蛋白质多的种子寿命长;种子含水量不能太高也不能太低,种子入库储藏时,应将其干燥到具有安全含水量的状态,也就是说,在安全含水量条件下储藏种子,易保持种子的生命力。

各种种子在自然条件下保持生命力时期长短不一。

(1)短寿命种子　保存期几天至2年。淀粉类种子,如栗、栎、银杏等,以及成熟期早(气温较高,湿度大)的种子,如杨、柳、榆等。

(2)中寿命种子　3~15年。含脂肪、蛋白质较多的种子,如松、柏、杉以及阔叶树的槭树、

13

水曲柳、椴树及大多花卉种子在一般条件下可保持生活力 3～5 年或更长。

（3）长寿命种子 寿命在 15 年以上。种子本身含水量低，种皮致密，不易透水、透气，如豆科类植物中的合欢、台湾相思、皂荚、刺槐等。

（二）种子的安全含水量

一般把贮藏时维持种子生活力所必需的含水量称为"种子的安全含水量"。在种实调制过程中，一定要掌握种子的干燥程度。既要使含水量降到最低限度，又不能低于种子安全含水量。即种子在保持安全含水量时最适贮藏，能长时间地保持生活力。不同树种，其种子的安全含水量不同（表 1-3-1）。

表 1-3-1　部分园林树木种子安全含水量　　　　　　　　　　　　　　　%

树种	标准含水量	树种	标准含水量	树种	标准含水量
油松	7～9	杉木	10～12	白榆	7～8
红皮油松	7～8	椴树	10～12	椿树	9
马尾松	7～10	皂荚	5～6	白蜡	9～13
云南松	9～10	刺槐	7～8	元宝枫	9～11
华北落叶松	11	杜仲	13～14	复叶槭	10
侧柏	8～11	杨树	5～6	麻栎	30～40
柏木	11～12	桦木	8～9		

（三）影响种子生活力的外界条件

1. 温度

一般低恒温 1～5℃有利于种子贮藏期间生活力的保存。温度高种子呼吸作用加强，消耗了贮藏的营养物质及能量。温度超过 60℃则蛋白质凝固、变性、酶纯化。高温使种子容易衰老、变性。试验证明，即使在高湿条件下，如果温度降低，种子寿命能大大延长。

2. 湿度

种子有较强的吸湿能力，能在相对湿度较高的情况下吸收大量的水分。因此，相对湿度的高低和变化可以改变种子的含水量和生命活动状况，对种子寿命的长短产生很大影响。

对一般的树种来说，种子贮藏期以相对湿度较低为宜。在空气相对湿度为 70% 时，一般种子的含水量静平衡在 14% 左右，是一般种子安全贮藏含水量的上限；相对湿度控制在 50%～60% 时，有利于多数种子的贮藏；相对湿度为 20%～25% 时，一般种子贮藏寿命最长。

3. 通气状况

适宜于干藏的种子，为抑制种子呼吸作用，在含水量较低时尽量少通气（密闭）有利于生活力的保存；而含水量高的种子，呼吸作用旺盛，空气不流通，氧气供应不足则进行无氧呼吸，产生酒精使种子受害，无论是有氧还是无氧呼吸，都要释放热能和水分，增加种子的温度。故对含水量高的种子，适当通气、调节温湿度是必要的。

4. 生物因子

种子在贮藏过程中常附着大量的真菌和细菌。微生物的大量增殖会使种子变质、霉坏、丧失发芽力。微生物的繁殖滋生也需要一定的条件。提高种子纯度，尽量保持种皮的完整无损，降低环境的温度和湿度,特别是降低种子的含水量,是控制微生物活动的重要手段。

(四)种子贮藏的方法

环境相对湿度较小、低氧、低温、高二氧化碳及黑暗无光的条件利于种子的贮藏。依据种子的性质,可将种子的贮藏方法分为"干藏法"和"湿藏法"两大类。

1. 干藏法

干藏法就是将干燥的种子贮藏于干燥的环境中。干藏除要求有适当的干燥环境外,有时也结合低温和密封等条件,凡种子安全含水量低的均可采用此法贮藏。

(1)普通干藏法　将充分干燥的种子装入麻袋、箱、桶等容器中,再放于凉爽而干燥、相对湿度保持在50％以下的种子室、地窖、仓库或一般室内贮存。多数针叶树和阔叶树种子均可采用此法保存,如侧柏、香柏、柏木、杉木、柳杉、云杉、铁杉、落叶松、落羽杉、水杉、水松、花柏、梓树、紫薇、紫荆、木槿、蜡梅、山梅花等。

(2)低温干藏法　对于一般能干藏的园林树木种子,将贮藏温度降至1～5℃,相对湿度维持在50％～60％时,可使种子寿命保持1年以上,但要求种子必须进行充分的干燥。如赤杨、冷杉、小檗、朴、紫荆、白蜡、金缕梅、桧柏、侧柏、落叶松、铁杉、漆树、枫香、花椒、花旗松等,在低温干燥条件下贮存效果良好。为达到低温要求,一般应设有专门的种子贮藏库。

(3)密封干藏法　凡是需长期贮存,而用普通干藏和低温干藏仍失去发芽力的种子,如桉、柳、榆等均可用密封干藏。将种子放入玻璃瓶等容器中,加盖后用石蜡或火漆封口,置于贮藏室内,容器内可放吸水剂如氯化钙、生石灰、木炭等,可延长种子寿命5～6年,如能结合低温,效果更好。

2. 湿藏法

凡安全含水量大,用干藏法效果不好的树种如橡、栗、核桃、榛子等种子,将种子贮藏在潮润的环境条件下叫湿藏法。湿藏法又分坑藏与堆藏。

(1)坑藏法　选择地势较高,排水良好之地挖坑,坑深在地下水位之上,冻层之下。宽1～1.5 m,坑长随种子量而定,坑底架设木架或铺放一层粗沙或石砾,将种沙混合物置于坑内,种沙体积之比为1∶3。其含水量约为30％,其上覆以沙土和秸秆等,坑的中央加一束秸秆以便空气流通。贮藏期间用增加和减少坑上的覆盖物来控制坑内温度,如橡实以0～3℃为宜。

(2)堆藏法　室内及室外都可堆藏。选平坦而干燥的空地,打扫干净,一层沙、一层种或种沙混合物堆于其上,堆中放一束草把以便通气,堆至适当高度后覆以一层沙,室外要注意防雨。室内堆藏要选阳光不直射的或温度可调节的种子库。

种子湿藏和混沙催芽颇为相似,但湿藏是保存种子的生活力,而催芽的目的是做好发芽的准备,目的不同,措施尽管相似也略有区别。一般湿藏的湿度较小,以维持其生命、不至于死亡即可。而催芽则尽可能给予较充足的水分,以便促进种子内部的物质转化和消除抑制剂。一般催芽的种子沙含水量以50％～60％为宜。湿藏的湿度要小些。湿藏的温度不能太高,高则引起发芽或霉烂,低则引起冻伤。混沙催芽的温度也近似湿藏温度。但催芽可以高温也可以变温,如红松种子混沙催芽。

三、干藏法简要操作规程

1. 选择适宜干藏的种子

选择安全含水量(保持种子活力而能安全贮藏的含水量)低的种子,适宜秋季成熟、春播的短期贮藏种、内含物不易转化的油脂性种子。大多数种子可用干藏法,如松柏类、国槐、刺槐、合欢、元宝枫等。

2. 确定贮藏时间

秋季采种后,经种实调制即可贮藏。

3. 把握贮藏条件

贮藏前仓库要进行消毒处理。

将充分干燥的种子装入消毒过的麻袋、箱、桶等容器中,放于干燥低温或常温的仓库中,适用于大多数种子。有条件的情况下,可将种子置于贮藏室或控温、控湿的种子库。将贮藏室或种子库的温度降至 0～5℃,相对湿度控制在 50%～60% 。需要长期贮藏的珍贵种子,应该密封贮藏,容器中放入干燥剂。容器放在能控制低温的种子贮藏库内,库内温度达 0℃左右,相对湿度达 50%以下。

4. 贮藏期间的管理

对于装入普通容器中,置于干燥低温或常温的仓库中的种子,不能堆得过厚或装得太多,应时常观察,防止温度过高,湿度增大,在早晚温度低时可适当通风。

四、湿藏法简要操作规程

1. 选择适宜湿藏的种子

选择安全含水量高的种子,从种子成熟到播种都需在湿润状态下保存的种子。

适于一经脱水、生命力就丧失的种子(板栗、七叶树、檫树);需要后熟的种子(山楂、银杏、松树等);休眠时间较长的种子(白蜡、元宝枫、杜仲、栾树等)以及一些较珍贵的种子。

2. 确定贮藏时间

采种后,经种实调制即可贮藏。湿藏有解除种子休眠的作用,可参照种子催芽的方法进行贮藏,只是湿藏时沙的湿度一般要比催芽时的稍低(图 1-3-1)。

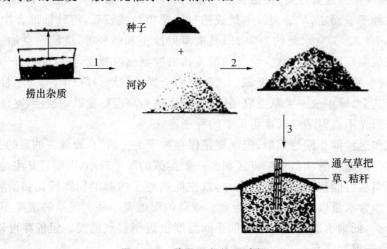

图 1-3-1 种子层积处理过程

3. 确定贮藏地点

选择地势较高,背风向阳,排水好,管理方便的地方。

4. 挖贮藏坑

坑的宽、深均为 0.8～1 m,长度根据种子的多少定。

5. 种沙堆放

坑底铺一层 10～20 cm 木板、砖或粗沙。种沙按 1:3 混合或种沙分层放至离坑沿 20～40 cm(沙的湿度一般为饱和含水量的 60%,手握成团不滴水,松手不散开,触碰即散)。

6. 插置通气草把

坑中央每隔 1 m 插一束秸秆把或通气管。

7. 覆盖做形

最上面覆以 10 cm 左右的沙子、稻草,并做成圆丘形。

8. 挖排水沟

四周挖好排水沟,沟的规格视贮藏期当地降雨情况而定,一般深、宽为 20 cm,有一定坡降即可。

9. 检查管理

贮藏期间半个月至 1 个月检查一次,若发现霉烂,应及时取出清洗并消毒;若干燥应及时喷水。

五、种子包装与运输

(1)运输前 根据种实类型进行适当干燥或保持适宜的湿度。安全包装、编号、填写种子登记卡(树种名、种子各项品质指标、采集地点和时间、重量、发运单位和时间)。

(2)运输途中 注意覆盖、防止雨淋、暴晒、冻害,防止种实过湿发霉或受机械损伤,确保种子活力。

(3)到达后 立即检查、摊晾、贮藏或播种。

◎思考题

1. 影响种子生命力的因素有哪些?

2. 说明适合干藏和湿藏的种子种类。

3. 举例说明干藏法的操作过程及注意事项。

4. 简述湿藏法的操作程序和各项要求。

课题4 园林树木播种前的土壤准备

◎学习目标

熟悉土壤消毒的方法和要求;掌握做床的方法和规格要求;能正确完成土壤准备各环节的工作任务。

◎教学与实践过程

一、工具和材料准备

工具:塑料容器,计算器、皮尺、铁锹、耙子、轻型耕作机具和施肥机具。

材料:常用消毒药品 2～3 种,常用基肥等材料 2～3 种。

二、土壤准备工作规程

(一)清理圃地

耕作前要清除圃地上的树枝、杂草、石砾等杂物,填平起苗后的坑穴,使耕作区达到基本平整,为耕作打好基础。一般在秋季用平整机具进行。

(二)浅耕灭茬

浅耕灭茬是一项表土耕作措施,实际上是以消灭农作物或杂草茬口,疏松表土,减少耕地阻力为目的的表土耕作。耕作深度一般为 5～10 cm,浅耕工具为圆盘耙、钉齿耙。

(三)施基肥和耕翻土壤

耕翻多在春、秋两季进行,耕翻次数最好三耕三耙,但大部分地区在秋季深耕一次,春季育苗前浅耕一次。

耕翻深度可兼顾大苗培育或扦插育苗,达到 25～40 cm,播种苗区一般在 20～25 cm,扦插苗区为 25～35 cm。耕翻工具主要有双轮二铧犁、双轮单铧犁、机引多铧犁、中耕机和浅耕机等。为了增加土壤肥力,耕翻前可根据土壤地力状况每亩施用 1 500～3 000 kg 的有机肥料。

(四)耙地和镇压

耙地是在翻耕后进行的表土耕作措施。主要是耙碎土块,混合肥料,平整土地,清除杂草,蓄水保墒,同时为做床起垄打下良好的基础。耙地多在耕地后立即进行,也可在翌春进行。耙地常用的工具有圆盘耙、钉齿耙、柳条耙等。

镇压是在耙地后或播种前后进行的一项整地措施。镇压主要适用于土壤孔隙度大、盐碱地、早春风大地区及小粒种子育苗等。黏重的土地或土壤含水量较大时,一般不镇压,否则造成土壤板结,影响出苗。

通常情况下,在做床或做垄后进行镇压,或在播种前镇压播种沟底,或播种后镇压覆土。机械进行土壤耕作时,镇压与耙地同时进行。

(五)做床

做床是为了给种子和幼苗生长发育创造良好的条件,便于管理,在整地施肥的基础上,按育苗的不同要求,把育苗地做成育苗床(畦或垄)。苗床育苗的做床时间应在播种前 1～2 周进行。

做床前应先选定基线,量好床宽和步道宽,钉桩拉绳做床,平缓地苗床走向为南北向,坡地苗床长边与等高线平行。

苗床常分为高床和低床,高床一般用在降雨较多、低洼积水或土壤黏重的地区。低床一般用在降雨较少、无积水的地区。具体规格如图 1-4-1 所示。

(六)土壤消毒

苗圃地的土壤消毒是一项重要工作,目的是消灭土壤中的病菌和地下害虫。生产上常用药物处理和高温处理消毒。

1. 药物处理

(1)福尔马林　40％的甲醛溶液称福尔马林,用量为 50 mL/m²,稀释 100～200 倍,于播种

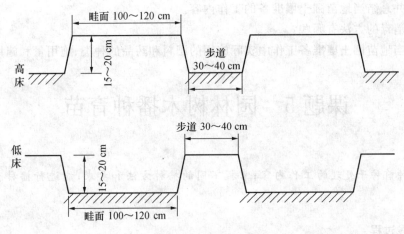

图 1-4-1　高床和低床

前 10～20 天喷洒在苗床上,用塑料薄膜覆盖严密,播前 1 周掀开薄膜,并多次翻地,加强通风,待甲醛气味全部消失后播种。或每立方米基质用量 400～500 mL 甲醛,50～100 倍液,均匀撒拌,用塑料薄膜覆盖 2～4 h,然后揭开,经 3～4 天使用。防治立枯病、褐斑病、角斑病、炭疽病效果良好。此药的缺点是对许多土传病害如枯萎病、根癌病及线虫等,效果较差。

(2)硫酸亚铁　用 3％溶液处理土壤,每平方米用药液 0.5 kg,也可与基肥混拌使用。可防治针叶花木的苗枯病,桃、梅缩叶病,兼治苗木花卉缺铁引起的黄化。

(3)五氯硝基苯　每平方米苗圃地用 75％五氯硝基苯 4 g、代森锌 5 g,混合后,再与 12 kg 细土拌匀。播种时下垫上盖,防治炭疽病、立枯病、猝倒病、菌核病等有特效。

(4)波尔多液消毒　每平方米苗圃地用等量式(硫酸铜:石灰:水为 1:1:100)波尔多液 2.5 kg,加赛力散 10 g 喷洒土壤,待土壤稍干即可播种扦插。对防治黑斑病、斑点病、灰霉病、锈病、褐斑病、炭疽病效果明显。

(5)代森铵消毒　代森铵杀菌力强,能渗入植物体内,在植物体内分解后还有一定肥效。用 50％的水溶代森铵 350 倍液,每平方米苗圃土壤浇灌 3 kg 稀释液,可防治花卉的黑斑病、霜霉病、白粉病、立枯病和球根类种球的多种病害。

此外,还可用辛硫磷等制成药土预防地下害虫;用三氯硝基甲烷和溴化甲醇注射杀灭线虫、昆虫、杂草种子及其他有害真菌,效果显著。

2. 高温处理

常用的高温处理方法有蒸汽消毒和火烧消毒两种。温室土壤消毒可用带孔铁管埋入土中 30 cm 深,通入蒸汽。生产上采用较低的温度,如 60℃维持 30 min,既可杀死病原体,同时又可留下具有拮抗作用的有益微生物。

国外有用火焰土壤消毒机对土壤进行喷焰加热处理,可同时消灭土壤中的病虫害和杂草种子,而土壤有机质并不燃烧。在我国,一般采用燃烧消毒法,在露地苗床上,铺上干草,点燃可消灭表土中的病菌、害虫和虫卵,翻耕后还能增加一部分钾肥。

◆思考题

1. 试述高床制作的工序及标准。

2．调查并总结当地苗圃土壤准备的工作内容。

3．土壤消毒的方法有哪些？

4．调查当地苗圃土壤准备工作中实际施用的肥料和药品的种类、施用量和施用方法。

课题5　园林树木播种育苗

◎学习目标

熟悉播种前种子处理的工作内容；掌握不同的播种方法和要求；能进行播种育苗全过程操作。

◎教学与实践过程

一、工具和材料准备

工具：塑料容器，计算器、皮尺、铁锹、耙子、轻型耕作机具和播种机具。

材料：大、中、小粒种子各1种，常用消毒药品2～3种，常用肥料2～3种。

二、播种育苗操作规程

播种繁殖在实际生产上采用最多，许多植物都是用种子繁殖培育的。利用种子繁殖短时间内可获得大量的植株，因此，种子繁殖在园林植物生产中占有很重要的地位。用种子繁殖的苗木称为实生苗或播种苗。实生苗主根发达，生长旺盛，对不良环境的抵抗性较强，寿命也较营养繁殖苗长。木本植物的实生苗发育阶段年轻，开花结实较晚。

（一）种子精选

播种前对种子要进行精选，把种子中的夹杂物拣出去以提高种子的纯度，再把种粒按大小进行分级，以便分别播种，使幼苗出土整齐一致，便于管理。如果是购买包装好的种子或是已经消毒的贮藏的种子可以直接催芽。

（二）种子消毒

在种子催芽或播种前应对种子进行消毒，预防苗木病害，是播种育苗中重要的工作之一。生产上常用的消毒方法是采用化学药剂进行消毒。

（1）福尔马林　在播种前1～2天，将种子放入0.15％的福尔马林溶液中，浸15～30 min，取出后密闭2 h，用清水冲洗后阴干再播种。

（2）高锰酸钾　用0.5％的高锰酸钾溶液浸种2 h或用3％的浓度浸种30 min，再用清水冲洗后阴干、播种。胚根已突破种皮的种子不能用此方法消毒。

（3）次氯酸钙（漂白粉）　用10 g的漂白粉加140 mL的水，振荡10 min后过滤。过滤液（含有2％的次氯酸）直接用于浸种或稀释1倍处理。浸种消毒时间因种子而异，通常在5～35 min。

（4）硫酸亚铁　用0.5％～1％的溶液浸种2 h，用清水冲洗后阴干。

（5）硫酸铜　用0.3％～1％的溶液浸种4～6 h，阴干后播种。

（6）退菌特　将80％的退菌特稀释800倍，浸种15 min。

(7)敌克松　用种子质量 0.2%～0.5% 的药粉再加上药量 10～15 倍的细土配成药土,然后用药土拌种。

(三)种子催芽

催芽是用人工的方法打破种子休眠、促进种子萌芽的过程。催芽可以控制种子出芽时间,促使幼苗出土均匀,出苗整齐。常用催芽方法如下。

1. 清水浸种

催芽原理是种子吸水后种皮变软,种体膨胀,打破休眠,刺激发芽。浸种的关键技术首先为水温,可以根据种皮的厚薄、种子的含水量确定水温。硬实种子可采用逐次增温浸种的方法。

(1)温水浸种　适用于种皮不太坚硬,含水量不太高的种子。如桑、悬铃木、泡桐、合欢、油松、侧柏、臭椿等。浸种水温以 40～50℃ 为宜,用水量为种子体积的 5～10 倍。种子浸入后搅拌至水凉,每浸 12 h 后换一次水,浸泡 1～3 天,种子膨胀后捞出晾干。

(2)热水浸种　适用于种皮坚硬的种子,如刺槐、皂荚、元宝枫、枫杨、苦楝、君迁子、紫穗槐等。浸种水温以 60～90℃ 为宜,用水量为种子体积的 5～10 倍。将热水倒入盛有种子的容器中,边倒边搅。一般浸种约 30 s(小粒种子 5 s),很快捞出放入 4～5 倍凉水中搅拌降温,再浸泡 12～24 h。部分园林植物种子浸种水温及时间见表 1-5-1。

表 1-5-1　部分园林植物种子浸种水温及时间

园林植物	浸种水温/℃	浸种时间/h
杨、柳、榆、梓、锦带花	5～20	12
悬铃木、桑树、臭椿、泡桐	30	24
赤松、油松、黑松、侧柏、杉木、仙客来、文竹	40～50	24～48
枫杨、苦楝、君迁子、元宝枫、国槐、君子兰	60	24～72
刺槐、紫荆、合欢、皂荚、相思树、紫藤	70～90	24～48

2. 机械损伤

机械损伤也叫破种,原理是擦破种皮,使种子更好地吸水膨胀,便于萌发。主要用于种(果)皮不透水、不透气的硬实。如山楂、紫穗槐、油橄榄、厚朴、铅笔柏、银杏、美人蕉、荷花等。少量种子可用砂纸、剪刀、锉刀、锤子、石滚等,种子量大时最好用机械破种。

3. 酸、碱处理

酸、碱腐蚀是常用的增加种皮透性的化学方法。把具有坚硬种壳的种子浸在有腐蚀性的酸碱溶液中,经过短时间处理,可使种壳变薄增加透性。常用 98% 浓硫酸和氢氧化钠。处理时间是关键,处理得当的种子的表皮为暗淡无光,但又无凸凹不平。95% 的 H_2SO_4 浸泡 10～120 min,少数种类可以浸泡 6 h 以上。用 10% NaOH 浸泡 24 h 左右,浸泡后必须要用清水冲洗干净,以防对种胚萌发产生影响。

4. 层积处理

在一定时间里,把种子与湿润物(沙子、泥炭、蛭石等)混合或分层放置,促进发芽。层积催芽的温度:大多数林木的种子都需要一定的低温条件(0～10℃),常用间层物提供水分,湿度为饱和含水量的 60%。要有适宜的通气条件。

(1)低温层积处理 层积催芽技术类似种子沙藏法,可以是露天埋藏、室内堆藏、窖藏,或在冷库、冰箱中进行。常用方法是:在秋季选择地势高燥,排水良好的背风阴凉处,挖一个深和宽约为 1 m,长约 2 m 的坑,种子用 3～5 倍的湿沙(湿度以手握成团,一触即散为宜)混合(尤其是种粒较大者),或一层沙一层种子交替放置,也可装于木箱、花盆中,埋入地下。坑中竖草把便于通气。层积期间温度一般保持在 2～7℃,如天气较暖,可用覆盖物保持坑内温度。春季播种前半个月左右,注意勤检查种子情况,当裂嘴露白种子达 30％以上时,即可取出播种。

(2)高温层积处理 高温层积处理是在浸种之后,用湿沙与种子混合,堆放于温暖处保持20℃左右,促进种子发芽。层积过程中要注意通气和保湿,防止发热、发霉或水分丧失。同样,当裂嘴露白种子达 30％以上时,即可播种。

常用园林树种种子层积催芽天数见表1-5-2。

表 1-5-2 常用园林树种种子层积催芽天数

树 种	催芽天数/天	树 种	催芽天数/天
银杏、栾树、毛白杨	100～120	山楂、山樱桃	200～240
白蜡、复叶槭、君迁子	20～90	桧柏	180～200
杜梨、女贞、榉树	50～60	椴树、水曲柳、红松	150～180
杜仲、元宝枫	40	山荆子、海棠、花椒	60～90
黑松、落叶松、湖北海棠	30～40	山桃、山杏	80

5. 其他处理

除以上常用的催芽方法外,还可用微量元素的无机盐处理种子进行催芽,使用药剂有硫酸锰、硫酸锌等。也可用有机药剂和生长素处理种子,如酒精、胡敏酸、酒石酸、对苯二酚、萘乙酸、吲哚乙酸、吲哚丁酸、2,4-二氯苯氧乙酸、赤霉素等。有时也可用电离辐射处理种子,进行催芽。

6. 种子催芽机

机电一体化种子催芽技术通过对温度、水分、氧气三要素的调节,增加种皮透气性和酶活性,促进新陈代谢,为种子发芽创造更加适宜的环境条件,提高发芽势和发芽率,使种子发芽快、齐、匀、壮,并可节约种子。机电一体化种子催芽技术可以在较小的棚室或容器内进行。

(四)确定播种时期

播种期要根据树木的生物学特性和当地的气候条件来确定。大多数树木适合春季播种,春季气温逐渐升高,为种子发芽提供了必要条件。一些树木适合秋季播种,秋季播种后当年不发芽,翌年春季发芽出土。特别是一些需要低温处理打破休眠的种子,如桧柏,秋季播种经过一冬天的低温处理来年出苗率高,发芽整齐。我国幅员辽阔,树种繁多,在南方一些省份一年四季均可播种。选择播种期要掌握适树、适地、适时原则。

生产上,播种季节常在春、夏、秋三季,以春季和秋季为主。如果在设施内育苗,北方也可全年播种。

(1)春播 适合于绝大多数的园林植物播种。在北方,春季气温上升,土壤解冻,种子开始发芽,植物开始生长,是播种的最好季节。春季土质疏松,温度提高,种子发芽率高,发芽整齐。春季播种的苗木,生长期较长。

春播宜早,在土壤解冻后应开始整地、播种,在生长季短的地区更应早播。早播苗木出土早,在炎热夏季来临之前,苗木已木质化,可提高苗木抗日灼伤的能力,有利于培养健壮、抗性强的苗木。

(2)夏播 夏播主要适宜于春、夏成熟而又不宜贮藏的种子或生活力较差的种子。一般随采随播,如杨、柳、榆、桑、蜡梅、玉兰等。夏播宜早不宜迟,以保证苗木在越冬前能充分木质化。夏播应于雨后或灌溉后播种,并采取遮阳等降温保湿措施,以保持幼苗出土前后始终土壤湿润。

(3)秋播 秋季播种适于种皮坚硬的大粒种子和休眠期长而又发芽困难的种子,经秋季的高温和冬季的低温过程,起到变温处理的作用,翌年春季出苗。如麻栎、杏、花椒、银杏、板栗、红松、水曲柳、白蜡、椴树、胡桃楸、文冠果、榆叶梅等。秋播要以当年种子不发芽为原则,不宜太早,特别是有些树种的种子没有休眠期,播种后发芽的幼苗越冬困难。秋季播种还应注意防鼠害。

(4)冬播 我国北方一般不在冬季播种,南方一些地区由于气候条件适宜,可以冬播。生产中,所谓的冬播其实是春播的提前。提前播种可增加苗木生长期,提高苗木生长量和质量。

(五)计算播种量

播种量与播种密度有直接的关系。苗木密度关系到生产苗木的质量和数量。确定苗木密度要根据树种的生物学特性、育苗环境和育苗目的。对苗期生长快、占用营养面积大的树种密度要小。苗木密度具体体现在苗木的株行距(特别是行距)上,床作行距一般为 10~25 cm,大田垄作一般垄距为 60~80 cm。

生产上,针叶树一年生播种苗产苗量为 150 株/m^2 左右,阔叶树一年生苗产苗量为 50~80 株/m^2。播种量是单位面积或单位长度播种沟上播种种子的数量。大粒种子可用粒数来表示,如核桃、山桃、山杏、七叶树、板栗等。播种前要计算好播种量,完全依赖间苗调控苗木数量会造成种子浪费,人工及时间浪费。

计算播种量的公式:

$$X = A \times W \times C/(P \times G \times 1\,000^2)$$

式中:X 为单位面积或长度上育苗所需的播种量(kg);A 为单位面积或长度上计划产苗数量(株);W 为种子的千粒重(g);P 为种子的净度(%);G 为种子发芽率(%);C 为损耗系数;$1\,000^2$ 为常数。

损耗系数因自然条件、圃地条件、树种种粒大小和育苗技术水平而异。一般认为种粒越小,损耗越大。一般地:

$C=1$:适用于千粒重在 700 g 以上的大粒种子;

$1<C<5$:适用于千粒重在 3~700 g 的中粒种子;

$10<C<20$:适用于千粒重在 3 g 以下的小粒种子。

生产上 C 的取值还会因其他自然因素的影响,考虑将 C 值适当调大。

(六)确定播种方法

生产上常用的播种方法有撒播、条播和点播。

1. 撒播

将种子均匀地撒于苗床上为撒播。小粒种子如杨、柳、一串红、万寿菊等,常用此法。为使播种均匀,可在种子里掺上细沙。由于出苗后不成条带,不便于进行锄草、松土、病虫防治等管理,且小苗长高后也相互遮光,最后起苗也不方便。因此,最好改撒播为条带撒播,播幅 10 cm 左右。以床播为例:高床床面高 20～30 cm,宽 80～100 cm,太宽时灌溉困难。多采用横向播种,即行与床的长边垂直,行距视树种而定,一般 20～25 cm。也有采用宽窄行条播(纵向)。

2. 条播

按一定的行距开沟,将种子均匀地撒在播种沟内为条播。中粒种子如紫荆、合欢、国槐、五角枫、刺槐、侧柏、松、海棠等,常用此法。播幅为 3～5 cm,行距 20～35 cm,采用南北行向。条播比撒播省种子,且行间距较大,便于抚育管理及机械化作业,同时苗木生长良好,起苗也方便。

3. 点播

点播是按一定的株、行距将种子播于圃地上的播种方法。适用于大粒种子,如银杏、山桃、山杏、核桃、板栗、七叶树等。株、行距以不同树种和培养目的确定,一般行距 30～80 cm,株距 10～15 cm。覆土厚度一般是种子直径的 1～3 倍,干旱地区可略深一些。点播由于有一定的株、行距,节省种子,苗期通风透光好,利于苗木生长,点播育苗一般不进行间苗。为了利于幼苗生长,种子应侧放,使种子的尖端与地面平行。

(七)播种工序

1. 播种

播种前将种子按亩或床的用量进行等量分开,用手工或播种机进行播种。撒播时,为使播种均匀,可分数次播种,要近地面操作,以免种子被风吹走;若种粒很小,可提前用细沙或细土与种子混合后再播。条播或点播时,要先在苗床上拉线开沟或划行,开沟的深度根据土壤性质和种子大小而定,开沟后应立即播种,以免风吹日晒土壤干燥。播种前,还应考虑土壤湿润状况,确定是否提前灌溉。

2. 覆土

播种后应立即覆土。覆土厚度需视种粒大小、土质、气候而定,一般覆土深度为种子直径的 2～3 倍。极小粒种子覆土厚度以不见种子为度,小粒种子厚度为 0.5～1 cm,中粒种子 1～3 cm,大粒种子为 3～5 cm。黏质土壤保水性好,宜浅播;沙质土壤保水性差,宜深播。潮湿多雨季节宜浅播,干旱季节宜深播。春夏播种覆土宜薄。土壤较黏重的,可用细沙土覆盖,或者用腐殖质土、木屑、火烧土等。

3. 镇压

播种覆土后应及时镇压,将床面压实,使种子与土壤紧密结合,便于种子从土壤中吸收水分而发芽。对疏松干燥的土壤进行镇压显得更为重要。若土壤为黏重或潮湿,不宜镇压。在播种小粒种子时,有时可先将床面镇压一下再播种、覆土。

4. 覆盖

镇压后,用草帘、薄膜等覆盖在床面上,以提高地温,保持土壤水分,促使种子发芽。覆盖要注意厚度,并在幼苗大部分出土后及时分批撤除。一些幼苗,撤除覆盖后应及时遮阳。

(八)出苗及其后续管理

从播种开始到长出真叶、出现侧根为出苗期。此期长短因树种、播种期、当年气候等情况而不同。春播者约需 3～7 周,夏播者约需 1～2 周,秋播则需几个月。出苗后的抚育管理措施,因播种方式不同也有一些差别。概括起来,其主要的技术措施包括:遮阳、间苗与补苗、截根、松土除草、灌溉与排水、施肥、病虫害防治、苗木防寒、幼苗移栽等。

1. 遮阳

遮阳一般在撤除覆盖物后进行,其目的是为了防止日光灼伤幼苗和降温保墒。

主要技术方法要点:遮阳方法常常是搭建一个高 0.4~1.0 m 平顶或向南北倾斜的阴棚;遮阳材料可用竹帘、苇席、遮阳网等,遮阳时间为晴天上午 10 时到下午 5 时左右,早晚要将遮阳材料揭开;每天的遮阳时间应随苗木的生长逐渐缩短,一般遮阳 1~3 个月,当苗木根茎部已经木质化时,应拆除阴棚。

2. 间苗与补苗

间苗原则:间小留大、去劣留优、间密留稀、全苗等距。

间苗时间最好在雨后或土壤比较湿润时进行,补苗应结合间苗进行。间苗不是拔苗,手指夹住叶片操作。间苗补苗后要及时按实、浇水,并根据需要采取遮阳措施。大部分阔叶树种幼苗生长快,抵抗力强,在幼苗出齐后长出两片真叶时一次间完。大部分针叶树种幼苗生长慢,可结合病虫草害分 2~3 次间苗,第一次在幼苗出土后 10~20 天进行,以后隔 10 天左右一次,最后一次为定苗,定苗数比计划产苗数多 5%~10%。

3. 截根

截根是用利刀在适宜的深度将幼苗的主根截断。主要适用于主要发达而侧须根不发达的树种。时间是在真叶展开后 2~4 周,此时,幼苗开始进入加速生长期。通常在 6 月中旬。截根深度为 8~15 cm。

4. 幼苗移栽

幼苗移栽是指将长出 1~4 片真叶,苗根尚未木质化的小苗,从播种区移到移植区的过程。其他如容器育苗只要是小苗过密,互相影响,都要及时进行幼苗移栽。移栽前,要小水灌溉,1~2 天后最好是阴天的早晚进行移栽。

起苗时只能用小铲,不能用手拔,手指夹住子叶或真叶,小铲按 45°角插入根系下部,切断主根。栽植深度与原来一致,栽后浇水,注意遮阳 2~3 天。

5. 松土除草

松土即中耕。松土可疏松土壤,减少土壤水分损失,改善土壤结构,同时消除杂草,有利于苗木的生长发育。松土常在灌溉或雨后 1~2 天进行。当土壤板结,天气干旱,水源不足时,即使不需除草,也要松土。一般苗木生长前半期 10~15 天 1 次,深度 2~4 cm;后半期每 15~30 天 1 次,深度 8~10 cm。除草可结合松土进行。化学除草效率高,效果好,但要谨慎选择除草剂的种类和使用适宜的浓度。

6. 灌溉与排水

对幼苗的灌溉要及时、适量,做到"小水勤灌",随着幼苗生长,逐渐延长两次浇水间隔时间,增加每次灌水量。灌水一般在早晨和傍晚进行。灌溉方法较多,高床主要采用侧灌。有条件可用喷灌和滴灌。排水主要针对露地苗木生产,雨季或暴雨来临前修善沟渠,雨后及时清沟培土,平整苗床。

7. 施肥

一般来说,播种苗生长初期需氮、磷较多,速生期需大量氮,生长后期应以钾为主,磷为辅,减少氮肥。第一次施肥宜在幼苗出土后 1 个月,当年最后一次追施氮肥应在苗木停止生长前

1个月进行。

施肥方法分为土壤施肥和根外追肥。撒播育苗,可将肥料均匀撒在床面再覆土,或把肥料溶于水后浇于苗床。条播育苗,一般进行沟施,在苗行间开沟,深5～10 cm,施入肥料,覆土浇水。根外追肥是将速效肥料溶于水后,直接喷洒在叶面上,常用于补充磷、钾肥和微量元素。根外追肥的浓度要严格控制在2%以下,如尿素0.1%～0.2%,过磷酸钙1%～2%,硫酸铜0.1%～0.5%。常在晴天的傍晚或阴天进行。

8. 病虫害防治

幼苗病虫害防治应遵循"防重于治,治早治小"的原则,认真做好种子、土壤、肥料、工具和覆盖物的消毒,加强苗木田间抚育管理,清除杂草、杂物。此外,还要认真观察幼苗生长,一旦发现病虫害,应立即治疗,以防蔓延。

★播种育苗实例:香樟播种育苗

香樟(*Cinnamomum camphora*)是亚热带常绿阔叶林的代表树种。香樟材质优良,产樟脑、樟油,是南方珍贵阔叶用材树种及特用经济树种。

1. 种实采集

最适宜采种的是生长迅速、健壮、主干明显、通直、分枝高、树冠发达、无病虫害、结实多的40～60年生母树。当果实由青变紫黑色时采集,采种时间9月末至10月中旬,用纱网或塑料布沿树冠范围铺一周,用竹竿敲打树枝,成熟浆果落下收集即可。

2. 种实调制和贮藏

将浆果在清水中浸泡2～3天,用手揉搓或棍棒捣碎果皮,淘洗出种子,再拌草木灰脱脂12～24 h,洗净阴干,筛去杂质即可贮藏。香樟种子含水量高,宜采用混沙湿藏。

3. 苗圃地选择

应选择地势平坦水源充足,土壤为深厚肥沃、排水良好、光照充足的沙壤土或壤土,地下水位在60 cm以下、避风的地块。

4. 整地做床

圃地应适当深翻,翻土深度30 cm。高床床面要平整,中央略高,以利于排水。做床前施足基肥,施用厩肥或堆肥22 500～30 000 kg/hm² (或饼肥2 250 kg/hm²左右)。

5. 播种作业

香樟可随采随播,最迟不过惊蛰。采用低温层积催芽,当种子露出胚根数达20%～40%即可播种,一般在2月末至3月中旬。采用条播,沟间距20～25 cm,播种量150～225 kg/hm²。播种深度2～3 cm,覆土厚度1～2 cm。为保温保湿,可用松针或山草覆盖,厚1 cm左右。

6. 苗期管理

幼苗出土1/3后开始揭除覆盖,出土1/2后全部揭除。当幼苗高长到5 cm左右,有4片以上真叶时进行间苗,每米播种行保留苗木10～12株,防止幼苗过密而徒长,并根据需要适时松土除草。5月末至6月初追肥1次,以尿素为宜,追肥量75 kg/hm²,沟施。香樟主根性强,可在幼苗期进行切根,以促进侧须根生长。用锋利的切根铲与幼苗呈45°角切入切断其主根,深度5～6 cm,切根后浇水使幼苗与土壤紧密接合。速生期可每隔20天左右施尿素1次,施肥量75 kg/hm²。速生期后期停施氮肥,适当追施磷钾肥,促进木质化,同时注意中耕除草。

速生期苗木易遭到地老虎危害,可用75％辛硫磷乳油1 000倍液灌根防除。

◆思考题

1. 举例说明种子催芽的操作过程。
2. 播种期和播种量要考虑哪些因素?
3. 结合播种实践,谈谈播种育苗全过程的管理内容和做法。

课题6 园林树木容器育苗

◆学习目标

熟悉容器育苗的场所和设施;掌握营养土配制的方法和要求;能进行营养土配制、装土和容器播种育苗管理全过程操作。

◆教学与实践过程

一、工具和材料准备

工具:育苗容器、浸种容器、水桶及其他容器,喷壶、喷雾器,小木棒、铁锹、移植铲,平板车等。

材料:树木种子2种,营养基质、常用消毒药品2～3种,常用肥料2～3种等。

二、容器育苗基本知识

在装有营养土的容器里培育苗木的方法称为容器育苗,适用于裸根苗栽植不易成活的地区和树种,也适用于珍稀树种育苗。在园林植物的繁殖上除利用容器播种育苗外,还利用容器进行扦插繁殖。用这种方法培育的苗木称为容器苗。容器育苗的优点主要表现在以下几个方面。

(1)不受栽植季节限制 容器苗一年四季均可栽植,便于合理安排劳力,有计划地进行分期栽植。

(2)节约种子 每钵播2～3粒种子,种子利用率相当高,往往比苗圃地育苗节约2/3～3/4的种子。

(3)可缩短育苗年限 有利于实现育苗机械化:一般苗床育苗需要8～12个月才能出圃栽植,但采用容器育苗,只需3～4个月或更短的时间即可出圃。而且容器苗出圃时,省去了起苗、假植等作用,育苗全过程都可实行机械操作,为育苗工厂化创造了条件,大大节约了时间、土地和劳力。

(4)有利于培育优质壮苗 容器育苗可以提前播种,延长苗木生长期,加之管理方便,可以满足苗木对湿度、温度和光照的要求、促进苗木迅速生长,有利于培育壮苗。

(5)可以提高栽植成活率 容器栽植是全根全苗,根部不受损伤,可大大提高栽植成活率。

(6)有利于提前发挥效益 容器育苗所用营养土肥力高,有利于苗木生长,根系发育好,抵抗不良环境能力强,栽后缓苗期短,甚至不缓苗,有利于提早发挥绿化及造林效益。

然而,容器育苗单位面积产苗量低,成本高,营养土的配制和处理操作技术比一般育苗复杂;在栽植上也存在运输不便,运费高的问题;同时对容器的大小、规格、施肥灌溉的控制及病虫防治等抚育措施,都有待今后进一步总结和研究。

三、容器育苗的操作规程

(一)育苗地的选择

容器育苗可在露地进行,也可在设施内进行,大多在温室或塑料大棚内进行。因为在这种环境下育苗,能人为控制温、湿度,为苗木创造较佳的生长条件,使苗木生长快,缩短育苗时间。如果在野外进行容器育苗,必须选择地势平坦、排水通畅和通风、光照条件好的半阳坡,忌选易积水的低洼地、风口处和阴暗角落。

(二)整地、做床

平整育苗地,按宽 1~1.5 m、深 10~15 cm 的规格做床,步道要踩实,床底要平整。这里的做床有两种情形,一种是直接在露地播种,后将小苗移植入容器内,容器苗在其他地块或设施内继续培育。另一种是该床是用来摆放继续培育的容器苗的地方,这种情形的做床国内外做法很多,通常是底床在铺盖覆盖物之前,要对土壤进行彻底除草。铺盖石子和木屑,既利于排水,又利于防止杂草的滋生,减少管理费用。一般碎石的厚度在 10 cm 左右,废木屑的厚度在 10~20 cm。也可采用碎石、煤渣进行铺盖。也可采用容器半埋或全埋的方法。

(三)育苗容器的准备

根据树种、育苗周期、苗木规格等不同要求选择相应的育苗容器,其深度通常在 20 cm 左右,以确保苗根正常伸展为宜,常用塑料容器杯。育苗容器种类很多,形状、大小、制作材料也多种多样,可根据树种、育苗周期、苗木规格等的不同要求进行选择。

容器有两种类型:一类有外壁,内盛培养基,如各种育苗钵、育苗盘、育苗箱等。按制钵材料不同,又可分为土钵、陶钵和草钵以及近年应用较多的泥炭钵、纸钵、塑料钵和塑料袋等。此外,合成树脂以及岩棉等也可用做容器材料。另一类无外壁,将充分腐熟的厩肥或泥炭加园土,并混合少量化肥压制成钵状或块状,供育苗用(图 1-6-1)。

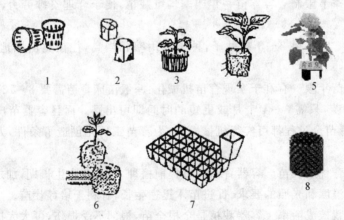

1. 塑料钵　2. 纸钵　3. 草钵　4. 育苗土块　5. 育苗袋　6. 基质　7. 穴苗盘　8. 控根卷材

图 1-6-1　各种育苗容器

（四）营养土的配制

容器播种或栽培的园林植物生长在有限的容器里，与地栽植物相比，有许多不利因素，为了获得良好的效果，播种基质最好具有以下特点：第一，有良好的物理、化学性质，持水力强，通气性好；第二，质地均匀，质量轻，便于搬运，其体积在潮湿和干燥时要保持不变，干燥后过分收缩的不宜使用；第三，不含草籽、虫卵，不易传染病虫害，能经受蒸汽消毒而不变质；第四，pH值较易调整和控制；第五，最好能就地取材或价格低廉。

生产上通常用几种基质材料混合来满足容器播种用土的需要。这种改良后的土壤称为播种基质或人工培养土。通常用泥炭、蛭石、珍珠岩、细沙、陶粒、园土等进行选择搭配使用，加入适量的有机肥和少量化肥，针叶树 pH 为 4.5～5.5，阔叶树 pH 为 5.7～6.5。不同植物种类、不同地区使用的基质配方也不尽相同。

1. 几种营养土配方与配制

①烧土、稻壳炭灰、堆肥各 1/3。

②1 份泥炭，2 份砻糠灰。

③1 份腐叶土，1 份园土，再加少量厩肥和沙子。

④泥炭土、烧土、黄心土各 1/3。

⑤烧土 78%～88%，完全腐熟的堆肥 10%～20%，过磷酸钙 2%。

⑥腐殖土∶园土∶河沙＝3∶5∶2。

将配方的不同基质分别打碎、去杂、过筛和量取，然后混合，并充分搅拌均匀。

2. 调整营养土的 pH 值

营养土 pH 因配制材料的种类和比例不同而异。一般针叶树要求 pH 为 4.5～5.5，阔叶树要求 pH 为 6～8。当 pH 过低时，可加入碳酸钾、苛性钠及生理碱性肥料调整，如 $Ca(NO_3)_2$、$NaNO_3$ 等。

当 pH 过高时，可加磷酸及生理酸性肥料调整，如 $(NH_4)_2SO_4$、NH_4Cl 等。为使营养土 pH 稳定，可适当加入缓冲溶液，如腐殖质酸钙，磷酸二氢钾等。

测定营养土 pH 值最简便的方法是：容器需浇有足够的水，使得能有水渗透出容器。每次收集的渗出液应为最初渗出的液体，每次收集 5 mL，以测定 pH 值（可用 pH 试纸）。

3. 营养土消毒

通常用药物对营养土进行消毒，一般用稀释 800 倍的托布津、稀释 1 000～2 000 倍的乐果，或用稀释 100 倍后的高锰酸钾。方法是将配制好的培养土摊开，喷洒药液，每摊一层土就喷一遍药，最后用塑料薄膜覆盖，密封 48 h 后，晾开，等气味挥发完毕后再用。

消毒方法还有日光法、蒸汽法、炒土法和高压加热法等。

（五）确定播种期

根据植物种子习性，生长特性和环境状况确定播种时期，露地播种应在解冻以后。在可控环境条件的设施内一般没有严格限制。

（六）装土与排列

装土时必须随装随用，手指将土装满压实。容器中填装营养土的多少要保证覆土和床面喷水后营养土应比容器边沿低 1～2 cm，以防以后灌溉时水从容器流出。

在容器的排列上，要依苗木枝叶伸展的具体情况而定，以便于植物生长及操作管理上的方便,又节省土地为原则。排列紧凑可节约用地,便于管理,减少蒸发,防止干旱。但过于紧密则会形成细弱苗。

容器排列的要点如下:

①容器排列的宽度一般为 1 m 左右,长度根据具体条件而定。

②摆放后要求容器上口要平整一致。

③摆放这种容器时要用氯化乙烯塑料板等材料与地面隔绝。

(七)容器播种

容器育苗的方法与前述常规育苗方法相同,可进行播种、扦插、移栽等。在播种前要对种子进行浸种、催芽和消毒处理,方法同常规育苗。但要注意的是对种子质量要求高,而且播前几天要浇透水,待水完全下渗后再播,最好采用点播方法播种,种子一露白就播下,将露白的种子播入容器。原则上每穴 1 粒,也可播 2~3 粒,播种量最多每个容器播种 10 粒,一般每个容器 2~5 粒,红松、七叶树等大粒种子每杯 1~2 粒。

(八)覆盖

播种后及时用疏松的营养土覆盖种子,覆土一般 0.3~0.4 cm,最厚不超过 1 cm,覆土后适量浇水。必要时用塑料薄膜覆盖容器,减少水分蒸发。

(九)芽苗移栽

容器育苗主要有直播育苗、芽苗移栽、小苗移植 3 种方法。直播育苗是直接将种子播入容器内,如杉木、油松、侧柏、樟子松等常用此方法。芽苗移栽是当种壳大部分脱落(幼苗出土 4~7 天),侧根尚未形成时移植到容器内,湿地松、火炬松用此法较好。幼苗移植是在生长期将苗地培育的幼苗移栽到容器内。

芽苗移植的最佳时间在幼苗期进行,此时苗高约为 3~4 cm,有 1~2 片真叶。芽苗移植后立即透浇水,保证根系和土壤的密切接合。

(十)灌溉、控制温湿度

出苗和幼苗期要量少勤浇,保持培养基湿润;速生期要量多次少,做到培养基间干间湿;生长后期要控制浇水;出圃前要停止浇水。

容器育苗能否成功,关键在于能否有效控制温湿度。适宜苗木生长的最佳棚内温度为 18~28℃,最佳空气相对湿度为 80%~95%,土壤水分宜保持在田间持水量的 80% 左右。

(十一)施肥

容器中装的营养土远比苗圃中的土壤少,及时补充养分格外重要。不同发育时期要施不同的肥料。速生期以施氮肥为主,促进苗木加速生长;速生后期施钾肥,促进苗木木质化。施肥只能施液肥,浓度为 200~300 倍液。施肥要立即用清水冲洗叶片,根据需要,可喷施 0.2%~0.3% 磷酸二氢钾液或尿素液肥进行叶面施肥。

(十二)间苗与补苗

幼苗出齐 10 天左右,间除过多的幼苗,每个容器只保留一株苗,而针叶树每个容器最后可留 1~4 株壮苗,对于死亡和生长不良的幼苗要进行补苗。

(十三)防治病虫害

容器育苗很少发生虫害,但要注意防治病害,要保持通风以降低空气湿度,并适当使用杀菌剂。可在出苗过程中每隔 $3\sim5$ 天用 0.5% $FeSO_4$ 喷防一次,发病后将幼苗连同土壤铲除,以防病情蔓延。另外的方法:每隔 1 周喷射 1 次 $0.5\%\sim1\%$ 的波尔多液,一旦发病用药用青霉素粉剂 1 瓶(80 万 U),用清水 150 g 稀释均匀,喷施病苗,喷施后不洗苗。

(十四)越冬防寒

苗木防寒是北方地区田间育苗常用的一项保护措施,在容器和设施播种育苗中无该项任务。长江流域以南地区的室外容器育苗,在进入冬季后要关注天气变化,一般在 12 月下旬后要搭置塑料拱棚,来年春季及时揭棚,并以防遭受晚霜危害。

(十五)容器苗出圃

容器苗的出圃标准,主要不是根据苗木高度而是要求充分形成根系团。凡是未形成根系团的、苗木长势衰弱的、有根腐现象的,都不能出圃。

容器苗的出苗期,因树种和气候等条件而异。出圃前半个月左右,逐渐减少喷水量,前 6 天停止喷水,要尽量减轻容器重量,并保证搬运时营养土不松散。

📖阅读材料:容器播种小经验

1. 瓦盆播种

选好瓦盆(新瓦盆用水浸泡过,旧瓦盆要浸泡清洗干净,最好消过毒),用破瓦片把排水孔盖上(留有适宜空隙),再放入约 1/3 盆深的干净瓦片、小石子、陶粒或木炭等(以利排水),然后填装基质,把多余的基质用木板在盆顶横刮除去,再用木板稍轻压严基质,使基质表面低于盆顶 $1\sim2$ cm。把种子均匀撒在基质上(或大粒种子以点播),然后用木板轻轻镇压使种子与基质紧密接触,根据种子大小决定是否需要再覆基质。浇水用喷细雾法或浸盆法。浸盆法就是双手持盆缓缓浸于水中,注意水面不要超过基质的高度,如此通过毛细管作用让基质和种子湿润,湿润之后就把盆从水中移出并排干多余的水,将盆置于庇阴处,盖上玻璃或塑料薄膜,以保持基质湿润。如果是嫌光性种子,覆盖物上需再盖上报纸。

2. 穴盘播种

播种量较少时可采用人工播种方法。将草炭、蛭石、珍珠岩按 1∶1∶1 混匀,填满育苗盘,稍加镇压,喷透水。播前 10 h 左右处理种子,可用 0.5% 高锰酸钾浸泡 20 min 后,再放入温水中浸泡 10 h 左右,取出播种,也可晾至表皮稍干燥后播种,但一次处理的种子应尽量当天播完。播种时,可用筷子打孔,深约 1 cm,不能太深,播种完一盘后覆盖基质,然后喷透水,保持基质有适宜的湿度。

专业穴盘种苗生产企业多采用精量播种生产线,完成从基质搅拌、消毒、装盘、压穴、播种、覆盖、镇压到喷水的全过程,实现商品化、工厂化生产。

◈思考题

1. 如何配制营养土?
2. 简述容器育苗的优点及其在苗木生产中的应用。
3. 简述容器育苗各环节的技术要点。

课题 7　园林植物扦插繁殖

◆**学习目标**

　　了解扦插的基本概念、作用、特点和扦插成活的相关基础知识;掌握扦插繁殖工作各环节的操作方法的标准;能独立正确完成不同插材扦插操作和成活管理的一系列工作。

◆**教学与实践过程**

一、工具和材料准备

　　工具:修枝剪、小刀、盛条器、喷壶或喷雾器、铁锹、平耙等。

　　材料:本地区常见乔木、灌木、针叶树种各 2～3 种,营养基质、酒精、生根剂 2～3 种,常用消毒药品 2～3 种,常用肥料 2～3 种等。

二、扦插繁殖的基本知识

(一)扦插繁殖的意义和特点

　　扦插繁殖是利用植物营养器官的再生能力,切取其根、茎、叶等营养器官的一部分,在一定的环境条件下插入土壤、沙或其他基质中,使其生根、发芽成为一个独立的新植株的方法。用扦插的方法繁殖出的苗木(新植株)叫扦插苗。用扦插法育苗所用的繁殖材料(营养器官)叫插穗。这种育苗方法技术简单易行,繁殖材料充足,成苗迅速,短时间可育成数量多的较大幼苗。因此,被广泛应用在园林植物生产中,尤其是那些不结实、种子稀少、种子不易采集或用种子育苗困难的珍贵园林植物种类,扦插育苗是其主要繁殖手段之一。

(二)扦插繁殖的种类

　　扦插育苗,根据插穗种类不同,可以分为不同的方法。用茎(枝)作插穗,近似垂直插入的叫枝插,其中枝条木质化程度高(充分木质化)的叫硬枝扦插,枝条木质化程度较低(未木质化或半木质化)的叫嫩枝(软枝)扦插;用根作插穗的叫根插(或埋根);用叶片作插穗的叫叶插;用一芽附带一片叶作插穗的叫叶芽插;用茎干(枝)作插穗平行埋入的叫埋条(或埋干)。在育苗生产实践中以枝插应用最广,根插次之,叶插应用较少,常在花卉繁殖中应用。

(三)影响插穗生根的因素

　　扦插育苗过程是一个复杂的生理过程,影响因素不同,成活难易程度也不同。不同植物、同一植物的不同品种、同一品种的不同个体生根情况也有差异。这说明在插穗生根成活上,既与植物种类本身的一些特性有关,也与外界环境条件有关。

　　1. 插穗本身的因素

　　影响插穗生根的内在因素主要有:植物的遗传特性、母树及枝条的年龄、枝条着生的位置及生长发育情况、插穗的长度及留叶数等。

　　(1)植物的遗传特性　扦插成活的难易程度与植物的遗传特性有关,不同植物遗传特性不同。根据植物插穗的生根难易程度,可将植物分为四类:

——极易生根的植物：旱柳、沙柳、白柳、北京杨、黑杨派、青杨派、柽柳、沙地柏、珊瑚树、沙棘、连翘、木槿、常春藤、扶芳藤、金银花、卫矛、红叶小檗、黄杨、金银木、紫薇、龙吐珠、瑞香、爬山虎、紫穗槐、葡萄、穗醋栗、无花果、石榴、迎春花等。

——易生根的植物：毛白杨、新疆杨、银中杨、山杨、刺槐、水蜡树、泡桐、国槐、刺楸、悬铃木、侧柏、扁柏、花柏、铅笔柏、罗汉柏、罗汉松、五加、接骨木、小叶女贞、石楠、竹子、花椒、茶花、杜鹃、野蔷薇、夹竹桃、绣线菊、猕猴桃、珍珠梅、金缕梅、棣棠、菊花、石楮、相思树、彩叶草、一串红等。

——较难生根的植物：赤杨、大叶桉、樟树、槭树、榉树、梧桐、苦楝、臭椿、美洲五针松、日本白松、君迁子、米兰、香木兰、树莓、醋栗、枣树、果桑、日本五针松、挪威云杉等。

——极难生根的植物：柿树、杨梅、核桃、棕榈、木兰、榆树、桦木、赤松、黑松、栎类、广玉兰、日本栗、槭类、苹果、梨、鹅掌楸、朴树、板栗等。

（2）母树及枝条的年龄　一般从幼龄植株上采集的枝条其再生能力比成年植株的强，生根快、生长也好；从未结果植株上采集的枝条，其再生能力比已结果植株的强。所以，对一些木本植物进行扦插育苗时，对母本幼龄化或采集幼龄母本的枝条作插穗是提高扦插生根率的一项技术措施。

枝条年龄愈大，再生能力愈弱，生根率愈低。对绝大多数植物而言，一年生枝的再生能力为最强，二年生枝次之，二年生以上的枝条极少能单独进行扦插育苗。因为其组织较老化，再生能力较低。但是，对那些一年生枝条比较细弱的木本植物进行扦插，为了保证成活，插穗可以带一部分二、三年生的枝条。如圆柏、柏等。

（3）枝条着生的部位及生长发育状况　同一株母本，由于着生部位不同，这些枝条生活力的强弱也不同。一般向阳面的枝条生长健壮，组织充实，比背阴面枝条生根好；着生在根颈处的萌条生根能力最强；着生在主干上的枝条比树冠上的枝条生根能力强；树冠内部的徒长枝比一般枝条生根能力强；一年生播种苗上采集的枝条，其枝条生根能力比其他方法繁殖的植株强。因此，生产上，采集幼壮龄母株位于树冠中下部尤其是根颈处萌条作插穗有利于提高成活率，避免用树冠上部枝条。

同一枝条的不同部位以及生长发育情况不同，生根能力也不同。大多数植物以枝条中下部位置的插穗生根成活率高，因为其上叶片成熟较早，枝条较粗壮，芽体饱满，营养物质含量较丰富，为根原始体的形成和生根提供了有利条件；枝条上部由于叶片较小，发育不充实，组织幼嫩，芽体不饱满，营养物质含量较低，不利于生根。如不同时期用枝条的不同部位进行池杉嫩枝或硬枝扦插（表1-7-1），其结果表明，嫩枝扦插以梢部生根成活率最高，而硬枝扦插则基部效果好。月季的扦插，以花（花衰败后）下的部位生根最易。

表1-7-1　池杉枝条不同部位扦插生根成活率　　　　　　　　　　　　%

扦插方法	基部	中部	梢部	结论
嫩枝扦插	80	86	89	梢部好
硬枝扦插	91.3	84	69.2	基部好

插穗内部贮藏的营养物质多少与插穗成活或成活后的生长有着紧密关系。实践证明，生长健壮，发育充实的枝条，贮藏养分丰富，其生根能力也较高；生长细弱，发育不充实，芽体不饱

满的枝条,贮藏养分较少,也不利生根,即使生根苗木生长也会受到影响。所以,采集插穗时,多选择生长健壮,发育充实,营养物质含量丰富的枝条,可以达到提高成活率、确保育苗质量的目的。

(4)插穗长度及留叶数 插穗长短及留叶数量也影响插穗的生根。插穗长,其本身贮藏的营养物质多,能提高生根成活的数量,利于苗木生长;插穗短,不利于生根及苗木生长。但是,插穗过长,扦插深度增加,影响其呼吸作用的强度,导致生根困难甚至死亡;在插穗较少情况下,会降低繁殖系数,不利于提高产苗量。目前,在园林植物扦插育苗时,其插穗长度一般为10~20 cm。草本植物较短,通常5~10 cm。

插穗上带一定数量的叶片,有利于生根。不同植物留叶数量不同。一般阔叶植物留2~3片(对)叶;叶片宽大的可留半叶,剪除先端部分;叶小的植物,可以留叶1/3左右。不同地区不同植物种类在应用时,应视具体情况而定。

2. 外界环境条件

影响插穗生根的外界环境条件主要是温度、湿度、通气情况、光照和扦插基质等。各种条件之间既相互影响,又相互制约。为了保证扦插成活,需要合理协调各种环境条件,满足插穗生根及发芽的要求,培养优质壮苗。

(1)温度 温度对插穗的成活有极大的影响,是限制扦插育苗的一个重要条件。不同植物扦插生根和发芽的适宜温度不一样,扦插时间以及插穗种类不同,对温度的要求也不一样。多数植物的适宜温度在15~25℃范围内,但原产于热带地区的植物和常绿植物比原产于温带的植物要求的适温高。通常在一个地区内,萌芽早的植物要求的温度低,萌芽晚的植物则要求的温度较高,如小叶杨、柳树在7℃左右,而毛白杨则为12℃以上。不同材料的插穗对温度的要求也不同,休眠状态的硬枝扦插对温度的要求偏低,因为在成活前需要消耗插穗贮存的营养物质,促使愈合、生根发芽,过高的温度则能加速插穗内的养分消耗,导致扦插失败。生长季的嫩枝扦插成活前消耗的养分和生根促进物质的产生,主要来自插穗上叶片光合作用所制造,因此,较高温度对嫩枝扦插是有利的;但是,过高的温度(如超过30℃),则抑制生根而导致扦插失败。

温度的变化受太阳辐射的影响很大,为了提高扦插成活率,现在多采用一些设施和设备来调节温度,如日光温室、塑料大棚、地热线及全光间歇喷雾设备等。

(2)湿度 插穗自身的水分平衡和环境(包括空气和基质)中水分的含量是扦插成活的重要因素之一。空气干燥(即相对湿度小)和基质含水量低,能加速插穗水分蒸发,使插穗内水分失去平衡,不利成活;空气相对湿度大和基质中水分含量适宜,能减少插穗本身的水分蒸发,利于成活。但是,过高的基质含水量,会导致插床透气性差,不利插穗呼吸作用进行,易使插穗腐烂甚至死亡,不利成活。所以,插床附近的小气候应保持较高的空气相对湿度,尤其是嫩枝扦插时,空气相对湿度应保持在80%~90%,低于65%就容易枯萎死亡。扦插基质的湿度不宜过大,一般应保持在田间最大持水量的50%~70%,有利于扦插成活。

(3)通气情况 通气情况主要是指插床中的空气状况、氧气含量。通气情况良好,呼吸作用需要的氧气就能得到充足供应,有利于扦插成活。因此,疏松、透气性好的基质对插穗生根具有促进作用,透气性差的黏重土壤或浇水过多的基质,会使其通气条件变差,容易缺氧造成插穗窒息腐烂,不利于生根或发芽。理想的扦插基质既能保持湿润,又通气良好。不同植物需氧量不同,如杨、柳对氧气的需求较少,插入较深仍能成活。而蔷薇、常春藤则要求较多的氧气,要求疏松透气的基质,或扦插深度较浅,有利于生根,扦插过深易造成通气不良而抑制生根。

(4)光照　充足的光照能提高插床温度和空气相对湿度,也是带叶嫩枝扦插或常绿植物扦插生根不可缺少的因素。但光照强度应适宜。生产中常采用适度遮阴或全光照自控喷雾的办法,将温度、湿度及光照控制在最适于插穗生根的范围内。

(5)基质　不同扦插基质对插穗成活的影响是不同的。扦插基质要无有害物质,能满足水分、通气这两个条件。目前扦插繁殖中所用基质有3种状态:气态、液态和固态。

——气态基质:把枝条悬挂于相对湿度大的空气中,使其生根发芽甚至成活的方法,叫雾插或气插。这种方法适合极易生根的类型,需在高温、高湿中进行。

——液态基质:将插穗插于水中或营养液中,使其生根成活,这种方法称为液插或水插。营养液易造成病菌增生,导致插穗腐烂,所以多用水而少用营养液。此法主要用于易生根植物、含有生根抑制剂的难生根植物的扦插育苗。

——固态基质:是目前生产中最普遍、应用最广泛的扦插基质。将插穗插于固体物质(或称为插壤)中使其生根成活的方法。目前国内使用的固体扦插基质有沙壤土、泥炭土、苔藓、蛭石、珍珠岩、河沙、石英砂、炉灰渣、泡沫塑料等。前两种既有保湿、通气、固定作用,还能提供养分;第三、四、五种主要起着保湿、通气、固定作用;后四种只能起着通气固定作用。在实际生产中,通常采用混合基质使用的方法。

三、硬枝扦插的操作规程

硬枝是指已经木质化的枝条,硬枝扦插通常是特指对一年生硬枝进行扦插,少有二年生或多年生枝条。

1. 选择插穗

选择优良幼龄母树上分枝级数低,充生长实,发育健壮,无病虫害的一至二年生枝条。对大多数植物而言,理想的插穗来自:幼龄母树、靠近根部、枝条粗壮、芽体饱满、一年生。

2. 采穗时间

树木枝条在年周期生长的不同时期所贮藏养分的多少也不同,应该选择枝条含蓄养分最多的时期进行选取。落叶树在秋末冬初(落叶后),早春萌动前,枝条内含营养多,通过贮藏能形成愈合组织和不定根,采穗宜在落叶至翌年萌动前进行。常绿树种多在春季芽苞萌动前采穗。

3. 插穗截制

(1)插穗长度　插穗上有2～4个芽,大多数树种的插穗长10～20 cm,过长下切口愈合慢,易腐烂,操作不便,浪费种条。过短插穗营养少,不利于生根。

(2)插穗切口　上剪口应位于芽上1 cm左右(最低不能低于0.5 cm);下剪口的位置,在芽的基部、萌芽环节处、带部分老枝等部位,以近节部约1 cm最佳。

易生根的植物和嫩枝扦插的插穗多采用插穗上下两端均为平面的剪口,下剪口也可以是斜面(单斜面或双斜面),如大多数难生根植物的扦插育苗,插穗下剪口多用斜面(图1-7-1)。

(3)截制条件　应在阴凉处进行;不要在阳光、风

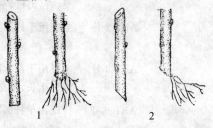

1. 下剪口平剪　2. 下剪口斜剪

图1-7-1　剪口形状与生根示意图

口剪插穗。常绿树种应保留适量叶片,通常入土部分叶片摘除,剪穗时不要用手撕叶。

4. 插穗贮藏

落叶树在秋末冬初剪条后,为防止失水要进行越冬贮藏。枝条要埋藏在湿润、低温、通气环境下,选择地势高燥、背风阴凉处开沟,沟深 50～100 cm,长依地形和插穗多少而定。沟底先铺 10 cm 左右的湿沙,再将成捆的插穗,小头(生物学上端)向上,竖立排放于沟内,排放要整齐、紧密,防止倒伏,隔沙单层放置。然后用干沙填充插穗之间的间隙,喷水,保证每一根插穗周围都有湿润的河沙。以插穗距沟沿 20 cm 为止。如果插穗较多,每隔 1～1.5 m 竖一束草把,以利于通气。最后用湿沙封沟,与地面平口时,上面覆土 20 cm,拢成馒头状。贮藏期间要经常检查,并调节沟内温度、湿度。贮藏时间应在土壤冻结前进行,翌春扦插前取出插穗。

5. 插壤准备

(1)露地扦插 一般大型苗圃主要进行露地育苗。应选土层深厚、疏松肥沃、排水良好、中性或微酸性的沙质壤土为宜,如土壤不适宜就必须改良土壤。育苗量较小时也可在地上用砖砌成宽 90～120 cm、高 35～40 cm 的扦插床,搬运客土做床,在床底先铺上 5 cm 厚的小石砾后再填入客土,以利排水通气。

因为早春温度回升慢,要进行春插,可以用地膜覆盖在地面(或扦插床),然后打孔插,这样地温上升快,有利生根。也可以采用小拱棚覆盖,把整个床畦覆盖起来,这样不仅地温上升快,而且床面湿润,空气湿度也大,可提高成活率。但要注意防止光照过强,温度过高(>30℃),及时通风换气,并在拱棚上加遮阳网。

(2)地热温床扦插 一般扦插育苗,先生根后萌芽是成活的关键。为了提高插穗基部温度,可采用床土底部铺设地热线的方法。温床可用砖砌成,先在最下面铺 5 cm 左右排水材料,再铺一层珍珠岩隔热,再在上面铺设地热线(线距 10 cm 左右),最后填入床土或培养基质(河沙、锯末、珍珠岩等),厚度稍大于插条长度,地热线由温控仪控制,一般保持插穗基部在 20～25℃为宜。

6. 插前催根

催根方法:环状剥皮、刻伤或缢伤、黄化软化处理、温水处理(30～35℃温水)、生长素处理(表 1-7-2)。其他处理:0.1% 高锰酸钾或 4%～5% 蔗糖 24 h。

表 1-7-2 常用植物激素的主要用途

名称	英文缩写	用 途
ABT 生根粉	ABT 1 号	主要用于难生根树种,促进插穗生根。如银杏、松树、柏树、落叶松、榆树、枣、梨、杏、山楂、苹果等
	ABT 2 号	主要用于扦插生根不太困难的树种。如香椿、花椒、刺槐、白蜡、紫穗槐、杨、柳等
	ABT 3 号	主要用于苗木移栽时,苗木伤根后的愈合,提高移栽成活率;用于播种育苗,能提早生长、出全苗,而且有效地促进难发芽种子的萌发
	ABT 6 号	广泛用于扦插育苗、播种育苗、造林等,在农业上广泛用于农作物、蔬菜、牧草及经济作物等
	ABT 7 号	主要用于扦插育苗、造林及农作物和经济作物的块根、块茎植物

续表 1-7-2

名称	英文缩写	用　　途
萘乙酸	NAA	刺激插穗生根,种子萌发,幼苗移植提高成活率等。用于嫁接时,用 50 mg/L 的药液速蘸切削面较好
2,4-D	2,4-D	用于插穗和幼苗生根
吲哚乙酸	IAA	促进细胞扩大,增强新陈代谢和光合作用;用于硬枝扦插,用 1 000～1 500 mg/L 溶液速浸(10～15 s)
吲哚丁酸	IBA	主要用于形成层细胞分裂和促进生根;用于硬枝扦插时,用 1 000～1 500 mg/L 溶液速浸(10～15 s)

7. 扦插

硬质扦插春、秋两季均可,一般以春季扦插为主。春季扦插宜早,掌握在萌芽前进行,北方地区可在土壤化冻后及时进行。秋季扦插在落叶后、土壤封冻前进行,扦插应深一些,并保持土壤湿润。冬季硬枝扦插需要在大棚或温室内进行,并注意保持扦插基质的温度。

一般插入的深度为插穗的 1/2～2/3;插穗也可以全部插入基质,其上切口与地面平齐或略高于地面。

8. 扦后管理

(1)浇水　扦插后立即灌足第一次水,并注意保墒松土。

(2)除萌摘心　未生根前地上部展叶的,应摘去部分叶片。

培育带主干的苗木,当新萌芽苗长到 15～30 cm 高时,应选留一个生长健壮、直立的新梢,将其余萌芽条除掉。培育无主干的苗木,应选留 3～5 个萌芽条,除掉其他萌芽条;若萌芽条较少,在苗高 30 cm 左右时,应采取摘心的措施,增加苗木枝条量。

(3)环境控制　温度、光照和水分,相互影响。通常最适宜的生根地温为 15～25℃。准确掌握扦插时期,覆膜、温棚、温室、遮阳、喷水等都是常用的调控手段。采用遮阳降温时要求遮阳物的透光率为 50%～60%。

(4)田间管理　扦插苗生根发芽后需要补充营养,一般采用叶面喷肥,1～2 周施一次速效复合肥,可结合浇水进行;化学或人工除草,做到除早、除小、除了;勤观察,及早发现,消灭病虫害。

9. 注意事项

①扦插时应先开沟、打洞扦插,防止损伤切口和皮层。

②不能倒插,插后按紧,使下切口与土壤密接。

③插后浇透水,使土壤下沉。再覆薄土。

④插后假活时间,不能拔出来看。

⑤注意抹芽,有些树种要搭阴棚。

四、嫩枝扦插的操作规程

嫩枝扦插是在生长期中应用半木质化或未木质化的插穗进行扦插育苗的方法。应用于硬枝扦插不易成活的植物、常绿植物、草本植物和一些半常绿的木本观花植物。

1. 设施准备

5月初,选用通透性质好,含水量高的基质,如蛭石、河沙、草炭等作扦插池或进行土壤改良,并消毒;厢面或池面上加盖塑料小棚,喷水后棚内空气相对湿度保持在90%以上,温度不超过30℃;小棚上方搭建阴棚,盖遮阳网。

在扦插以后,每天上午10点左右、下午3点左右揭棚通风换气、喷水、降低棚内温度、增加空气相对湿度及基质湿度。

2. 选择插穗

木本园林植物应选择年轻母树上当年生发育充实的半木质化枝条,草本植物的插穗应选择枝梢部分,硬度适中的茎条。

3. 采穗时间

5~7月份,枝条达半木质化。过早枝条幼嫩容易失水萎缩干枯。过迟枝条木质化,生长素含量降低,抑制物增多。针叶树在第一次生长封顶,第二次生长开始前采穗;阔叶树在高生长最旺盛期剪穗;大叶植物在叶未展成大叶时采条。

采条时间:应在阴天无风的早、晚光照不强烈的时候进行,此时枝条含水量高,空气湿度大,温度较低,可用水桶盛穗保湿,严禁中午采条。

4. 插穗截制

穗长一般应该有2~4个芽,长度在5~20 cm为宜。叶片较小时保留顶端2~4片叶,叶片较大时应留1~2片半叶,其余的叶片应摘去。如果叶面积过大时,由于蒸发量过大而使其凋萎,反不利于成活,可剪去叶片的2/3左右。

5. 生根处理

插穗截制后,一般要用能促进生根的激素类制剂或其他化学药剂进行生根处理。注意激素类制剂处理嫩枝插条的浓度要低一些。

6. 扦插技术

(1)扦插时间 5~7月份,依种类而异。桂花、冬青等以5月上中旬,银杏、侧柏、山茶、石楠以6月上中旬为好。

(2)扦插基质 疏松、透气混合基质或沙壤土。最好以蛭石、河沙、珍珠岩等材料为主。插前浇透水。

(3)扦插深度 扦插深度以浅为好,2~4 cm,或为插穗长度的1/3~1/2。

(4)扦插密度 以插后叶面互不拥挤重叠为原则,株行距一般为5~10 cm,通常采用正方形布点。

7. 插后管理

扦插后,空气相对湿度是最关键的因素,以90%的相对湿度为准,决定每天的喷雾时间和次数。通常要喷3~4次。

根据温度、湿度和光照强度,在每天的高温时段(每天上午10点左右、下午3点左右)揭棚通风换气、喷水、降低棚内温度、增加空气相对湿度及基质湿度。插条生根展叶后,要逐渐揭除遮光物,初期适当喷水,同时根据基质营养状况,决定是否略施薄肥,然后可出床移植下地。

五、根插(或埋根)的操作规程

凡根蘖性强、枝插生根较困难的植物,如泡桐、楸树、火炬树、杨树、香椿、枣树、迎春、玫瑰、黄刺梅、牡丹、山楂、漆树、凌霄、紫藤、玫瑰、芍药等均可用此法育苗。

1. 采根

一般应选择健壮的幼龄树或生长健壮的1～2年生苗作为采根母树,根穗的年龄以一年生为好。若从单株树木上采根,一次采根不能太多,否则影响母树的生长。采根时勿伤根皮。采根一般在树木休眠期进行,采后及时埋藏处理。在南方最好早春采根随即进行扦插。

2. 根穗截制

根据树种的不同,可剪成不同规格的根穗。一般根穗长度为15～20 cm,大头粗度为0.5～2 cm。为区别根穗的上、下端,可将上端剪成平口,下端剪成斜口。此外,有些树种如香椿、刺槐、泡桐等也可用细短根段,长3～5 cm,粗0.2～0.5 cm。

3. 根穗贮藏

从母株周围刨取种根,也可利用出圃挖苗时残留在圃地内的根,选其粗度在0.8 cm以上的根条,剪成10～20 cm的小段,并按粗细分级埋藏于假植沟内,至翌年春季扦插。早春采集的根段不必贮藏,可直接处理扦插。

4. 根穗处理

扦插前可对根穗进行适当处理,如使用杀菌剂进行消毒,用生根药剂进行浸蘸。对于根系多汁插后容易腐烂的树种根段,应在插前置于阴凉通风处存放1～2天,再扦插。

5. 根插技术

在已经准备好的插床、插池或容器中进行扦插,先要浇足底水。

由于根穗柔软,不易插入,最好是先在床面上开深5～6 cm的沟或打孔,再将根穗直插或斜插或全埋于其中,注意不能倒插,根的上端覆土或沙2～3 cm,也可露出。

插后镇压,随即灌水,注意插壤湿度,发芽生根前最好不要再灌水。一般经15～20天即可发芽出土。

★扦插繁殖实例一:杨树硬枝扦插育苗

杨树(*Populus* spp.)是我国重要的绿化树种。

1. 圃地的选择和准备

圃地应选在地势平坦、背风向阳、排水良好、浇灌便利的土层深厚、肥沃疏松的沙壤土、壤土或轻壤土上。土壤pH在7.0～8.5,不宜选择盐碱地。

做床做垄前必须对土壤进行消毒,一般采用多菌灵。圃地一定要整平、整细,以免灌水时发生高处干旱、低处积水现象,使新萌的幼叶沾泥,经太阳照晒而死亡。

——垄作　适用于北方寒冷地区,春季育苗时,垄作可提高地温,有利于插穗迅速发根。先将圃地进行全面翻耕后,按垄距条状撒施基肥(农家肥),再培垄,高度一般为20～25 cm,垄应南北走向,使垄两侧地温均能提高。

——高床　适用于地下水位高、土壤较湿的地方,高床可降低地下水位,提高土壤的通气性和地温。翻耕前先将基肥均匀撒在地表,翻耕后做床,床宽100～120 cm。

——低床　适用于春季不需专门提高地温,但需经常灌溉的地方。做床方法与高床相反,即在两床之间培高10～15 cm,宽20 cm的畦埂,然后耙平床面。

杨树扦插不宜重茬,可以在杨树无性系或品种间换茬,一般的规律是把干物质累积多,根系发达的品系栽种于干物质累积少,根系不发达的品种或无性系的茬口上。也可与玉米、豆类作物轮换种植。

2. 种条的假植或窖藏

选用 1 年生苗的苗干作种条,要求生长健壮,无病虫害,木质化程度好。在秋季苗木落叶后立即采条,此时枝条内营养物质积累丰富,经冬季适宜条件贮藏,可促进插穗形成愈伤组织,有利于扦插生根。但对于 107 杨、108 杨、111 杨、113 杨等欧美杨,美洲黑杨 725 杨和 109 杨、110 杨等黑杨派与白杨派和青杨派的杂种无性系,最好是春季随采随插。

冬季起苗后,要带根假植于假植沟中,沟深 70 cm,宽 60 cm(在寒冷地区深度 90 cm,以覆土后不受冻害为度),长度视苗木数量及地形而定。将苗木斜放于假植沟中,放一层苗覆一层土,必须让苗木与沟中土壤紧密接触,不留空隙,以免冬季风干。在寒冷地区,仅将苗木 1/5~1/4 的梢部露出土外,然后灌水封土,最好再覆盖草帘,以免发生冻害,待第二年春季育苗时,挖出后剪切插穗。

如果采用窖藏,选地势较高、排水方便的向阳地段挖窖,窖深 60~70 cm,宽 1 m 左右,长度依种条数量而定。窖底铺一层 10 cm 厚细沙,并使之保持湿润。在窖底埋条时,每隔 1~2 m 插入一竖直草把,以利通风。严冬季节要及时采取保暖措施。要经常抽查窖藏种条,发现种条发热,应及时翻倒;沙层失水干燥时,可适当喷水,以保持湿润。经常观察坑内土壤水分状况,土壤过干,种条容易失水,土壤过湿,种条容易发霉。

3. 插穗截制

制穗时需用锋利枝剪或切刀,工具钝易使插穗劈裂。剪插穗前,先将苗根剪下堆在一起,用土埋好待用。对于以愈伤组织生根为主的无性系,如欧美杨 107 杨、108 杨、109 杨、111 杨、113 杨和 725 杨等,插穗以上下切口平截,且要平滑,以利于愈合组织的形成,提高成活率。要特别注意使插穗最上端保持一个发育正常的芽,上切口取在这个芽以上 1 cm 处,如苗干缺少正常的侧芽,副芽仍可发芽成苗。下切口的上端宜选在一个芽的基部,此处养分集中,较易生根。剪切的插穗应按种条基部、上部分别处置,分清上下,50 根一捆,用湿沙立即贮藏好,尽量减少阳光暴晒以免风干,然后用塑料布覆盖,随用随取。

插穗长度按"粗条稍短、细条稍长,黏土地插穗稍短、沙土地插穗稍长"的原则,由种条基部开始截制,插穗长度 12~15 cm。

4. 插穗的处理

越冬保存良好的欧美杨无性系种条,可不经任何处理,直接扦插。保存中失水较重和北方干旱地区春季采条截制的插穗,在扦插前须在活水中浸泡一昼夜,使插穗吸足水分。也可溶去插穗中的生根抑制剂,可提高扦插成活率。对于从外地调进的种条浸水尤其重要。为防止插穗水分散失,影响成活率,可把浸水后的插穗用溶化的石蜡封顶,基部用生根粉溶液处理。

5. 扦插时间

在冬季较温暖湿润的地方(淮河以南地区),苗木落叶后随采种条随制穗随扦插。冬季寒冷或干旱地区,土壤解冻后春插。必要时,扦插后可以覆盖地膜。

6. 扦插方法

种条基部和中部截取的插穗要分床扦插。扦插株行距 20 cm×60 cm,45 000 株/hm²,具体根据培育苗木规格、品种无性系特性、苗圃土壤情况、抚育管理强度等而定。

扦插时拉线定位、注意不要倒插。插穗直插为主。扦插后插穗上部应露出 4~5 cm。扦插时注意保护插穗下切口的皮层和已经形成的愈伤组织。插穗上部的芽应向上、向阳。扦插后覆土 1 cm 盖严插穗。之后立即灌溉。

7. 扦插苗物候与管理

（1）芽萌动期 插穗扦插后，首先是芽膨大，而后伸长，继而芽鳞开裂，而后露出一簇叶尖。此阶段要求温度较低，且与派系品种有关。一般是青杨派、黑杨派间杂种要求温度较低，约11℃即可开始萌动，而黑杨派欧美杨品种要求温度较高，约为14℃才开始芽萌动；白杨派要求温度最高（也有材料报道居中）。故在安排扦插作业的顺序应是青杨派→黑青杨派杂种→黑杨派欧美杨系品种→白杨派品种。

（2）生长初期（春梢生长期） 此阶段生长期不长，生长量亦不大。叶片开始像莲状排列，随即拔节，长成瘦弱小苗。因此期插穗未生根，而地上部已萌发生长，需要有营养供应，又因出现水分亏缺，气温不高（14～16℃），故生长慢而表现瘦弱。而到此期末才出现皮部生根（救命根），故称之生长初期。

（3）生长临界期（停滞期） 此期苗高生长停滞，苗根缓慢生长，因气温逐渐升高，空气湿度下降，风大干旱，蒸腾、蒸发强烈。未生根的插穗，叶片水分亏缺达到高点，插穗内部的淀粉粒已测不出，说明养分耗尽，光合作用停止，因而出现死苗现象。而未死的插穗，到此期中期，皮部根大量发生，一直延续到期末。不死的插穗，呼吸旺盛，薄壁细胞组织分生能力强，愈合组织已接近完全包被切口，插穗上的叶出现增大，叶色淡绿，表明插穗已长出根系，叶片水分亏缺不大，不久即进入生长旺盛期。

（4）生长旺盛期 此期生长时间较长，各杨树品种间出现的时间较一致，但生长量差异较大。由于此期根部吸收能力强，光合作用旺盛，高、径生长随之加快，若光、温、水同步到来，地上部生长呈直线上升，否则会出现几个生长高峰。此时，在茎条中形成了根原基。

（5）封顶期（顶芽形成期） 此期插条苗已形成顶芽，苗高不再生长，而根、茎继续积累养分，根原基继续增长，但遇多雨年份，会出现徒长，要引起注意。

（6）木质化期 此时气温已降到5～10℃，所有生长停止，且按高、径、根次序停止。叶绿素逐渐破坏，而被叶黄素、胡萝卜素和花青素所代替，呈现枯黄色，但有机物质还在转化，不久即落叶进入休眠。

插条育苗的管理工作较播种育苗简单，主要是除草、松土，干旱时灌溉，必要时追肥。有些品种需要除蘖（抹芽）。苗高速生期开始时，只保留1个健壮萌条，其余全部抹去。除蘖次数以品种特性而定。

★扦插繁殖实例二：泡桐埋根育苗和容器插根育苗

泡桐（*Paulownia* spp.）是我国优良速生树种之一，是建筑、航空、家具、乐器等方面的重要用材（赵忠，2003；李二波，2003）。

1. 埋根育苗

（1）种根采集 在秋季落叶后到春季树液流动前，从健壮、无病虫害的幼龄母株上采取种根，也可用1～2年生苗出圃后修剪留下的健壮根。根粗0.8～2 cm，采根后要立即保湿，防止其失水。

（2）穗条贮藏 选择地势高、排水良好的背阴处挖沟，沟宽1 m，深80 cm，长度视穗条的数量而定，切勿过深，防止沟内温度过高。沙藏时，先在沟底铺3～4 cm厚的湿沙，将插条每50枝一捆，立于沟内，每放一层穗条铺一层10 cm厚的湿沙。距地面10 cm时，用湿沙填平，封堆成屋脊状。每隔1～1.5 m插一秸秆把，以利通风换气。

(3)埋根时间 泡桐春季埋根应在土壤解冻后进行,越早越好。除此之外,还可以在 11～12 月份土壤封冻前进行。

(4)埋根育苗 泡桐埋根育苗多采用低床,宽 1 m,每公顷可育 7 500～10 500 株苗木,以南北走向为宜,插前细致整地,使土壤疏松。用 1%～3% 的硫酸亚铁和 5% 的辛硫磷进行土壤消毒和灭虫。扦插前 1～2 天将插穗置于阴凉通风处,使其略失水后再插。插时将种根直立放入穴内,上切口略低于地表,覆土 1 cm 左右,呈馒头状。插后圃地要用地膜覆盖,幼芽出土后及时将出芽处的地膜穿孔,使芽苗伸出。幼苗出土前,如土壤不太干,不宜灌水,以防因降低土温或水分过多影响发根和萌芽。

(5)出苗后管理 泡桐春季埋根后 20 天左右即发芽出土,可在发芽前扒去土堆,晒土催芽。苗高 10 cm 左右时间苗,除去发育不良的、受病虫害的、受机械损伤的和过密的小苗,并抹去多余的萌蘖,及时摘除腋芽。5 月上旬到 6 月下旬,苗木地上部分生长缓慢,应根据天气,适时灌水,除草松土,并在苗木根基部培土,促进生根。7 月初到 8 月下旬是培育泡桐壮苗的关键,应每隔 15～20 天追肥一次,肥料以腐熟的人粪尿、尿素、硫铵、过磷酸钙为主。8 月下旬之后不再浇水,促使苗木木质化,提高其抗寒能力。

2. 容器插根育苗

(1)容器与营养土 塑料薄膜容器,高 14～15 cm,直径 7 cm。营养土由圃地耕作层土壤、有机肥和发酵饼肥配制而成,其比例为 100：20：3。混合后加水拌匀,湿度以手握成团、落地散开为宜。

(2)苗床制作 在地势较高、易排水、阳光充足的地方,挖东西向宽 1.5 m、深 50 cm 的坑,其中苗床宽 1.1 m,靠北侧留宽 0.4 m 的步道,长度视育苗数量而定,坑的北侧修高 30～50 cm 的土埂,苗床上面呈现南低北高状,每隔 1 m 架一横杆,以备覆盖薄膜。坑的两侧留通气孔。坑内铺 5 cm 厚的湿沙。

(3)根穗处理 将 1 年生直径 1～2 cm 的种根,剪成 7～8 cm 的根穗,剪口上平下斜。

(4)扦插 4 月初进行扦插。将配制好的营养土装入容器内,厚 7 cm,按实到底。根穗斜面向下置于容器中央,上端与容器平,然后把营养土装满按实,使根穗与营养土紧密接触。将扦插好的容器整齐摆放在苗床内,用湿沙土将容器四周及容器间的空隙填满,而后坑面上覆盖塑料薄膜,四周压实。

(5)幼苗期管理 塑料薄膜下的气温控制在 30℃ 以下,地温保持在 20℃ 左右,气温超过 30℃ 时,要通过两端的通气孔换气降温。表土干燥时,适量喷水,80% 以上的根穗萌发后喷洒 1 次 0.5% 尿素溶液。幼苗长出 2～3 对叶片时进行晾风蹲苗,逐渐适应大田环境,为移植做好准备。在 4 月份苗床 10 cm 土层温度 20℃,大田 10 cm 土温 14.9℃ 情况下,扦插后 15 天左右根穗萌发,4 月底苗高达 6～7 cm,叶片 2～3 对,比大田埋根育苗提早 20 天左右。

(6)大田移植 5 月初幼苗高 7 cm 左右即可进行大田移植,移植前喷 1 次水,以利成活,每公顷定植 12 000 株左右。先把容器幼苗置于移植坑中,再破膜取出容器(勿使营养土散开),然后填土按实,及时浇水封土。最好在阴天或无风的下午进行移植。秋末平均苗高可达 4.5 m,平均胸径 3.8 cm。大田移植的保存率达 96%。

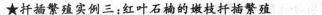

★扦插繁殖实例三：红叶石楠的嫩枝扦插繁殖

1. 苗床准备

床土是扦插苗生存的基质,因此宜选沙壤土作插床,并在扦插前1周翻耕除杂物,一般采用高畦做床,畦宽1.2 m,畦沟深大于20 cm,畦面要求土细、上松下实和平整。扦插前于畦面覆盖一层2 cm厚的中沙,并用1‰～2‰杀菌剂(如多菌灵、甲基托布津、百菌清)喷洒床面多次,保证湿透土壤3 cm以上,杀菌水可边扦插边喷洒。

2. 生根剂的准备

大规模生产中,生根剂的处理多是采用高浓度速蘸处理和粉剂处理。生根剂的配制和处理:将植物生长调节剂先溶解在少量的酒精中,再用水稀释到一定的浓度,如5 g IBA或NAA生根粉用250 mL的酒精溶解,可以保存较长的时间,要用时取出一定量配成所需的浓度,浓度通常5 000～8 000 mg/kg。扦插时插穗基部1～2 cm在溶液中速蘸3～5 s取出,通常幼嫩的插穗要比木质化程度高的蘸液时间短,3 s即可。也可采用粉剂处理:将IBA或NAA先溶解在少量的酒精中,后加入定量的滑石粉,置阴凉处待酒精蒸发完毕后,将结块滑石粉碾碎再加入一定量的滑石粉搅拌均匀,一般使用浓度为1 000～10 000 mg/kg。将湿的插穗下部插入粉剂中深1～2 cm,下切口会蘸上一层粉剂,然后扦插,方便又省时。

3. 插穗的剪取和保存

采穗时间在整个生长季节均可进行。通常选择半木质化偏嫩的穗条,相对来说细胞分裂旺盛,比较容易生根,操作时可用手弯枝条,"能弯而不折"的即可。插穗6～10 cm,2～4个节,具体剪切时要依叶片的大小和节间的密度调整插穗的长度,枝条太长没有必要,但是过短也会影响抽芽。一般留1～2片健康的叶子,过长过大的叶片也剪截只留4 cm左右,叶片留得太多会造成枝条失水,而且影响单位面积的扦插量。小而健康的叶片可以留两片,半木质化的顶芽一般留两片比较成熟的叶片。上切口在节的上方1～2 cm处,下切口在节的下方1 cm处较好,去除下部的叶子,保留上部的叶子,通常在保证插穗不失水的前提下,多留几片叶子。如果叶子的长度不超过10 cm,通常不剪叶为好。较好的采穗时间为露水干了以后到气温大幅度上升之前,采后将穗条喷水保湿,或用湿布、塑料薄膜包裹,要贮运的需先入冷库存放,待凉透了以后才可冷藏车运输。穗条的加工最好在室内或室外阴凉处,穗条加工前要用清水冲洗干净,并注意环境和剪具的洁净(用酒精擦洗或百菌清消毒)。

因为是嫩枝扦插,组织幼嫩又留有上下切口及叶痕和剪叶造成的伤口,给细菌的侵染、繁衍创造了条件,有时在扦插后不久就有发现插穗基部腐烂,不加以控制会继续蔓延。所以,在扦插前对插穗进行杀菌处理是十分重要的,特别是对于那些生根时间长和难生根的品种更应该加以注意。杀菌处理可以用多菌灵、托布津、百菌清等,处理可以采用插穗浸泡和基部浸泡。细菌感染以基部为主,避免叶片受药害,通常采用基部浸泡。一般用上述药剂1 000倍液浸泡15～30 s。也可以杀菌同生根剂处理同时进行,将适量的杀菌剂溶解在生根剂中,杀菌剂浓度要比较高,200倍液量左右。粉剂处理可以将杀菌药剂直接混入粉剂中。

4. 扦插操作

扦插的株行距为5 cm×10 cm。确定插穗深度的原则是只要能固定插穗,宜浅不宜深,插得太深,插穗基部会由于通气不良而造成腐烂,而且生长缓慢,通常根据介质特征,插在介质的通气透水性好的中上层内,一般控制在1～1.5 cm,这样的深度最易生根。扦插最好在阴天、早晨或傍晚进行,为尽量减少插穗在扦插过程中失水。扦插时最好使插穗的叶片朝同一方向,这样扦插既方便、美观，又便于喷雾均匀和苗木生长比较一致。

5. 病害预防、保湿、遮阳

扦插完成后在叶面喷施炭疽福美（红叶石楠易得炭疽病）预防病害，并搭建小拱棚（棚高大于 40 cm），用透光率 30％～40％薄膜覆盖压严（保证不漏水汽）。在以后的半个月内每天检查 1～2 次（保证湿度 85％～90％），发现薄膜破裂可用胶纸修补，随时调整好遮阳网的高度，防止遮阳网下垂到棚膜上。

📖**阅读材料一：植物生长调节剂处理插穗小知识**

1. 常用种类

萘乙酸（NAA）、吲哚乙酸（IAA）、吲哚丁酸（IBA）、2,4-D、ABT 生根粉 1～10＃、植物生根剂 HL-43、根宝。

2. 使用浓度

低浓度：10～100 mg/L 处理 12～24 h；高浓度：500～2 000 mg/L 处理 3～5 s。

3. 使用方法

生根难树种浓度大些，生根易浓度低些，硬枝扦插浓度大些，嫩枝浓度低些。

生长调节剂配制时可配成水剂，将插穗下切口 2～3 cm 的部分浸泡溶液中。在配制溶液时，要注意先阅读使用说明书，有些生长调节剂不直接溶于水，配制时可先加少量酒精，溶解后再加水，必要时可间接加温。

如用粉剂处理插条，通常是在粉剂中加入一定量的滑石粉。将剪好的插条下端蘸上粉剂（如枝条下端较干可先蘸水），使粉剂沾在枝条下切口，然后插入基质中，当插穗吸收水分时，生长调节剂即行溶解并被吸入枝条组织内。粉剂使用浓度可略高于水剂，用 1 g 萘乙酸加 500 g 滑石粉，即配成 2 000 mg/kg 的粉剂，如 1 g 萘乙酸混合 2 000 g 滑石粉，即配成 500 mg/kg 的粉剂。插穗处理后最好开沟或打洞扦插。

📖**阅读材料二：常用的扦插基质**

扦插基质是用来固定插穗的材料。它对扦插成活有重要影响，插穗在未发根前不能吸收养分，是靠插穗本身所含养分或带叶扦插的叶片进行同化作用补充的养分来供发根的，但在发根后，需要从基质中吸收养分。理想的生根基质要求气孔多、通气良好、能保节湿润、无病虫隐藏及滋生条件，而且应具备相应的 pH。基质的 pH 根据园林植物种类不同而差异很大。一般插床基质的 pH 为 4.0～7.0，大多为 4.5～6.5。如杜鹃在 pH 4.0、山茶在 pH 5.0～5.6 的基质中生长旺盛，而银白杨在 pH 7.8 的基质中生长旺盛。

扦插基质的种类很多，常用的扦插基质有以下几种：

1. 自然土壤

自然土壤是硬枝扦插和根插的常用基质。最好选用沙质壤土，因其土质疏松，透气性好，土温较高，并具有一定保水能力，插穗易生根。对容易生根而抗腐烂的嫩枝或半木质化枝也可采用，但一般混入 1/2 或 2/3 的河沙，以改善通气性。

2. 河沙

河沙是最常用的扦插基质，升温容易，排水性好，但保温性较差，往往易干燥。粗沙通气好，细沙保水强。宜用直径约 1 mm 的中等沙，或下面用粗沙，上面用细沙。河沙以花岗岩母质风化所成者为最佳,最好选用有棱角的粗沙,因其通气和排水性能好,但露地扦插易干燥,所以要注意多喷雾补水和遮阳,插后消毒或换沙。

3. 蛭石

蛭石是一种含硅、铝、铁、镁等元素的云母次生矿,经1 100℃高温烧成。由于结晶水膨胀,形成了质轻粒粗的蛭石。呈中性至碱性,pH 7～9。每立方米蛭石能吸收500～650 L的水。含有多种微量元素,多呈金黄色片状颗粒状,少数也有粉末状,既保水,又通气,升温快,并且易保温,同时不带病原菌和害虫,适作插床材料。既可单独使用,也可与沙土或壤土、珍珠岩混用。蛭石经多次使用后颗粒变小,通气性差,排水条件变劣,宜与珍珠岩或炉渣混用,以改善通透条件。

4. 珍珠岩

珍珠岩是火山熔岩成矿,矿石经粉碎过筛高温处理而成,白色或褐色,是一种建筑材料,具很好的保温、隔热、隔音效果。由1～3 mm大小颗粒构成。排水、保水性良好,质地很轻,呈酸性,不含病原菌和害虫,插穗腐烂较少,适作插床材料。珍珠岩干燥后容易浮动,与苔藓、泥炭、沙混合使用,效果更好。如用珍珠岩1份、蛭石1份、细河沙2份按比例混合,用于栀子花的无土扦插育苗基质,能迅速使插条生根。

5. 腐殖土

腐殖土又称腐叶土,是山区林下的疏松表土,也可人工制造。腐殖土土质疏松,养分丰富,腐殖质含量高,吸热保温性能良好,一般呈微酸性反应,适于大部分园林植物扦插。

6. 砻糠灰

砻糠灰是稻壳燃烧后生成的灰,具有排水通气、吸热保温特性,可同时满足插条对水分和空气的要求,又可适当增加底温,有利于发根。同时新鲜砻糠灰不带病菌,还可以为插穗提供磷、钾肥,有利于促进根系生长。但砻糠灰也存在结构过于疏松和保水能力差的缺点。

7. 苔藓

苔藓保水性能最好,通气性良好,酸性较弱,较耐腐,而且温度变幅小,所以它适于对水分要求较高的嫩枝扦插。但其有弹性,在插床上难以固定,扦插时容易断根,所以应与其他基质混用。

8. 泥炭

泥炭又名草炭,是植物残体在水分过多、空气不足的条件下,分解不充分的半分解有机物。呈纤维状结构,呈酸性,它所含的腐殖酸具有较强的吸附力,能增加土壤的团粒结构,供肥时间较长,吸水和排水性好,单用宜插草本植物,也常用松树皮与泥炭按3∶1的比例混合,作山茶花的扦插育苗基质。

◈**思考题**

1. 硬枝扦插如何选取和截制插穗?
2. 如何促进硬枝扦插成活?
3. 硬枝扦插后管理内容有哪些?
4. 如何选择嫩枝扦插的穗条?
5. 嫩枝扦插后如何调节和控制环境条件?
6. 如何获取扦插用的根穗?
7. 简述根插的操作过程。
8. 简述促进插条生根的措施。

课题8　全光自动喷雾扦插繁殖

◆学习目标

了解全光自动喷雾扦插的设备类型、结构组成和工作原理；掌握全光自动喷雾扦插生根和插床的特点；能独立进行全光自动喷雾扦插的技术操作；正确完成不同插材扦插操作和成活管理的一系列工作。

◆教学与实践过程

一、工具和材料准备

工具：全光自动喷雾扦插设备、修枝剪、小刀、盛条器、育苗托盘、铁锹、平耙等。

材料：本地区常见乔木、灌木、针叶树种各2～3种，扦插基质、砖、河沙、石子、煤渣等。

二、全光自动喷雾扦插基本知识

(一)全光自动喷雾扦插及其特点

全光自动喷雾扦插育苗采用全光照喷雾嫩枝扦插育苗技术，即在全日照条件下，不加任何遮阴设施，利用半木质化的嫩枝插穗和排水通气良好的插床，并采取自动间歇喷雾的现代技术，进行高效率的规模化扦插育苗的方法。这种方法是当代国内外广泛采用的育苗新技术，它具有能充分利用自然条件、生根迅速、苗木生长快、育苗周期短、材料来源丰富、生产成本低廉和苗木培育接近自然状态，抗逆性强，易适应移栽后的环境等优点。可实现专业化、工厂化和良种化的大规模生产，是今后林业、园林、园艺、中草药等行业育苗现代化的发展方向，是植物大量繁殖行之有效的好办法。

(二)全光自动喷雾扦插插穗的生根特点

在全光照喷雾条件下，进行带叶扦插育苗，插穗的叶片能进行光合作用，由于植物的极性作用，将光合产物转移到插穗基部，使得插穗基部积累许多生根物质，插穗将先产生不定根，待形成根系后才逐渐发芽长出新的枝和叶。

(三)全光自动喷雾扦插设备及其工作原理

带叶插穗在生根之前要保证叶面常有一层水膜，使插穗保持正常的生理状态，特别在炎热的夏天，但过多的水分常会造成基部腐烂，不断地喷雾又会降低扦插基质的温度，这些现象都会影响插穗的生根。根据插穗的生理需要，一些自动间歇喷雾装置，为插穗生根创造了最理想的环境条件。目前，在我国广泛采用的自动喷雾装置有3种，包括电子叶喷雾设备(图1-8-1)、双长悬臂喷雾装置和微喷管道系统，其构造的共同点都是由自动控制器和机械喷雾两部分组成。

1. 电子叶喷雾设备

电子叶喷雾设备主要包括进水管、贮水槽、自动抽水机、压力水筒、电磁阀、控制继电器以及输水管道和喷水器等。将电子叶安装在插床上，由于喷雾而在电子叶上形成一层水膜，接通电子叶的两个电极，控制继电器的电磁阀关闭，水管上的喷头便自动停止喷雾；由于蒸发而使电子叶

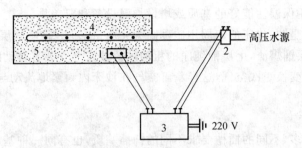

1. 电子叶　2. 电磁阀　3. 湿度自控仪　4. 喷头　5. 扦插床

图1-8-1　全光自动喷雾装置

上的水膜逐渐消失,一旦水膜断离,电流也被切断,相反由控制继电器支配的电磁阀打开,又继续喷雾。这种随水膜干燥情况而自动调节插床水分的装置,在叶面水分管理上是比较合理的,它最大的优点是根据插穗叶片对水分的需要而自控间歇喷雾,这对插穗生根非常有利。

2. 双长悬臂喷雾装置

1987年我国自行设计的对称式双长臂自压水式扫描喷雾装置,采用了新颖实用的旋转扫描喷雾方式和低压折射式喷头,正常喷雾不需要高位水压,在160 m² 喷雾面积内,只需要0.4 kg/cm²以上水压即可。

对称双长臂旋转扫描喷雾装置的工作原理是:当自来水、水塔、水泵等水源压力系统0.5 kg/cm²的水从喷头喷出时,双长悬臂在水的反冲作用下,绕中心轴顺时针旋转进行扫描喷雾。

它的主要构造和技术指标包括水分蒸发控制仪、喷雾系统等。

3. 微喷管道系统

微喷灌是近些年发展起来的一门新技术。采用微喷管道系统进行扦插育苗,具有技术先进、节水、省工、高效、安装使用方便、不受地形影响,喷雾面积可大可小等优点。其主要结构包括:水源、水分控制仪、管网和喷水器等。插床附近最好修建水池,一般333.3 m²,不低于6 m³。水压在4 kg/cm²以上,出水量在7 000 L/h左右。

三、全光自动喷雾扦插操作技术

1. 建造插床

全光自动喷雾扦插育苗有自己的特殊构造的苗床。苗床选在地势平坦,排水良好,四周无遮光物体的地方。选用架空苗床或沙床。

(1)架空苗床　架空苗床的优点是可以对容器底部根系进行空气断根;增加了容器间的透气性;减少基质的含水量;提高了早春苗床温度,便于安装苗床的增温设施。

建造架空苗床的方法是:地面用一层或两层砖铺平,不用水泥以利渗水和环保,在上面砌3~4层砖高度的砖垛,砖垛之间的距离根据育苗盘尺寸确定,每个插床砖垛的顶面应在一个水平面内,上面摆放育苗托盘。一般在4个苗床中央修一个共用水池,这是最省工省料的设计方案。

架空苗床上放置育苗托盘,育苗托盘用塑料或其他材料制作,底部有透气孔。育苗容器码放在托盘上面,这样有利空气断根,实现育苗过程机械化运输。

(2)沙床　沙床的优点是能使多余的水分自由排出,但散热快、保温性能差,在早春、晚秋和冬季育苗时,应采用保温性能好的基质或增设加温设备和覆盖物。

建造沙床的方法是:在建床的四周用砖砌高为 40 cm 砖墙,砖墙底层留多处排水孔,床内最下层铺小石子,中层铺煤渣,上层铺纯净的粗河沙。沙床上安装着自动间歇喷雾装置。每次喷水能使插床基质内变换一次空气,这样新鲜空气在沙床内频繁地流动与交换,使基质内始终保持着充足的氧气。

2. 配制扦插基质

扦插基质种类繁多,不同的插穗要求不同的扦插基质,也有同一种基质能适宜很多植物的扦插。基质可以单独使用,也可以混合使用,这要根据扦插的成本投入,扦插植物,苗木生长质量等因素综合考虑。全光自动喷雾扦插的育苗基质主要有:河沙、蛭石、草炭土、珍珠岩、炉渣、锯末、砻糠灰等。

3. 采插穗

全光自动喷雾扦插的插穗,一般来讲,插穗所带叶片越多,插条越长,生根率就随之提高,较大的插穗成活后苗木生长健壮。因而从采穗圃的树上或从生长势健壮的枝条上剪取当年萌发的带数枚叶片的嫩枝作插穗较好,尤其是枝条加粗生长结束的时期采穗更佳。

4. 促根处理

自动喷雾扦插因经常的喷淋作用,使枝条内激素也被溶脱掉,用生长激素处理插穗更加重要。有试验表明,全光自动喷雾扦插若采用生根激素处理,更能促进插穗生根,特别是难生根的树种采用激素处理能提高生根率,可提前生根,增加根量。

5. 扦插

扦插在沙床或用无土轻型基质制作的网袋容器里,并将它摆放在露天自然全光照的架空育苗床上。育苗床安装"全光自动喷雾扦插育苗设备"。在喷雾水中添加必要的药剂,全光育苗生根过程中一直保持叶片不萎蔫、不腐烂,基质不过湿,在这种条件下很多难生根的植物都可以生根。扦插技术同嫩枝扦插。

6. 其他管理

全光自动喷雾扦插的最大优点就是基本实现了自动化,无需人工照看。但是,设备的工作状态,插穗的生根生长状况等,都需要人工照看。尤其是天气不好,刮风下雨的时候,就更需要加强管理了。

◈ **思考题**

1. 简述全光自动喷雾扦插繁殖的工作原理。

2. 全光自动喷雾扦插育苗的苗床有何特点?如何建造?

3. 全光自动喷雾扦插繁殖的优点主要有哪些?

课题9 园林苗木压条繁殖

◈ **学习目标**

了解压条繁殖的意义和作用;掌握压条生根处理的技术方法;能根据不同园林植物的生长特性和繁殖特点,选用正确的压条方法并完成其操作过程与管理工作。

◆教学与实践过程

一、工具和材料准备

工具：修枝剪、小刀、容器、铁锹、绑扎带、塑料薄膜或塑料袋等。

材料：本地区常见小乔木、灌木树种各 2～3 种，河沙、煤渣、枯草、壤土等。

二、苗木压条繁殖基本知识

（一）压条繁殖的意义和作用

压条繁殖是在枝条不与母株分离的情况下，将枝梢部分埋入土中，或包裹在能发根的基质中，促进枝梢生根，然后再与母株分离成独立植株的繁殖方法。这种方法不仅适用于扦插易成活的园林植物，对于扦插难以生根的树种、品种也可采用，多用于扦插难以生根或稀有珍贵花木的培育，如桂花、玉兰花。

（二）影响压条生根的因子

压条生根成活取决于多个因素的影响作用，影响压条成活的基础因素是植物体从根系获得的水分、养分及植物自身生产的营养物质和生长激素。母体与压条相连，为枝条提供充足的水分、养分，维持枝条生命和光合作用，保持营养物质生产，并在被压处切断营养物质向下运输的通道，以利于较多的营养物质、生长激素的积累，形成一个较高的浓度区，有利于细胞分裂和生根。枝条皮层是抑制根系发生的因素，需要调节外界因子，如暗光条件、湿度、通气条件、给予枝条细胞分裂、根原体突破厚壁组织的条件，才能促进压条生根。

（三）压条生根处理

1. 机械处理

利用对枝条采取环剥、环缢、环割等措施，使被压枝条向下运输的物质在压条处形成营养物质、生长激素积累的高浓度区，有利于愈伤组织形成和生根。

操作方法：在枝条节、芽的下部剥去 2 cm 宽左右的枝皮或用金属丝、绳在枝节处绞缢及在压条处环状割 1～3 周，以上都深达木质部，切断韧皮部筛管通道，从而保持根系吸收的水分、养分不断向枝条提供，而使上部产生的营养物质、内源激素等积累于切口上部，并造成皮部组织破裂，有利于根原体破壁生根。

2. 黄化或软化处理

压条利用覆土、包裹基质使枝条包埋部分软化、黄化，以利根原体突破厚壁组织生成根系。

3. 激素处理

利用生长激素处理，促进压条生根。宜用涂抹法处理。

操作方法：可用生长素粉剂，或用酒精（50％）配制生长素，涂抹刻伤处理过的被压处。此方法对压条生根有良好的促进作用。

4. 保湿与通气

压条生根，需要有良好的生根基质，即保持不断的水分供给和良好的通气条件。尤其在生根初期，土壤干燥、黏重、板结阻碍压条生根发育，而疏松、保水通气性能好的培养基质是压条繁殖的理想生根基质。

(四)压条的时期

(1)休眠期压条 从秋季落叶后到早春萌芽前,利用1～2年生成熟枝条进行压条。

(2)生长期压条 在新梢生长期内进行,北方多在春末至夏初,南方常在春、秋两季,以雨季较为适宜,利用当年生的枝条压条。常绿树以生长期压条为好。

三、压条的操作规程

(一)普通压条法

普通压条法是最常用的一种方法,适用于枝条离地面近,并易于弯曲的树种。如西府海棠、丁香及其他藤本植物。

1. 普通压条

普通压条又称单枝压条法。是最通用的一种方法,适用于枝条离地面近且容易弯曲的树种,如大部分灌木(图1-9-1)操作工序如下。

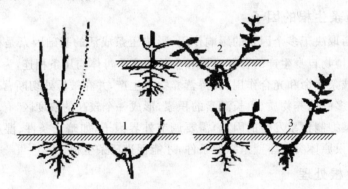

1. 刻伤曲枝 2. 压条固定 3. 切断分离

图1-9-1 普通压条

(1)挖比试沟 将欲压枝条弯曲至地面比试,目的是确定挖沟的位置和枝条被压的部位,比试后,再定点挖沟,深8～20 cm,靠近母株的一端挖成斜面,利于枝条弯曲;另一端挖成垂直面,以引导枝梢垂直向上。

(2)填土压实 沟内添加松软肥沃的土壤并稍踏实。

(3)处理压条部位 对待压枝条的入土部分(中部)进行环剥,环剥宽度以枝蔓粗度的1/10左右为宜。

(4)压枝固定 将枝条压入沟内并填土压实,顶梢露出土面,并于枝条向上弯曲处,插一木钩以固定。

(5)压后管理 经常检查被压枝条是否紧实牢固,覆盖保墒,保持土壤湿润和良好的通气条件,保持良好的温度和光照,注意除草、防风和防积水。

(6)分离 大多数种类埋入土中30～60天即可生根,确保被压部位在土中生根良好,秋末冬初将生根枝条与母株剪离,即成一独立植株,一般于第二年春切离最好。初分离的新植株应特别注意保护、灌水、遮阳等。

2. 水平压条

水平压条又称沟压、连续压(图1-9-2)。适用于枝条长而且生长较易的树种。如葡萄、紫藤、连翘等。此法通常仅在早春进行,方法与普通压条相似,只是沟较长,但较浅,压入的枝条平置于沟内,一次压条可获得2～3株或者更多的苗木。

(二)堆土压条法

堆土压条法又称直立压条法或壅土压条法。适用于分蘖性强,丛生多干的树种。如樟、贴梗海棠、李、无花果、八仙花、栀子、杜鹃、木兰花等。

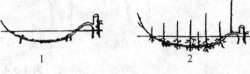

1. 压条　2. 长出新枝
图1-9-2　水平压条

对嫩枝容易生根的树种,早春萌动前,从基部截去母株枝条,当新枝长30～40 cm时刻伤基部,埋土。

对需要用成熟枝压条的树种,在落叶后或早春萌芽前埋压(图1-9-3)。操作工序如下。

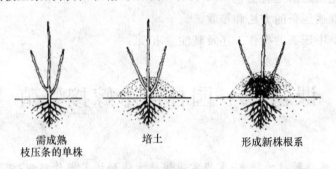

需成熟　　　　培土　　　　形成新株根系
枝压条的单株

图1-9-3　堆土压条法

①平茬截干:对嫩枝容易生根的树种,早春萌动前,从基部截去母株枝条。

需要用成熟枝压条的操作,直接培土,也可刻伤后培土。无需平茬截干。

②刻伤和环剥:根据萌发条发根能力,当新枝长30～40 cm时刻伤基部,再培土。

③常规管理:培土后压实浇水,以后做好松土除草、保温保湿、防积水、病虫害等日常管理工作。

④分离栽植:压条后一般经过雨季后就可生根成活。晚秋或第二年早春把形成新株的枝条从基部剪断,切离与母体的联系后进行栽培。

(三)空中压条法

空中压条又称高压法、中国压条法。凡是枝条坚硬、树身高、不易产生萌蘖的树种均可采用。在园林育苗中常用此法繁殖一些珍贵树种。如山茶、木兰花、桂花、白玉兰、广玉兰、梅花等。空中压条在整个生长季节都可进行,但以春季和雨季为好。操作工序如下。

①选择枝条:选充实的二、三年生枝条或生长健壮的一年生枝条。

②环剥刻伤:在适宜部位进行环剥、刻伤或纵刻伤。

③生根处理:用5 000 mg/L的吲哚丁酸或萘乙酸涂抹伤口,以利伤口愈合生根。

④贴敷基质:在环剥处敷以保湿性好且疏松透气的生根基质。生根基质的配制,可根据实际情况,一般可选用枯草段、沙子、壤土、苔藓、蛭石、草炭等几种基质加水混合即可。

⑤包扎管理:用塑料薄膜或塑料袋包扎绑紧,并加强水分管理,水分不足用注射器注水。

⑥生根分离:1～3个月后即可生根。待发根后即可剪离母体而成为一个新独立的植株,如图1-9-4所示。

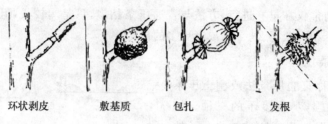

环状剥皮　　　敷基质　　　包扎　　　　发根

图 1-9-4　空中压条

◈ **思考题**

1. 简述压条繁殖成活的原理。
2. 促进压条生根的措施有哪些？
3. 举例说明普通压条的方法和步骤。
4. 举例说明空中压条的操作工序及其注意事项。

课题 10　园林苗木嫁接繁殖

◈ **学习目标**

　　了解园林苗木嫁接繁殖的特点；掌握常用嫁接方法和技术操作规程；能正确熟练对适用嫁接的园林植物进行嫁接，并能合理采用养护管理措施。

◈ **教学与实践过程**

一、工具和材料准备

　　工具：修枝剪、嫁接刀、锯子、盛条器、塑料容器、绑扎带等。

　　材料：本地区常见小乔木、花灌木树种各 3～5 种及其适应的砧木等。

二、嫁接繁殖的基本知识

(一) 嫁接及其应用价值

　　嫁接是将一种植物的枝或芽接到另一种植物的茎（枝）或根上，使之愈合生长在一起，形成一个独立植株的繁殖方法，是营养繁殖方法之一。供嫁接用的枝、芽称接穗或接芽；承受接穗或接芽的植株（根株、根段或枝段）叫砧木。用一段枝条作接穗的称枝接，用芽作接穗的称芽接。通过嫁接繁殖所得的苗木称为嫁接苗。

　　嫁接的应用价值主要体现在以下方面：

　　(1) 保持植物品质的优良特性，提高观赏价值　　接穗的遗传性稳定，在绿化、美化上，观赏效果优于种子繁殖的植物。嫁接能保持植物的优良性状。

　　(2) 增加抗性和适应性　　可选用抗性好、适应性好的砧木。

　　(3) 提早开花结果　　使观花观果及果树提早开花结果，材用树种提前成材。柑橘实生苗需 10～15 年方能结果，嫁接苗 4～6 年即可结果；"青杨接白杨，当年长锄扛"就是指嫁接后树木生长加快、提前成材。

（4）克服不易繁殖现象 一些植物没有种子或极少有种子，用种子繁殖、扦插繁殖困难或扦插后发育不良，嫁接繁殖可较好地完成繁殖育苗工作。如园林树木中的重瓣品种，果树中的无核葡萄、无核柑橘、柿子的繁殖等。

（5）扩大繁殖系数 砧木以种子繁殖，可获得大量砧木，可用少量的接穗在短时间内获得大量苗木，尤其是芽变的新品种，采用嫁接的方法可迅速扩大品种的数量。

（6）培育新品种 芽变后的枝条通过嫁接能培育出新品种；如"龙爪槐"就是利用国槐的芽变嫁接选育出来，枝条具有下垂性。

（7）恢复树势、治救创伤、补充缺枝、更新品种 衰老树木可利用强壮砧木的优势通过桥接、寄根接等方法，促进生长，挽回树势。树冠出现偏冠、中空，可通过嫁接调整枝条的发展方向，使树冠丰满、树形美观。品种不良的植物可用嫁接更换品种；雌雄异株的植物可用嫁接改变植株的雌雄。可使一树多种、多头、多花，提高观赏价值。

（二）影响嫁接成活的因素

1. 砧木和接穗的亲和力

亲和力就是砧木和接穗两者结合后能否愈合成活和正常生长、结果的能力，是嫁接成活的最基本因素。

一般来说，砧木与接穗能结合成活，并能长期正常生长、开花、结实，就是亲和力良好的表现。而影响亲合力大小的主要因素是接穗与砧木之间的亲缘关系，一般亲缘关系越近，亲合力越强。

种内品种间嫁接亲合力最强，叫做"共砧"（如桂花接桂花、板栗接板栗、油茶接油茶、单瓣茶花接重瓣茶花）。同属异种间，因树木种类不同而异，有些亲和力很好。如海棠＋苹果，酸橙＋甜橙，山玉兰＋白玉兰，杏＋梅花，湖北海棠＋垂丝海棠，木兰＋白玉兰。同科异属间，亲和力一般较弱，但也有嫁接成活的组合，如枫杨＋桃核，枸橘＋橘，小叶女贞＋桂花。

2. 砧木与接穗的生理状态

嫁接时砧木与接穗所处的物候期相同或相近，其成活率就越高。一般接穗芽眼处在休眠状态下，砧木处于休眠状态或刚萌芽状态，则最易成活。相反，若接穗的芽已萌动，砧木的树液流动尚未开始，接穗在砧木上得不到水分、养分的供应就会干枯死亡。

3. 嫁接技术

嫁接技术高低也是影响成活的重要因素，快速熟练地处理接穗和砧木，对齐形成层，严密包扎伤口，防止接穗蒸发失水，能显著提高成活率。

嫁接技术要求快、平、准、紧、严，即动作速度快，削面平，形成层对准，包扎捆绑紧，封口要严。

4. 环境因素的影响

主要是湿度和温度的影响，如砧木干旱缺水，空气湿度小，嫁接成活率就低，一般接口湿度以 90%～95% 为宜。

温度对嫁接的成活也有很大的影响。一般说温度低伤口愈合慢，但也不宜过高，以 20～25℃为宜。

此外对一些易产生伤流或伤口易变色（含单宁多）的树种，嫁接时要注意选择合适的时期和采用相应技术措施。

(三)砧木与接穗的选择

1. 接穗的选择

为了保证育苗质量,严格选用接穗是繁育优质苗木的前提。生产中应选择品种纯正、发育健壮、丰产、稳产、无检疫病虫害的成年植株作采穗母树。一般剪取树冠外围中、上部生长充实、芽体饱满的新梢或一年生粗壮枝条或结果枝作接穗,以枝条中段为优。春季嫁接多采用一年生的枝条,避免采用多年生枝。而徒长性枝条或过弱枝不宜作接穗。

花木类以观花为主,应选花多花大,色艳,香气浓艳的品种;观果类以选丰产,稳产,不易落花落果,果形果色及品质较好的品种。

2. 接穗的采集和贮运

采集接穗,如繁殖量小或离嫁接处距离近时最好随采随接。如果春季枝接数量大或从外地调进新品种,也可在前一年秋末将接穗采回,而后采用露地挖坑或窖藏,用沙土堆埋,在温度0~7℃、湿度80%~90%的条件下贮藏,效果较好。接穗远地运输,可用湿纸包裹,再用塑料膜包好,膜的两端留有空隙以便通气和排出水分,装箱寄运。到达目的地后,立即开包,放在阴凉处,低温或覆沙保存。

夏季芽接用的接穗,应随采随接。采条后立即剪去叶片(保留1.5~2.5 cm叶柄),用湿布包裹,以备嫁接。常绿树春季嫁接,在春季树木萌芽前1~2周随采随接。其他时间嫁接随采随接。

3. 砧木的选择

砧木的培育多以播种苗为砧木最好(根系深,抗性强),不用或少用营养繁殖苗,一般观花观果园林苗木所用砧木,粗度以1~3 cm为宜。砧木年龄以1~2年生为佳,慢生树种用3年生以上砧木,甚至大树高接换头。培育砧木可通过摘心控制苗木生长高度,促使基部加粗和根系发达。通常按如下标准选择砧木:

①与接穗亲和力强,生长健壮,根系发达的实生苗。

②种源或种条丰富,能大量进行繁殖,且繁殖方法简便易行。

③砧木必须对接穗生长,开花,结实和寿命有良好影响。

④选抗病虫害,抗寒,抗旱,抗风和抗大气污染能力强的植物。

(四)嫁接方法

嫁接方法很多,按所取材料不同可分为枝接、芽接、根接。不同的嫁接方法有与之相适应的嫁接时期和技术要求。

(五)嫁接时期

嫁接时期与各种树种的生物学特性、物候期和采用的嫁接方法有密切关系。依据树种习性,选用合适的嫁接方法和嫁接时期是提高嫁接成活率的重要条件。从理论上来讲,只要选用合适的方法,在整个生长季内都可以嫁接。

枝接:以春季为主。枝接最好的时期,是春季砧木树液开始流动时,这时形成层细胞开始活跃,营养物质开始向地上部运输,有利于愈合成活。

芽接:以秋季为主,在树木整个生长期间也可进行,但应依树种的生物学特性差异,选择最佳嫁接时期。芽接多采用当年新梢,要求芽要充实成熟,因此不能过早。过晚皮层不易分离,不便操作。春季也可带木质部芽接,夏季也能绿枝接。

三、嫁接育苗的工作程序

1. 培育砧木

培育方法同播种育苗,砧木标准参照前述。若嫁接时期天气高温干旱,应提前3天对砧木灌水一次。

2. 确定嫁接时期

见上述。

3. 准备嫁接工具与材料

(1)嫁接工具　根据嫁接方法确定所准备的工具。嫁接工具主要有:刀、修枝剪、凿、锯撬子、手锯。

嫁接刀具中可分为芽接刀、切接刀、劈接刀、根接刀、单面刀片等。为了提高工作效率,并使嫁接伤口平滑、接面密接,有利愈合,提高嫁接成活率,应正确使用工具,刀具要求锋利。

(2)涂抹物质　涂抹物质实际为覆盖保湿材料,通常为接蜡,用来涂抹接合处和切口部位,以减少嫁接部分丧失水分,防止病菌侵入,促使愈合,提高嫁接成活率。接蜡可分为固体接蜡和液体接蜡。

固体接蜡:由松香、黄蜡、猪油(或植物油)按4∶2∶1比例配成。先将油加热至沸,再将其他两种物质倒入并充分溶化,然后冷却凝固成块,用前加热溶化。

液体接蜡:由松香、猪油、酒精按16∶1∶18的比例配成。先将松香溶入酒精,随后加入猪油,充分搅拌即成。液体接蜡使用方便,用毛笔蘸取涂于伤口,酒精挥发后形成蜡膜,液体接蜡易挥发,需用容器封闭。

(3)绑扎材料　绑扎材料以塑料薄膜应用最为广泛,其颜色通常有浅蓝色、黑色和白色等,厚度在0.004～0.006 mm,应具有较好的拉伸强度。包扎材料将砧木与接穗密接,保持切口湿度,防止接穗移动。温度低的时候可套塑料袋起到保湿作用。

(4)检查越冬接穗的活力　对越冬贮藏过的接穗进行生活力检查、活化和浸水。生活力检查是抽取部分接穗削切新的伤口,然后插入温暖湿润的沙土中,10天内形成愈伤组织则插穗仍有较强的生活力,否则应予以淘汰。经0℃以下低温贮藏的插穗,需在嫁接前1～2天放在0～5℃的湿润环境中活化,然后水浸12～24 h。

4. 嫁接操作

见后述。

5. 嫁接后的管理

(1)检查成活情况、补接和解除绑扎物　芽接后一般10～15天就应检查成活情况,及时解除绑扎物和进行补接。凡接芽新鲜,叶柄用手一触即脱落即为成活。接芽若不带叶柄的,则需要解除绑扎物进行检查。如果芽片新鲜,说明愈合较好,嫁接成功,把绑扎物重新扎好。

枝接的嫁接苗在接后20～30天可检查其成活情况。检查发现接穗上的芽已萌动,或虽未萌动而芽仍保持新鲜、饱满,接口已产生愈伤组织的表示已经成活,反之,接穗干枯或发黑,则表示接穗已死亡,应立即进行补接。

春季枝接未成活的补接:剪断未成活的砧木部分,让砧木萌芽生长,然后于夏季或秋季进行芽接。秋季芽接未成活的补接:于翌春进行枝接。夏季芽接(也有枝接的)未成活的补接:可在秋季进行芽接。

春季枝接成活后可根据砧木生长情况及时解除绑扎物，当新芽长至 2~3 cm 时，可全部解除绑缚物。但生长快的树种，枝接最好在新梢长到 20~30 cm 长时解绑。

（2）剪砧、除萌蘖和立支柱　凡嫁接已成活，解除包扎物后，要及时将接口以上砧木部分剪去，以促进接穗生长，称为剪砧。剪砧分为一次剪砧和两次剪砧，要视具体情况而定。最终剪砧是在接芽上部 0.5~1 cm 处。

嫁接成活后，往往在砧木上还会萌发不少萌蘖，与接穗同时生长，这不仅消耗大量营养，还对接穗生长发育很不利，因此应及时去除砧木上发生的萌蘖，一般至少应除 3 次以上。

为了确保嫁接的接穗品种能正常生长，还应采取立支柱等保护措施，尤其在春季风大地区。可以在新梢（接穗）边立支柱，将接穗轻轻缚扎住，进行扶持，特别是采用枝接法，更应注意立支柱。若采用的是低位嫁接（距地面 5 cm 左右），也可在接口部位培土保护接穗新梢。

（3）田间管理　嫁接苗的生长发育需要良好的土、肥、水等田间管理。嫁接苗对水分的需求量并不太大，只要能保证砧木正常的生长即可，一般不能积水，否则会使接口腐烂。

追肥应根据苗木需求及时补充。多用速效化肥，在生长初期以氮肥为主，生长旺期结合使用氮、磷、钾肥；并应注意结合防病，加强叶面追肥。

及时松土、防治病虫和除草也是嫁接苗培育的重要管理措施，一般在浇水或雨后及时松土，病虫害防治遵循"除小、除了"的原则。一般一年人工除草 5 次以上，可明显促进苗木生长发育。

6. 圃内整形

（1）定干　当嫁接苗长到一定高度时，应按照树种特性、栽植地条件、树形类别、培养目的的要求进行定干。

（2）整形　定干后，可按树形要求通过抹芽、除蘖、疏枝、短截、攀扎等方法进行整形。

四、嫁接操作规程

1. 切接

切接是枝接中最常用的一种，适用于大部分园林树种，在砧木略粗于接穗时采用。操作规程如下。

（1）开砧　选用直径 1~2 cm 的砧木，在距地面 5~10 cm 处剪断，在砧木一侧略带木质部垂直切下，深 2~3 cm。

（2）削穗　将带有 2~3 个完整饱满芽的接穗一侧带木质部削一斜切面，长度 2~3 cm，下端背面切一小斜面，长约 1 cm。

（3）插穗　将削好的接穗长削面向里插入砧木切口中，使砧、穗的形成层对准，削面紧密结合，插入深度以接穗"露白"为宜。

（4）绑扎　用塑料条由下向上捆扎紧密。必要时可在接口处涂上接蜡或泥土，以减少水分蒸发。如图 1-10-1 所示。

2. 劈接

劈接是枝接中的一种，适用于大部落叶树

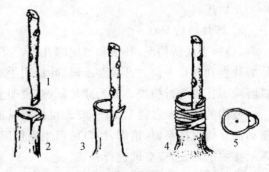

1. 接穗　2. 砧木　3. 插接穗　4. 绑扎
5. 接穗与砧木形成层对齐

图 1-10-1　切接

种,常用于定植后绿化树木的改种和嫁接后未成活的苗木。一般要求砧木粗度为接穗粗度的2～5倍。操作规程:

(1)开砧 砧木在距地面5 cm处切断,在其横切面上中央垂直下切,劈开砧木,切口深达3～4 cm。

(2)削穗 在接穗下端两侧切削,呈一楔形,切面长2～3 cm,接穗外侧要比内侧稍厚。

(3)插穗 将接穗插于砧木中,靠一侧使砧穗形成层对齐。砧木较粗时可同时插入2～4个接穗。

(4)绑扎 用塑料条由下向上捆扎紧密。必要时可在接口处涂上接蜡或套袋保湿,以减少水分蒸发。如图1-10-2所示。

3. 皮下接

皮下接也叫插皮接。是枝接中运用最多、方法简便、成活率较高的一种方法。皮下接要求砧木处在生长期状态,并易离皮情况下进行,砧木粗度以2～4 cm为宜。

(1)开砧 在距地面5 cm高处将砧木剪断,削平断面。

(2)削穗 接穗保留2～3个芽,接穗下端削成长3～4 cm的斜面,背面削去0.5～1 cm小斜面。

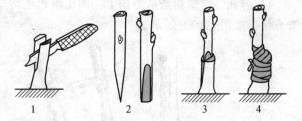

1. 开砧木 2. 削接穗 3. 插接穗 4. 绑扎

图1-10-2 劈接

(3)插穗 随后将削好的接穗大削面向着砧木木质部方向插入皮层之间,插入的深度以接穗削面上端露出砧木断面0.5 cm左右为宜。

(4)绑扎 最后用塑料条绑扎。此法也常用于高接。如图1-10-3所示。

4. 靠接

靠接是枝接中较常用的一种,主要用于培育一般嫁接法难以成活的园林花木。要求砧木与接穗均为自根植株,而且粗度相近,在嫁接前应移植在一起(或采用盆栽,将盆放置在一起)。方法是:将砧木和接穗相邻的光滑部位,各削一长3～5 cm、大小相同、深达木质部的切口,对齐双方形成层用塑料膜条绑缚严密。待愈合成活后,除去接口上方的砧木和接口下方的接穗部分,即成一株嫁接苗。如图1-10-4所示。

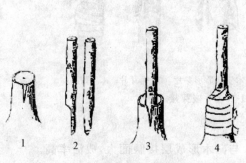

1. 切砧木 2. 削接穗 3. 插接穗 4. 绑扎

图1-10-3 劈接

图1-10-4 靠接

5. T字形芽接

这是一种常用的嫁接方法,接穗的芽片呈盾形,也称盾形芽接。常用在1~2年生的实生砧木上。接穗是当年生新梢,去掉叶片,保留叶柄。操作规程:

(1)砧木开口 距地面5 cm左右光滑处横切一刀,再在横切口中间纵切一长1~2 cm的切口,深度均以切断皮层为准,使切口呈T字形。

(2)削取芽片 自接穗上所选定的芽的上方0.8 cm左右横切一刀,深达木质部,自芽下方1 cm左右连同木质部向上斜削到横切口处取下芽片,芽片一般不带木质部。

(3)插芽片 将芽片尖端插入T形切口,顺着T形口向下推,使芽片上部横切口与砧木横切口对齐。

(4)绑扎 用塑料条从下向上一圈压圈地把切口包严,注意将芽和叶柄留在外面,以便检查成活。如图1-10-5所示。

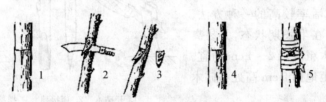

1. 砧木开口 2. 削取芽片 3. 盾形芽片 4. 插芽片 5. 绑扎

图1-10-5 T字形芽接

6. 嵌芽接

砧木、接穗不易离皮时或接穗具菱形沟可选用此法。此种方法不仅不受树木是否容易离皮的季节限制,而且用这种方法嫁接,接合牢固,利于嫁接苗生长,已在生产上广泛应用。

具体作法是,在砧木选定的高度上,取迎风面光滑处,从上向下稍斜切入木质部,切面平,长3~4 cm,切面末端不超过砧木直径的一半,再在第一次下刀处下方约3 cm处切入并交于第一刀末端,取下切除部分;从接芽上方1~1.5 cm处稍带木质部向下切一刀,长3~4 cm,在芽的下方约1.5 cm处斜切一刀与第一刀末端相交,取下芽片;插入芽片于砧木切口处,至少保证一边形成层对齐,用塑料薄膜条绑扎好即可。如图1-10-6所示。

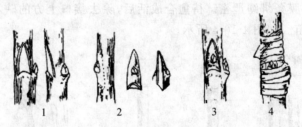

1. 砧木开口 2. 削取带木质部盾形芽片 3. 插芽片 4. 绑扎

图1-10-6 嵌芽接

7. 方块形芽接

方块形芽接又叫块状芽接。此法芽片与砧木形成层接触面大,成活率高。

具体方法是:用双刀片在芽的上下方各横切一刀,使两刀片切口恰在芽的上下各1 cm左右处,再用一侧的单刀在芽的左右各纵割一刀,深达木质部,芽片宽1 cm左右,取下块状芽片;

用同样的方法在砧木的光滑部位切下一块芽片大小的表皮或切成"工"字形并剥开,迅速放入接芽片使其上下和一侧对齐,密切结合,然后用塑料条自下而上绑紧即可(图1-10-7)。

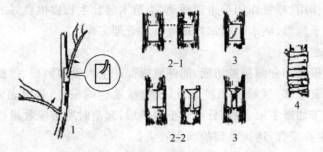

1. 接穗去叶及削芽块　2-1. 取下砧皮　2-2. 砧皮切口　3. 芽片嵌入　4. 绑扎

图1-10-7　方块形芽接

◆ **思考题**

1. 简述影响嫁接成活率的因素。
2. 简述嫁接的时期和方法。
3. 如何提高嫁接育苗成活率?
4. 以切接为例,叙述嫁接操作技术要点。

课题11　园林苗木移植

◆ **学习目标**

了解园林苗木移植的意义和作用;掌握园林苗木移植的方法、技术操作规程和养护管理措施;能独立完成园林苗木的移植和养护管理工作。

◆ **教学与实践过程**

一、工具和材料准备

工具:修枝剪、移栽锄、铁锹、皮尺、测绳、水桶、手锯、木棍等。

材料:本地区常见小乔木、花灌木树种各3～5种小苗木。

二、苗木移植基本知识

(一)苗木移植的作用

将播种苗或营养繁殖苗掘起,扩大株行距,种植在预先设计准备好的苗圃地内,使小苗继续更好地生长发育,这种育苗的操作方法叫移植。幼苗移植后叫做移植苗。移植的作用如下:

1. 为苗木提供适当的生存空间

一般的育苗方法,如通过播种、扦插、嫁接等方法培育树苗时,小苗的密度较大,出苗后随苗木的不断生长,幼苗的个体逐渐增大,苗木之间互相影响,争夺水、肥、光照、空气等,严重制约苗木的生长发育,必须扩大苗木的株行距。可通过间苗和移植的方法达到目的。但间苗会浪费苗木,留下的苗木也不能对其根系进行剪截,促其发展。因此,常使用移植的方法来扩大苗木的株行距。即扩大了生存空间,使根系充分舒展,进一步扩大树形,使叶面充分接受太阳光,增强树苗的光合作用、呼吸作用等生理活动,为苗木健壮生长提供良好的环境;同时减少了病虫害的滋生;也便于施肥、浇水、修剪、嫁接等日常管理工作。

2. 促使根系发达

幼苗移植时,主根和部分侧根被切断,能刺激根部产生大量的侧根、须根,促进根系生长发育,使根系中根数显著增多,吸收面积扩大,形成完整发达的根系,提高苗木生长的质量。另外,移植后的苗木由于切断主根,根系分布于土壤浅层,起苗时所带吸收根数量多,有利于将来绿化栽植的成活和生长发育,达到良好的绿化效果。

3. 培养优美的树形

经过移植淘汰了树形差的苗木,移植后扩大树苗的生长空间,使苗木的枝条充分伸展形成树种固有的树形。同时经过适当的整形、修剪,使树形更适合于园林绿化需要。另外有的树种经过嫁接可培育出特殊的树形,如龙爪槐就是通过嫁接培养出如伞如盖的优美树形。

4. 合理利用土地

苗木生长不同时期,树体的大小不同,对土地面积的需求不同。园林绿化用大苗,在各个龄期,根据苗体大小,树种生长特点及群体特点合理安排密度,这样才能最大限度的利用土地,在有限地土地上尽可能多的培育出大规格优质的绿化苗木,使土地效益最大化。

苗木移植时,一般要进行分级栽植,将高度大小较一致的一批苗木栽到同一块地中,有利于个体的生长、整齐、均衡,也有利于统一进行管理。

(二)移植次数

移植次数要根据苗木生长状况和所需苗木的规格确定。一般阔叶树种,苗龄满一年进行第一次移植,以后每隔 2～3 年移植一次。苗龄 3～4 年有的达到 5～8 年出圃。针叶树种,一般苗龄满两年开始移植,以后每隔 3～5 年移植一次。苗龄 8～10 年出圃。

(三)移植时间

苗圃中移植苗木,常在春季树木萌芽前进行,秋季在苗木停止生长后进行,有时也在雨季移植。

1. 春季移植

春季土壤解冻后直至树木萌芽前,都是苗木移植的适宜时间。春季土壤解冻后,树木的芽尚未萌动而根系已开始活动。移植后,根系可先期进行生长,为生长期吸收水分供应地上部分做好准备。同时土壤解冻后至树木萌芽前,树体生命活动较微弱,树体内贮存养分还没有大量消耗,移植后易于成活。春季移植应按树木萌芽早晚来安排工作,早萌芽者早移植,晚萌芽者晚移植。有的地方春季干旱大风,如果不能保证移植后充分供水,应推迟移植时间或加强保水措施。

2. 秋季移植

秋季在地上部分生长缓慢或停止生长后进行移植,即落叶树开始落叶时始至落完叶止;常绿树生长的高峰过后。这时地温较高,根系还能进行一定时间的生长,移植后根系得以愈合并长出新根,为来年的生长做好准备,秋季移植一般在秋季温暖湿润,冬季气温较暖的地方进行,北方冬季寒冷,秋季移植应早。冬季严寒和冻害严重的地区不能进行秋季移植。

3. 雨季移植

在夏季多雨季节进行移植,多用于北方移植针叶常绿树,南方移植常绿树类,这个季节雨水多、湿度大,苗木蒸腾量较小,根系生长较快,移植较易成活。

4. 冬季移植

南方地区冬季较温暖,树苗生长较缓慢,可在冬季进行移植;北方冬季也可带冰坨移植。

(四)移植密度

移植苗的密度取决于苗木生长速度、苗冠和根系的发育特性、苗木的喜光程度、培育年限、培育目的、管理措施等。一般针叶树的株行距比阔叶树小;速生树种株行距大些,慢生树种应小些;苗冠开展,侧根须根发达,培育年限较长者,株行距应大些,反之应小些;以机械化进行苗期管理的株行距应大些,以人工进行苗期管理的株行距可小些。一般苗木移植的株行距可参考表1-11-1。

表 1-11-1　苗木移植株行距　　　　　　　　　　　　　　　　　　cm

项　目	第一次移植株距×行距	第二次移植株距×行距	说　　明
常绿树小苗	30×40	40×70 或 50×80	绿篱用苗 1～2 次 白皮松类 2～3 次
落叶速生树苗	90×110 或 80×120		如杨、柳等
落叶慢长树苗	50×80	80×120	如槐、五角枫
花灌木树苗	80×80 或 50×80		如丁香、连翘等
攀缘类树苗	50×80 或 40×60		如紫藤、地锦

三、苗木移植操作规程

1. 移植用地的准备

主要是整地、施肥、耙地、平整、消毒、做床、配置排灌系统等工作内容,这里扼要说明一下施肥:如果移植苗木较小,根系较浅,可进行全面整地。在地表均匀地抛撒一层有机肥(农家肥),用量以每亩 1 500～3 000 kg 为宜,也可结合施农家肥施入适量的迟效肥如磷肥。然后对土地进行深翻,深翻的深度以 30 cm 为准,深翻后再打碎土块、平整土地,划线定点种植苗木。采用沟状整地或穴状整地。挖沟、挖坑以线或点为中心进行挖掘。挖沟一般为南北向,沟深50～60 cm,沟宽 70～80 cm。挖坑深一般 60 cm,宽度 80～100 cm。

2. 起苗

起苗的要求根据苗木种类特性而定,裸根起苗主要用于阔叶树的起苗。带土球起苗主要用于针叶树、常绿树及珍贵树种的起苗。

移植幼苗,先要将原育苗地的苗木起出,起苗时应注意保护苗根、苗干和枝芽,切勿使其受伤。幼苗移栽一般是在幼苗长出 1～4 片真叶,苗根尚未木质化时进行。移栽前,要小水灌溉,等水渗干后再起苗移栽。起苗移栽最好在早晨、傍晚或阴雨天进行。不论带土移栽或裸根移栽,起苗时决不能用手拔,一定要用小铲,在小苗一侧呈 45°入土,将主根切断。目的是控制主根生长、促进侧根、须根生长、提高苗木质量。裸根起苗后,最好将裸根蘸泥浆,以延长须根寿命。在拿提小苗时,捏着叶片而不要捏着苗茎。因为叶片伤后还可再发新叶,苗茎受伤后苗就会死亡。大一些的苗木移栽也要注意类似的问题。

带土球移栽适合大苗,土球大小视苗木大小确定,一般以干径的 7~10 倍作参考,湿润土壤与根系间的维持力强,带母土土球不易破碎散落。土壤干燥时,挖掘前先灌水有利于挖掘和带土球。小土球装入塑料袋裹紧;大土球用草绳缠绕或用木板固定。在苗木出圃中还有详细说明。

起苗之后,将苗木按粗细、高度进行分级,以便分别移植,使移植苗木整齐,生长均匀,减少分化。分级时,要将无顶芽的针叶树苗及受病虫危害的苗木剔除。

3. 修剪

阔叶树小苗和针叶树苗木移栽时一般不修剪枝干,阔叶树大苗移栽时可做适当修剪。有的一年生阔叶树苗为培养通直的树干,移栽时从基部将干剪掉栽根,由于根系大,贮存养分多,年生长量大,可形成通直的主干。阔叶树大苗根据起苗时根系的受伤状况,可酌情剪掉一些侧枝,减少水分蒸发。

修剪根系主要剪掉过长的和劈裂的根。根系过长,移栽时易窝根。一般针叶树根长保留 15~20 cm,阔叶树保留 25~30 cm,切口要平滑。为了减少蒸腾失水,提高成活率,剪根后立即蘸上泥浆或采取临时假植的措施,防止失水。

4. 栽植

移栽方法因苗木大小、数量、苗圃地情况不同分为孔植、沟植和穴植等。但不管什么方法,均要求苗根舒展,深度适宜(比原土印深 2~3 cm),不伤根、不损枝芽,覆土要踏实。同时还要求移植成活率高,苗木栽植整齐划一。

(1)孔植　用于小苗和主根细长而侧根不发达的树种。移植时用铲或移植锥按株行距插孔,将苗木放入孔中,然后压实土壤。

(2)沟植　适用于根系较发达苗木的移植。先按规定的行距开沟,深度大于苗根长度,再把苗木按要求的株距排于沟内,然后覆土踏实。

(3)穴植　适用于大苗、带土移栽苗及成活困难的苗木移栽。按照计划密度,预先标出栽植点,然后挖穴栽植。

5. 移栽后的管理

(1)浇水　苗木移植后,马上进行浇水。苗圃地一般采用漫灌的方法浇水。在树行间筑土坝,然后水从水渠或管道流出后顺行间流动进行漫灌。第一次浇水必须浇透,使坑内或沟内水不再下渗为止。第一次浇水后,隔 2~3 天再浇一次水,连灌 3 遍水,以保证苗木成活。浇水一般在早上或傍晚为好。

(2)覆盖　浇水后等水渗下,地里能劳作时,在树苗下覆盖塑料薄膜或覆草。覆盖塑料薄膜时,要将薄膜剪成方块,薄膜的中心穿过树干,用土将薄膜中心和四周压实,以防空气流通。覆膜可提高地温,促进树苗生长,同时也可防止水分散失,减少浇水量,提高成活率。覆草是用秸秆覆盖苗木生长的地面,厚度为 5~10 cm。覆草可保持水分,增加土壤有机质,夏季可降低地温,冬天则可提高地温,促进苗木的生长。但覆草可能增加病虫害的滋生。如果不进行覆盖,待水渗后地表开裂时,应覆盖一层干土,堵住裂缝,防止水分散失。

(3)扶正　移植苗第一次浇水或降雨后,容易倒伏露出根系。因此,移植后要经常到田间观察,出现倒伏要及时扶正、培土踩实,不然会出现树冠长偏或死亡现象。扶苗时应视情况挖开土壤扶正,不能硬扶,以免损伤树体或根系。扶正后,整理好地面,培土、踏实后立即浇水,对容易倒伏的苗木,在移植后立支架,待苗木根系长好后,不易倒伏时再撤掉支架。

(4)中耕除草　移植苗一般在大田中培育,中耕除草是移植苗培育过程中一项重要的管理措施。中耕是将土地翻10～20 cm深;结合除草进行。可以疏松土壤利于苗木生长。除草一般在夏天生长较旺的时候进行。晴天,太阳直晒时进行为好,可使草晒死。除草要一次锄净、除根,不能只把地上部分除去。另外不能在阴天、雨天除草。

(5)施肥　施肥合适与否直接关系到苗木生长质量。在施足底肥的基础上,要根据苗木生长的状况及不同阶段,施用不同的肥料。

(6)病虫害防治　大苗培育的过程中,病虫害防治也是一项非常重要的工作。种植前可以进行土壤消毒,种植后要加强田间管理,改善田间通风、透光条件,消除杂草、杂物,减少病虫残留发生。苗木生长期经常巡察田间苗木生长状况,一旦发生病虫害,要及时诊断,合理用药或其他方法治理。使病虫害得以控制、消灭。

(7)排水　培育大苗的地块一般较平整,在雨季容易受到水涝危害。因此,雨季排水也是非常重要的工作。排水首先要做好排水设施,提前挖好排水沟使流水能及时排走。另外,降雨后也可能出现水流冲垮地边,冲倒苗木的情况,降雨后要及时整修地块,扶正苗木。排水在南方降水量大的地方尤为重要。北方高原地带降水量较小,主要考虑浇水的问题,但也不能忽视排水设施建设。

(8)整形修剪　不同种类的大苗,采用的整形修剪技艺不同。具体的整形修剪技艺将在园林植物养护管理中详细地介绍。

(9)补植　苗木移植后,会有少量的苗木不能成活,因此移植后一两个月要检查成活,将不能成活的植株挖走,种植另外的苗木,以有效的利用土地。

(10)苗木越冬防寒　苗木移植后,在北方要做一些越冬防寒的工作,以防止冬季低温损伤苗木。常见的措施是浇冻水,在土壤冻结前浇一次越冬水,既能保持冬春土壤水分,又能防止地温下降太快。对一些较小的苗木进行覆盖,用土或草帘、塑料小拱棚等覆盖。较大的易冻死的苗木,缠草绳以防冻伤。对萌芽或成枝均较强的树种,可剪去地上部分,使来年长出更强壮的树干。冬季风大的地方也可设风障防寒。

◈ 思考题
1. 苗木移栽有何作用?
2. 怎样提高苗木移栽成活率?
3. 起苗后苗木栽植前为何要修剪?
4. 简述苗木移植的工作环节和注意事项。

课题12　园林苗木出圃

◈ 学习目标
了解园林苗木出圃的质量指标和要求;掌握园林苗木出圃前的调查方法;能完成园林苗木大苗的起苗、假植及其相应的养护管理工作。

◈教学与实践过程

一、工具和材料准备

工具:修枝剪、移栽锄、铁锹、皮尺、测绳、水桶、手锯、木棍等。

材料:本地区常见乔木、花灌木树种各1～2种较大规格苗木。

二、苗木出圃基本知识

苗木出圃是将培育至一定规格的苗木,由于绿化栽植的需要,结束在苗圃的生长。是育苗工作中最后一个重要环节,苗木出圃包括起苗、分级、包装、运输或假植、检疫等。为了使出圃苗木定植后生长良好,早日发挥其绿化效果,满足各层次绿化的需要,出圃苗木应有一定的质量标准。不同种类、不同规格、不同绿化层次及某些特殊环境,特殊用途等对出圃苗木的质量标准要求各异。

(一)出圃苗木的质量标准

高质量的苗木,栽植后成活率高,生长旺盛,能很快形成景观效果。一般苗木的质量主要由根系、干茎和树冠等因素决定。高质量的苗木应具备如下的条件:

1. 苗木树体完美,生长健壮

①生长健壮,树形骨架基础良好,枝条分布均匀。总状分枝类的苗木,顶芽要生长饱满,未受损伤。其他分枝类型大体相同。

②根系发育良好,大小适宜,带有较多侧根和须根。同时根不劈不裂。因为根系是苗木吸收水分和矿质营养的器官,根系完整,栽植后能较快恢复,及时地给苗木提供营养和水分,从而提高栽植成活率,并为以后苗木的健壮生长奠定有利的基础。苗木带根系的大小应根据不同品种、苗龄、规格、气候等因素而定。苗木年龄和规格越大,温度越高,带的根系也应越多。

③苗木的茎根比要适当。苗木地上部分鲜重与根系鲜重之比,称为茎根比。茎根比大的苗木根系少,地上、地下部分比例失调,苗木质量差;茎根比小的苗木根系多,质量好。但根茎比过小,则表明地上部分生长小而弱,质量也不好。

④苗木的高径比要适宜。高径比是指苗木的高度与根颈直径之比,它反应苗木高度与苗粗之间的关系。高径适宜的苗木,生长匀称。它主要决定于出圃前的移栽次数,苗间的间距等因素。

年幼的苗木,还可参照全株的重量来衡量其苗木的质量。同一种苗木,在相同的条件下培养,重量大的苗木,一般生长健壮、根系发达、品质较好。

其他特殊环境,特殊用途的苗木其质量标准,视具体要求而定。如桩景要求对其根、茎、枝进行艺术的变形处理。假山石上栽植的苗木,则大体要求"瘦"、"漏"、"透"。

2. 出圃苗木无病虫害和机械损伤

特别是有危害性的病虫害及较重程度的机械性损伤的苗木,应禁止出圃。这样的苗木栽植后生长发育差,树势衰,冠形不整,影响绿化效果。同时还会起传染的作用,使其他植物受侵染。

(二)出圃苗木的规格要求

出圃苗木的规格,需根据绿化的具体要求来确定。行道树用苗规格应大一些,一般绿地用苗规格可小一些。但随着经济的发展,绿化层次增高,人们要求尽快发挥绿化效益,大规格的苗木、体现四季景观特色的大中型乔木、花灌木被大量使用。有关苗木规格,各地都有一定的规定,现把华中地区目前执行的标准细列如下,供参考。

1. 大中型落叶乔木

银杏、栾树、梧桐、水杉、枫香、合欢等树种,要求树形良好,树干通直,分枝点 2～3 m,胸高直径在 5 cm 以上(行道树苗胸径要求在 6 cm 以上)为出圃苗木的最低标准。其中,干径每增加 0.5 cm,规格提高一个等级。

2. 有主干的果树,单干式的灌木和小型落叶乔木

如枇杷、垂柳、榆叶梅、碧桃、紫叶李、海棠等,要求树冠丰满,枝条分布匀称,不能缺枝或偏冠。根颈直径在 2.5 cm 以上为最低出圃规格。在此基础上,根颈直径每提高 0.5 cm,规格提高一个等级。

3. 多干式灌木

要求根颈分枝处有 3 个以上分布均匀的主枝。但由于灌木种类很多,树型差异较大,又可分为大型、中型和小型,各型规格要求如下:

(1)大型灌木类　如结香、大叶黄杨、海桐等,出圃高度要求在 80 cm 以上,在此基础上,高度每增加 10 cm,即提高一个规格等级。

(2)中型灌木类　如木槿、紫薇、紫荆、棣棠等,出圃高度要求在 50 cm 以上。在此基础上苗木高度每提高 10 cm 即提高一个规格等级。

(3)小型灌木类　如月季、南天竹、杜鹃、小檗等,出圃高度要求在 25 cm 以上,在此基础上,苗木高度每提高 10 cm,即提高一个规格等级。

4. 绿篱(色块)苗木

要求苗木生长势旺盛,分枝多,全株成丛,基部枝叶丰满。冠丛直径大于 20 cm,苗木高度在 20 cm 以上,为出圃最低标准。在此基础上,苗木高度每增加 10 cm,即提高一个规格等级。如小叶黄杨、花叶女贞、杜鹃等。

5. 常绿乔木

要求苗木树型丰满,保持各树种特有的冠形,苗干下部树叶不出现脱落,主枝顶芽发达。苗木高度在 2.5 m 以上,或胸径在 4 cm 以上,为最低出圃规格。高度每提高 0.5 m,或冠幅每增加 1 m 即提高一个规格等级。如香樟、桂花、红果冬青、深山含笑、广玉兰等。

6. 攀缘类苗木

要求生长旺盛,枝蔓发育充实,腋芽饱满,根系发达。此类苗木由于不易计算等级规格,故以苗龄确定出圃规格为宜。但苗木必须带 2～3 个主蔓。如爬山虎、常春藤、紫藤等。

7. 人工造型苗木

黄杨、龙柏、海桐、小叶女贞等植物,出圃规格可按不同要求和目的而灵活掌握,但是造型必须较完整、丰满、不空缺和不秃裸。

8. 桩景

桩景的使用效果正日益被人们青睐,加之经济效益可观,所以其苗圃中的所占比例也日益增加。如银杏、椰榆、三角枫、柞木、对节白蜡等。以自然资源作为培养材料,要求其根、茎等具有一定的艺术特色,其造型方法类似于盆景制作,出圃标准由造型效果与市场需求而定。

三、苗木出圃的工作程序

(一)苗木调查

苗木的质量与产量可通过苗木调查来掌握。一般在秋季苗木将结束生长时,对全圃所有苗木进行清查。此时苗木的质量不再发生变化。

1. 苗木调查的目的与要求

通过对苗木的调查,能全面了解全圃各种苗木的产量与质量。调查时应分树种、苗龄、用途和育苗方法进行。调查结果能为苗木的出圃,分配和销售提供数量和质量依据,也为下一阶段合理调整、安排生产任务,提供科学准确的根据。通过苗木调查,可进一步掌握各种苗木生长发育状况,科学地总结育苗技术经验,找出成功或失败的原因,提高生产、管理、经营效益。

2. 调查方法

为了得到准确的苗木产量与质量数据,根颈直径在 $5\sim10$ cm 以上的特大苗,要逐株清点,根颈直径在 5 cm 以下的中小苗木,可采用科学的抽样调查。其准确度不得低于 95%。

在苗木调查前,首先查阅育苗技术档案中记载的各种苗木的育苗技术措施,并到各生产区查看,以便确定各个调查区的范围和采用的方法。凡是树种、苗龄、育苗方式方法及抚育措施,绿化用途相同的苗木,可划为一个调查区。从调查区中抽取样地,逐株调查苗木的各项质量指标及苗木数量,最后根据样地面积和调查区面积,计算出单位面积的产苗量和调查区的总产苗量。最后统计出全圃各类苗木的产量与质量。抽样的面积为调查苗木总面积的 $2\%\sim4\%$。常用的调查方法有下列 3 种。

(1)标准行法　在需调查区内,每隔一定行数(如 5 的倍数)选 1 行或 1 垄作标准行,全部标准行选好后,如苗木数过多,在标准行上随机取出一定长度的地段,在选定的地段上进行苗木质量指标和数量的调查,如苗高、根颈直径或胸径、冠幅、顶芽饱满程度、针叶树有无双干或多干等。然后计算调查地段的总长度,求出单位长度的产苗量,以此推算出每亩的产苗量和质量,进而推算出全区的该苗木的产量和质量。此调查方法适用于移植、扦插区、条播、点播的苗区。

(2)标准地法　在调查区内,随机抽取 1 m^2 的标准地若干个,逐株调查标准地上苗木的高度,根颈直径等指标,并计算出 1 m^2 的平均产苗量和质量,最后推算出全区的总产量和质量。此调查方法适用于播种的小苗。

(3)准确调查法　数量不太多的大苗和珍贵苗木,为了数据准确,应逐株调查苗木数量,抽样调查苗木的高度、地径、冠幅等,计算其平均值,以掌握苗木的数量和质量。

(二)起苗与分级

起苗又称掘苗,起苗操作技术的好坏,对苗木质量影响很大,也影响到苗木的栽植成活率以及生产、经营效益。

1. 起苗

(1)起苗季节

——秋季起苗:应在秋季苗木停止生长,叶片基本脱落,土壤封冻之前进行。此时根系仍在缓慢生长,起苗后及时栽植,有利于根系伤口愈合和劳力调配,也有利于苗圃地的冬耕和因苗木带土球使苗床出现大穴而必须回填土壤等圃地整地工作。秋季起苗适宜大部分树种,尤其是春季开始生长较早的一些树种,如春梅、落叶松、水杉等。过于严寒的北方地区,也适宜在秋季起苗。

——春季起苗:一定要在春季树液开始流动前起苗。主要用于不宜冬季假植的常绿树或假植不便的大规格苗木,应随起苗随栽植。大部分苗木都可在春季起苗。

——雨季起苗:主要用于常绿树种,如侧柏等。雨季带土球起苗,随起随栽,效果好。

——冬季起苗:主要适用于南方。北方部分地区常进行冬季破冻土带冰坨起苗。

(2)起苗方法

——裸根起苗:落叶阔叶树在休眠期移植时,一般采用裸根起苗。起苗时,依苗木的大小,保留好苗木根系,一般根系的半径为苗木地径5～8倍,高度为根系直径的2/3左右,灌木一般以株高1/3～1/2确定根系半径。如二、三年生苗木保留根幅直径为30～40 cm。

绝大多数落叶树种和容易成活的常绿树小苗一般可采用此法。大规格苗木裸根起苗时,应单株挖掘。以树干为中心划圆,在圆心处向外挖操作沟,垂直挖下至一定深度,切断侧根,然后于一侧向内深挖,并将粗根切断。如遇到难以切断的粗根,应把四周土挖空后,用手锯锯断。切忌强按树干和硬劈粗根,造成根系劈裂。根系全部切断后,将苗取出,对病伤劈裂及过长的主根应进行修剪。

起小苗时,在规定的根系幅度稍大的范围外挖沟,切断全部侧根然后于一侧向内深挖,轻轻倒放苗木并打碎根部泥土,尽量保留须根,挖好的苗木立即打泥浆。苗木如不能及时运走,应放在阴凉通风处假植。

起苗前如天气干燥,应提前2～3天对起苗地灌水,使苗木充分吸水,土质变软,便于操作。

——带土球起苗:一般常绿树、名贵树木和较大的花灌木常用带土球起苗。土球的直径因苗木大小、根系特点、树种成活难易等条件而定。一般乔木的土球直径为根颈直径的8～16倍,土球高度为直径的2/3,应包括大部分的根系在内,灌木的土球大小以其高度的1/3～1/2为标准。在天气干旱时,为防止土球松散,于挖前1～2天灌水,增加土壤的黏结力,挖苗时,先将树冠用草绳拢起,再将苗干周围无根生长的表层土壤铲除,在应带土球直径的外侧挖一条操作沟,沟深与土球高度相等,沟壁应垂直,遇到细根用铁锹斩断,3 cm以上的粗根,不能用铁锹斩,以免震裂土球,应用锯子锯断,挖至规定深度,用锹将土球表面及周围修平,使土球上大下小呈苹果形,主根较深的树种土球呈萝卜形,土球上表面中部稍高,逐渐向外倾斜,其肩部应圆滑,不留棱角。这样包扎时比较牢固,不易滑脱,土球的下部直径一般不应超过土球直径的2/3。自上向下修土球至一半高度时,应逐渐向内缩小至规定的标准,最后用锹从土球底部斜着向内切断主根,使土球与土底分开,在土球下部主根未切断前,不得硬推土球或硬掰动树干,以免土球破裂和根系断损,如土球底部松散,必须及时填塞泥土和干草,并包扎结实。

有时,落叶针叶树及部分移植成活率不高的落叶树需带宿土起苗,起苗时保留根部中心土及根毛集中区的土块,以提高移植成活率。起苗方法同裸根起苗。

起苗要注意的是尽量保护好苗木的根系,不伤或少伤大根。同时,尽量多保存须根,利于将来移植成活生长,起苗时也要注意保护树苗的枝干,以利于将来形成良好的树形,枝干受伤会减少叶面积,也会给树形培养增加困难。

——机械起苗:目前起苗已逐渐由人工向机械作业过渡。但机械起苗只能完成切断苗根,翻松土壤的过程,不能完成全部起苗作业。常用的起苗机械有国产XML-1-126型悬挂式起苗犁,适用于1～2年生床作的针叶、阔叶苗,功效每小时可达6 hm²。DQ-40型起苗机,适用于起 3～4 年生苗木,可起高度在 4 m 以上的大苗。

——冰坨起苗:东北地区利用冬季土壤结冻层深的特点,采用冰坨起苗法。冰坨的直径和高度的确定以及挖掘方法,与带土球起苗基本一致。当气温降至 −12℃ 左右时,挖掘土球,如挖开侧沟,发觉下部冻得不牢不深时,可于坑内停放 2～3 天。如因土壤干燥冻结不实时,可于土球外泼水,待土球冻实后,用铁钎插入冰坨底部,用锤将铁钎打入,直至震掉冰坨为止。为保持冰坨的完整,掏底时不能用力太重,以防震碎。如果挖掘深度不够,铁钎打入后不能震掉冰坨,可继续挖至够深度时为止。

冰坨起苗适用于针叶树种。为防止碰折主干顶芽和便于操作,起苗前用草绳将树冠拢起。

2. 苗木分级

苗木分级是按苗木质量标准把苗木分成若干等级。当苗木起出后,应立即在蔽荫处进行分级,并同时对过长或劈裂的苗根和过长的侧枝进行修剪。分级时,根据苗木的年龄、高度、粗度(根颈或胸径)、冠幅和主侧根的状况,将苗木分为合格苗、不合格苗和废苗 3 类。

(1)合格苗　是指可以用来绿化的苗木,具有良好的根系、优美的树形、一定的高度。合格苗根据其高度和粗度的差别,又可分为几个等级。

(2)不合格苗　是指需要继续在苗圃培育的苗木,其根系、树形不完整,苗高不符合要求,也可称小苗或弱苗。

(3)废苗　是指不能用于造林、绿化,也无培养前途的断顶针叶苗,病虫害苗和缺根、伤茎苗等。除有的可作营养繁殖的材料外,一般皆废弃不用。

苗木数量统计,应结合分级进行。大苗以株为单位逐株清点,小苗可以分株清点,也可用称重法,即称一定重量的苗木,然后计算该重量的实际株数,再推算苗木的总数。

苗木分级可使出圃的苗木合乎规格,更好地满足设计和施工要求。同时也便于苗木包装运输和标准的统一。

整个起苗工作应将人员组织好,起苗、检苗、分级、修剪和统计等工作,实行流水作业,分工合作,提高工效,缩短苗木在空气中的暴露时间,能大大提高苗木的质量。

(三)苗木检疫和运输

1. 苗木的检疫

在苗木销售和交流过程中,病虫害也常常随苗木一同扩散和传播。因此,在苗木流通过程中,应对苗木进行检疫。运往外地的苗木,应按国家和地区的规定检疫重点的病虫害。如发现本地区和国家规定的检疫对象,应禁止出售和交流,不致使本地区的病虫害扩散到其他地区。

引进苗木的地区,还应将本地区或单位没有的严重病虫害列入检疫对象。引进的种苗有检疫证,证明确无危险性病虫害者,均应按种苗消毒方法消毒之后栽植。如发现有本地区或国家规定的检疫对象,应立即销毁,以免扩散引起后患。

没有检疫证明的苗木,不能运输和邮寄。

2. 苗木包装

(1)裸根苗包扎　裸根小苗如果运输时间超过 24 h,一般要进行包装。特别对珍贵、难成活的树种更要做好包装,以防失水。生产上常用的包装材料有草包、草片、蒲包、麻袋、塑料袋等。包装方法是先将包装材料铺放在地上,上面放上苔藓、锯末、稻草等湿润物,然后将苗木根对根放在包装物上,并在根间放些湿润物。当每个包装的苗木数量达到一定要求时,用包装物将苗木捆扎成卷。捆扎时,在苗木根部的四周和包装材料之间,应包裹或填充均匀而又有一定厚度的湿润物。捆扎不宜太紧,以利通气。外面挂一标签,标明树种、苗龄、苗木数量、等级和苗圃名称。

短距离的运输,可在车上放一层湿润物,上面放一层苗木,分层交替堆放。或将苗木散放在篓、筐中,苗间放些湿润物,苗木装好后,最后再放一层湿润物即可。

(2)带土球苗木包扎　带土球苗木需运输,搬运时,必须先行包扎。最简易的包扎方法是四瓣包扎,即将土球放入蒲包中或草片上,然后拎起四角包好。简易包装法适用于小土球及近距离运输。大型土球包装应结合挖苗进行。方法是:按照土球规格的大小,在树木四周挖一圈,使土球呈圆筒形。用利铲将圆筒体修光后打腰箍,第一圈将草绳头压紧,腰箍打多少圈,视土球大小而定,到最后一圈,将绳尾压住,不使其分开。腰箍打好后,随即用铲向土球底部中心挖掘,使土球下部逐渐缩小。为防止倾倒,可事先用绳索或支柱将大苗暂时固定。然后进行包扎,草绳包扎3种主要方式。

——橘子式:先将草绳一头系在树干(或腰绳)上,在土球上斜向缠绕,经土球底沿绕过对面,向上约于球面一半处经树干折回,顺同一方向按一定间隔缠绕至满球。然后再绕第二遍,与第一遍的每道肩沿处的草绳整齐相压,缠绕至满球后系牢。再于内腰绳的稍下部捆十几道外腰绳,而后将内外腰线呈锯齿状穿连绑紧。最后在计划将推倒的方向上沿土球外沿挖一道弧形沟,并将树轻轻推倒,这样树干不会碰到穴沿而损伤。壤土和沙性土还需用蒲包垫于土球底部,并另用草绳与土球底沿纵向绳拴连系牢(图1-12-1)。

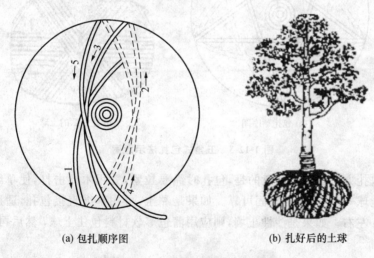

(a) 包扎顺序图　　　　　　　(b) 扎好后的土球

图1-12-1　橘子式包扎法示意图

——井字(古钱)式(图1-12-2):先将草绳一端系于腰箍上,然后按图1-12-2(a)所示数字顺序,由1拉到2,绕过土球的下面拉至3,经4绕过土球下拉至5,再经6绕过土球下面拉至7,经8与1挨紧平行拉扎。按如此顺序包扎满6~7道井字形为止,扎成如图1-12-2(b)的状态。

——五角式(图1-12-3):先将草绳的一端系在腰箍上,然后按图所示的数字顺序包扎,先由1拉到2,绕过土球底,经3过土球面到4,绕过土球底经5拉过土球面到6,绕过土球底,由7过土球面到8,绕过土球底,由9过土球面到10绕过土球底回到1。按如此顺序紧挨平扎6~7道五角星形,扎成如图1-12-3(b)所示的状态。

井字式和五角式适用于黏性土和运距不远的落叶树、1 t以下常绿树,否则宜用橘子式。

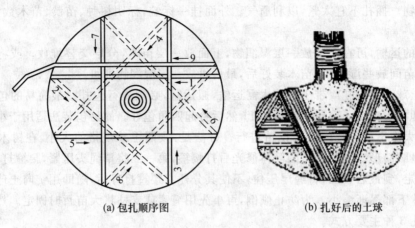

(a) 包扎顺序图　　　　　　　　　　(b) 扎好后的土球

图1-12-2　井字式包扎法示意图

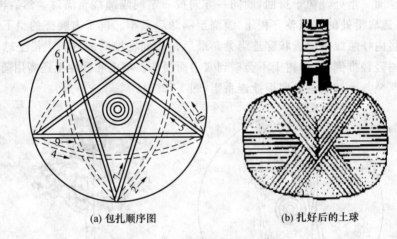

(a) 包扎顺序图　　　　　　　　　　(b) 扎好后的土球

图1-12-3　五角式包扎法示意图

以上3种包扎方法都需要注意的是,包扎时绳要拉紧,并用木棒击打,使草绳紧贴土球或能使草绳嵌进土球一部分,才能牢固可靠。如果是黏土,可用草绳直接包扎,适用的最大土球直径可达1.3 m左右。如果是沙性土壤,则应用蒲包等软材料包住土球,然后再用草绳包扎。

3. 苗木运输

(1)小苗的运输　　小苗远距离运输应采取快速运输,运输前应在苗包上挂上标签,注明树种和数量。在运输期间,要勤检查包内的湿度和温度。如包内温度过高,要把包打开通风。如湿度不够,可适当喷水。苗木运到目的地后,要立即将苗包打开进行假植,过干时适当浇水,再进行假植。火车运输要发快件,对方应及时到车站取苗假植。

(2)裸根大苗的装运　　用人力或吊车装运苗木时,应轻抬轻放。先装大苗、重苗,大苗间隙填放小规格苗。苗木根部装在车厢前面,树干之间、树干与车厢接触处要垫放稻草和草包等软材料,以避免树皮磨损,树根与树身要覆盖,并适当喷水保湿,以保持根系湿润。为防止苗木滚动,装车后将树干捆牢。运到现场后要逐株抬下,不可推卸下车。

(3)带土球大苗的吊装　　运输带土球的大苗,其质量常达数吨,要用机械起吊和载重汽车运输。吊运前先撤去支撑,捆拢树冠。应选用起吊、装运能力大于树重的机车和适合现场使用的起重机类型。吊装前,用事先打好结的粗绳,将两股分开,捆在土球腰下部,与土球接触的地方垫以木板,然后将粗绳两端扣在吊钩上,轻轻起吊一下,此时树身倾斜,马上用粗绳在树干基部拴系一绳套(称"脖绳"),也扣在吊钩上,即可起吊装车。

吊起的土球装车时,土球向前(车辆行驶方向),树冠向后码放,土球两旁垫木板或砖块,使土球稳定不滚动。树干与卡车接触部位用软材料垫起,防止擦伤树皮。树冠不能与地面接触,以免运输途中树冠受损伤。最后用绳索将树木与车身紧紧拴牢。运输时汽车要慢速行驶。树木运到目的地后,卸车时的拴绳方法与起吊时相同。按事先编好的位置将树木吊卸在预先挖好的栽植穴内。如不能立即栽植,即应将苗木立直、支稳,决不可将苗木斜放或平倒在地。

(四)苗木的假植和贮藏

起苗后或购买的苗木,如不能及时栽植,应妥善贮藏,最大限度地保持苗木的生命力。主要的贮藏方法有苗木的假植和低温贮藏。

1. 苗木假植

假植是将苗木的根系用湿润的土壤进行暂时的埋植处理。目的为防止根系失水。根据假植时间长短,可分为临时假植和越冬假植。

(1)临时假植　起苗后或栽植前进行的短期假植。将苗木根部或苗干下部临时埋在湿润的土中即可。时间一般5～10天。

(2)越冬假植　秋季起苗后,假植越冬到翌春栽植为越冬假植。要选地势高燥、排水良好、背风且便于管理的地段,挖一条与主风方向相垂直的沟,规格根据苗木的大小来定,一般深宽各为30～45 cm,迎风面的沟壁呈45°。将苗木成捆或单株摆放此斜面上,填土压实。如土壤过干,可适当浇水。但忌过多,以免苗木根系腐烂。寒冷地区,可用稻草、秸秆等覆盖苗木地上部分。

2. 苗木贮藏

为了更好地保存苗木,推迟苗木发芽,延长栽植时间,可将苗木贮藏在低温条件下。要控制低温环境的温度、湿度及通气状况。一般温度在15℃、相对湿度85％～90％适合苗木贮存,要有通气设备。可利用冷藏室、冷藏库、地下室、地窖等贮藏。

◆ 思考题

1. 苗木出圃的质量指标及要求有哪些?
2. 一般优良乔木苗的要求是什么?
3. 试述带土球起苗技术方法。
4. 试述大规格苗木假植技术。
5. 苗木包装的方法有哪些?
6. 苗木运输应注意哪些问题?

单元2 园林花卉生产

课题1 一、二年生花卉的播种育苗

◎学习目标

了解一、二年生花卉种子的播前处理方法;掌握一、二年生花卉播种育苗的全过程;能独立完成播种育苗工作。

◎教学与实践过程

一、工具和材料准备

工具:育苗容器、浸种容器、水桶及其他容器,喷壶、喷雾器;小木棒、铁锹、移植铲,平板车、耙子、细筛、镇压板、塑料薄膜等。

材料:一、二年生草花种子(大粒、中粒、小粒),营养基质,常用消毒药品2~3种,常用肥料2~3种等。

二、一、二年生草花的基本知识

依一、二年生草花的生态习性可分为以下类型。

1. 露地花卉

在自然条件下,不需保护设施,即可完成全部生长过程的花卉,通常主要指草花而言。如需提前开花,可于早春用冷床或温床育苗。露地花卉根据其生活史可分为三类:

(1)一年生花卉　又称春播花卉,是指能够在一个生长季内完成生活史的花卉。即从种子到种子的生命周期在一年内完成。一般在春季播种,夏季开花结实,然后枯死。如凤仙花、鸡冠花、波斯菊、百日草、半支莲、麦秆菊、万寿菊、翠菊、一串红、矮牵牛等。

(2)二年生花卉　又称为秋播花卉,是指在两个生长季内完成生活史的花卉,第一年只进行营养生长,翌年开花、结实、枯死。一般在秋季播种,次年春夏开花。金鱼草、三色堇、紫罗兰、美女樱、矢车菊、瓜叶菊、虞美人、福禄考、彩叶草、羽衣甘蓝等。

一年生花卉是夏季景观中的重要花卉。二年生花卉是春季景观中的重要花卉。这类花卉通常称为草花。

(3)多年生花卉　个体寿命超过两年,能多次开花结实。又因其地下部分有无形态变化,而分为两类:一是宿根花卉:植物体地下部分宿存越冬而不膨大,翌年继续萌芽开花,并可持续多年的草本花卉。如萱草、芍药、玉簪、楼斗菜、蜀葵等。二是球根花卉:地下部分变态肥大,成球状或块状的多年生草本花卉。如唐菖蒲、百合、郁金香、水仙、马蹄莲、美人蕉、大丽花等。

露地草本花卉种类(品种)繁多、花色艳丽、开花繁茂、花期集中、易于开花,美化效果快、装饰性强,适于大面积应用。

2. 温室花卉

当地常年或在较长一段时间内需在温室中栽培的观赏植物。其种类因地区而异,如扶桑、含笑、茉莉、茶花在华南为露地花卉,而在华北等地区则为温室花卉。利用温室栽培的非洲菊、香石竹、花烛、报春花等盆花,习惯上也常归于温室花卉。

(1)一、二年生温室花卉　如瓜叶菊、蒲包花、香豌豆等。

(2)温室宿根花卉　如万年青、非洲菊、君子兰等。

(3)温室球根花卉　如仙客来、朱顶红、大岩桐、马蹄莲等。

(4)兰科植物　依其生态习性不同,又可分为地生兰类,如春兰、蕙兰、建兰、墨兰等;附生兰类,如石斛、卡特兰、蝴蝶兰等。

(5)仙人掌及多浆植物　茎叶具有发达的贮水组织,呈肥厚多汁变态状的植物。包括仙人掌科、番杏科、景天科、大戟科、菊科、凤梨科、龙舌兰科等各科植物。

(6)蕨类植物　如铁线蕨、蜈蚣草等。

(7)棕榈科植物　如蒲葵、棕榈、棕竹、散尾葵、鱼尾葵等。

三、一、二年生草花播种育苗工作程序

(一)确定播种时期

一、二年生花卉的播种时期主要根据本身的生物学特性和当地气候条件,以及应用的目的和时间来确定,一般分为春播、夏播、秋播、冬播。但通常情况下,一年生花卉在春季播种,夏季为其主要的生长期,夏秋季开花结实后死亡。常称之为春播花卉。

二年生花卉属长日照植物,即春夏长日照下开花,在秋季播种,冬季生长,叫秋播花卉。原产热带的花卉播种需要温度较高。

一、二年生花卉春播:萌发适温为 20～25℃;秋播:适温为 15～20℃。

一年生草花:因耐寒力弱一般在春季晚霜后播种,即南方于 2 月下旬至 3 月上旬;北方在 4 月上旬至中旬;中部地区于 3 月中旬至下旬。

二年生草花:因较耐寒一般在秋季播种,即南方于 9 月下旬至 10 月上旬;北方在 8 月下旬至 9 月上旬;中部地区于 9 月上旬至下旬。

(二)播种前的基础准备

1. 营养土的配制

花卉的种类很多,不同种类的花卉对土壤的要求有很大的差别。一般而言,多数花卉要求土壤富含腐殖质、疏松肥沃,排水良好,透气性强,土壤的 pH 在 7.0 左右。营养土以园土、中沙、腐叶土及有机肥为主体,一般将腐叶土地、中沙、园土混合,其种子的大小而定:细小种子按 5:3:2 的比例混合;中粒种子按 4:2:4 的比例混合;大粒种子按 5:1:4 的比例混合。

播种前营养土 pH 的调整和消毒同容器育苗。

栽培介质不局限于上述,近年来趋向于使用无土或少土介质。无土介质多属园艺无毒类型,质量轻、质地均匀、价格便宜、易干燥。不含或少含养分,要及时施用营养液。常用的无土介质有:甘蔗渣、树皮、木屑、刨花、谷壳、泥炭、黄沙、珍珠岩、蛭石、陶粒、河沙、煤渣、岩棉等。

2. 苗床(箱)的准备

本任务拟采用容器播种,关于苗床的准备与前述园林植物播种育苗基本一致。

清洗苗箱,在苗箱内放入营养土,稍作平整镇压后,使土面距离苗箱上边缘 2~3 cm 为宜。播种在苗箱浸水、播种土湿透后进行。

除用育苗床和育苗箱播种以外,还可用浅木箱、花盆、育苗钵、育苗块、育苗盆、育苗盘等容器。具体内容可参见容器育苗。

3. 种子准备

种子准备的目的是去除杂物、精选种子、种子消毒和催芽。可用风选、筛选、水选和挑选等方法去杂和选出饱满的种子,水选可结合种子化学消毒和浸种催芽进行。

(三)播种

根据单位苗箱的播种用量,用手工或播种机进行播种,播种方法有撒播、条播、点播等几种。

细小的种子宜采用撒播法,可以与细沙混合撒播,也可以单独撒播。播种不可过密,为使播种均匀,可分数次播种。

中粒或种子品种较多,而每一品种种子的数量又较少时,宜用条播。播种时用小木条或小棒,按一定行距划浅沟,将种子均匀地撒在沟底,开沟后应立即播种,以免风吹日晒土壤干燥。

大粒或量少的种子宜采用点播,播种时,按一定株、行距,用小棒开穴,再将 2~4 粒种子播入小穴中。

(四)覆土

播种后应立即覆土。覆土厚度视种子大小、土质、气候而定。对于细小种子,覆细沙 0.5~1.0 cm,也可不覆土,但浇水后要覆膜保湿,当小苗长至高约 2 cm 时应及时间苗。中、小粒种子一般以不见种子为度,覆土厚度为 1~3 cm;大粒种子的覆土厚度为种子厚度的 2~3 倍,为 3~5 cm。要求覆土均匀,定期喷水。

(五)镇压

播种后及时镇压,可使种子与土壤紧密结合,利于种子吸收水分而发芽。对于疏松干燥的苗床进行镇压是必要的,对于黏重潮湿的土壤,不宜镇压。

(六)覆盖

播种后,视降雨和温度情况决定是否覆盖。一般可用草帘、薄膜覆盖增温保湿,促使种子发芽。出苗后应揭除覆盖物,若不及时,会出现黄化苗、弯曲苗、高脚苗等现象。注意撤除覆盖物后应立即进行遮阳。

(七)保湿

种子发芽到出苗要注意喷水保湿,幼苗出土后组织幼嫩也应遮阳保湿,但要注意逐渐延长光照时间,通常遮阳时间为上午 10 时到下午 5 时左右,早晚要将遮阳材料揭开,随小苗的生长而逐渐缩短遮阳时间。一般遮阳 1 个月左右。

(八)移苗

1. 间苗除草

间苗在播种幼苗出土后出现密生拥挤时,疏拔过密或柔弱的幼苗,以扩大苗间距离,利于通风、光照,促使幼苗生长健壮。出苗后,应该间苗,如有覆盖物,应及时揭除覆盖物。

间苗要在雨后或灌溉后与除草同时进行。间苗时要细心操作,不可牵动留下的幼苗,以免损伤幼苗的根系,影响生长。间苗一般分两次进行。第一次在1～2片真叶时;第二次在4片真叶时,第二次间下的苗可补植缺株,也可另行栽植。每次间苗后应灌溉一次,使幼苗根系与土壤紧贴、密接,有利于保留的苗株的恢复生长。

2. 移苗(上钵)

一、二年生花卉如果用来布置花坛等,应在5～8片真叶时移苗上钵。进行移苗前,先浇透水,保护根系。移植时可用左手手指夹住一片子叶或真叶,右手拿一竹签插入土壤或基质中把整个苗撬起,不要伤根,尽量带土,然后移至容器中(上钵)。种植深度要与原种植深度相一致,宜浅不宜深,种植穴要稍大一些,使根系舒展不卷曲。种植后应立即浇足水,第2天还需再浇1次回头水。种植后1周内浇水相对要勤。夏季移植初期要遮阴,以减低蒸发,避免萎蔫。

(九)日常管理

根据苗木的不同情况,采取遮阳、喷水(雾)等保护措施,等幼苗完全恢复生长后及时进行叶面追肥和根外追肥,同时进行松土除草、灌溉、排水、施肥、病虫害防治等。

不同类型花卉的追肥要求一般是:观花花卉N、P、K要均衡,观叶花卉要以N肥为主,观果花卉要多施P、K肥。

花卉不同生长发育时期的追肥要求一般是:苗期与营养生长期要以N肥为主,孕蕾期与开花前期要多施P、K肥,开花期不宜施肥,谢花后及果大期增施复合肥。

★一、二年生花卉繁殖实例:一串红的生产

一串红:别名墙下红、爆竹红;唇形科、鼠尾草属。

【形态特征】 茎基木质化、呈亚灌木状、四棱形;顶生总状花序,花萼钟状宿存,花冠二唇形,萼冠同色;自然花期7～11月份;坚果8～10月份成熟;花有红、白、粉、紫等。变种一串白、一串紫、矮一串红等。

【生态习性】 原产南美巴西;喜光、不耐寒、忌霜害;生长适宜温度为20～25℃,低于15℃叶片黄化,高于30℃叶小花小;对土壤要求不严,要求疏松肥沃较好;多作一年生栽培,可做多年生栽培。

【繁殖】 常用播种和扦插繁殖。

1. 播种法

播种繁殖的播种期以开花期而定,"五一"用花,在8月中下旬用水渗后播种(北方地区需温室秋播),10月上旬假植于温室,11月中下旬上盆栽培。"十一"用花,则在2月下旬至3月上旬在温室播种,5月份假植。6月份上盆露地培养。种子发芽喜弱光,覆土不要过厚,发芽适温为21～23℃,播后10天发芽。

2. 扦插法

扦插繁殖以5～8月份为好,可结合摘心剪取枝条先端5～6 cm的枝段进行嫩枝扦插,保持株距4～5 cm,温度20℃左右,蔽荫养护,10天左右发根,20天后分苗上盆,正常生长30～40天即可开花。如"十一"用花则在7月上旬扦插。

【栽培管理要点】

①播种苗具2片真叶或叶腋间长出新叶的扦插苗应及时带土移植盆栽。

②摘心:幼苗4片真叶后留4～6个侧枝(2对叶)摘心,促使分枝。进行2～3次摘心,使植株矮壮,茎叶密集,花序增多。但最后一次摘心必须在盆花上市前25～30天结束。

③花期调控：每次摘心可相应推迟花期 10 天左右；及时清除残花，可促第二次开花；

④水肥管理：生长前期不宜多浇水，可两天浇一次，以免叶片发黄、脱落。进入生长旺期，可适当增加浇水量，开始追肥，每月施 2 次，见花蕾后增施 2 次磷钾肥，可使花开茂盛，延长花期。每次摘心后应施肥，用稀释 1 500 倍的硫铵，以改变叶色，效果好。

⑤病虫害防治：常见叶斑病和霜霉病危害，可用 65％代森锌可湿性粉剂 500 倍液喷洒。虫害常见银纹夜蛾、短额负蝗、粉虱和蚜虫等危害，可用 10％二氯苯醚菊酯乳油 2 000 倍液喷杀。

◎ 思考题

1. 结合实践，试述一、二年生草花容器播种育苗的全过程。

2. 试述一、二年草花移苗上钵的操作过程和注意事项。

课题 2　多年生花卉的分株繁殖育苗

◎ 学习目标

了解多年生花卉分株繁殖的作用和类型；掌握多年生花卉的分株繁殖技术与操作规程；能独立完成 1～2 种多年生花卉的分株繁殖和管理工作。

◎ 教学与实践过程

一、工具和材料准备

工具：铁锹、移栽锄、花钵、剪刀、修枝剪、喷壶、塑料容器、喷雾器。

材料：宿根花卉：萱草、荷兰菊等，花灌木：南天竹、菊花、玫瑰等，营养土、常用肥料 2～3 种，遮阳网。

二、多年生花卉分株繁殖基本知识

(一)分株繁殖的作用

分株繁殖是最简单可靠的繁殖方法，具有成活率高、成苗快、开花早的特点，但繁殖系数低，短期内产苗量较少。

分株繁殖是分割自母株发生的根蘖、吸芽、走茎、匍匐茎和根茎等，进行栽植形成独立植株的方法。此法适用于丛生萌蘖性强的宿根花卉及木本观赏植物，如菊花、君迁子、牡丹等分割萌蘖；石莲花等分割吸芽；吊兰、吉祥草等分割走茎；狗牙根等分割匍匐茎；麦冬、铃兰等分割根茎。

(二)分株法的类别

分株法一般分为全分法和半分法。全分法是指将母株连根全部从土中挖出，用手或剪刀分割成若干小株丛，每一小株丛可带 1～3 个枝条，下部带根，分别移栽到他处或花盆中。经 3～4 年后又可重新分株。

半分法是指不能将母株全部挖出，只在母株的四周、两侧或一侧把土挖出，露出根系，用剪刀剪成带 1～3 个枝条的小株丛,下部带根,这些小株丛移栽到别处,就可以长成新的植株。

(三)分株繁殖的技术要点

1.分株繁殖的时间

落叶类花卉的分株繁殖应在休眠期进行。南方在秋季落叶后进行。北方秋后分株易造成枝条抽干,影响成活率,最好在开春土壤解冻而尚未萌动前进行。

常绿类花卉由于没有明显的期,在秋季大多数停止生长而进入休眠状态,这时树液流动缓慢,因此多在春暖旺盛生长之前进行分株,北方大多在移出温室之前或出室后立即分株。

2.分株繁殖的类型

(1)分株　将根际或地下茎发生的萌蘖切下栽植,使其形成独立的植株。如萱草等。此外,宿根福禄考、蜀葵等可自根上发生"根蘖"。禾本科中的一些草坪地被植物也可用此法。

(2)吸芽　为某些植物根际或地上茎叶腋间自然发生的短缩、肥厚呈莲座状的短枝。吸芽的下部可自然生根,故可自母株分离而另行栽植。如芦荟、景天等在根际处常着生吸芽。

(3)珠芽及零余子　这是某些植物所具有的特殊形式的芽,生于叶腋间或花序中,百合科的一些花卉都具有,如百合、卷丹、观赏葱等。珠芽及零余子脱离母株后自然落地即可生根。

(4)走茎　走茎为地上茎的变态,从叶丛中抽生出来的茎,并且在节上着生叶、花、不定根,同时能产生幼小植株,这些小植株另行栽植即可形成新的植株,这样的茎叫走茎,用走茎繁殖的花卉有虎耳草、吊兰等,如图 2-2-1 所示。

图 2-2-1　(吊兰)走茎繁殖示意图

(5)根茎　一些花卉的地下茎肥大,外形粗而长,与根相似,这样的地下茎叫根状茎,根状茎贮藏着丰富的营养物质,它与地上茎相似,具有节、节间、退化的鳞叶、顶芽和腋芽,节上常产生不定根,并由此处发生侧芽且能分枝进而形成株丛,可将株丛分离,形成独立的植株,如美人蕉、鸢尾、紫菀等。

(6)鳞茎　鳞茎是指一些花卉的地下茎短缩肥厚近乎于球形,底部具有扁盘状的鳞茎盘,鳞叶着生于鳞叶盘上。鳞茎中贮藏着丰富的有机物质和水分,其顶芽常抽生真叶和花序,鳞叶之间可发生腋芽,每年可从腋芽中形成一至数个鳞茎并从老鳞茎旁分离,通过分栽子鳞茎来繁殖。如百合、郁金香、风信子、水仙等。

3.分株繁殖技术要点

露地花木类分株前大多需将母株丛从田内挖掘出来,并多带根系,然后将整个株丛用利刀或斧头分劈成几丛,每丛都带有较多的根系。

还有一些萌蘖力很强的花灌木和藤本植物,在母株的四周常萌发出许多幼小的株丛,在分株时则不必挖掘母株,只挖掘分蘖苗另栽即可。由于有些分株苗植株幼小,根系也少,因此需在花圃地内培育一年,才能出圃。

盆栽花卉的分株繁殖多用于多年生草花。分株前先把母本从盆内脱出,抖掉大部分泥土,找出每个萌蘖根系的延伸方向,并把团在一起的团根分离开来,尽量少伤根系。然后用刀把分蘖苗和母株连接的根茎部分割开,立即上盆栽植。文殊兰、龙舌兰等一些草本花卉,能经常从根茎部分蘖滋生幼小的植株,这时可先挖附近的盆土,再用小刀把与母本的连接处切断,然后连着幼株将分蘖苗提出另栽,具体如图 2-2-2 所示。

（1）块根类分株繁殖　如大理花的根肥大成块，芽在根茎上多处萌发，可将块根切开（必须附有芽）另植一处，即繁殖成一新植株。

（2）根茎类分株繁殖　埋于地下向水平横卧的肥大地下根茎，如美人蕉、竹类，在每一长茎上用利刀将带 3～4 芽的部分根茎切开另植。

（3）宿根类分株繁殖　丛生的宿根植物在种植 3～4 年，或盆植 2～3 年后，因株丛过大，可在春、秋二季分株繁殖。挖出或结合翻盆，根系多处自然分开，一般分成 2～3 丛，每丛有 2～3 个主枝，再单独栽植。如萱草、鸢尾、春兰等花卉。

图 2-2-2　分株繁殖示意图

（4）丛生型及萌蘖类灌木的分株繁殖　将丛生型灌木花卉，在早春或深秋掘起，一般可分 2～3 株栽植，如蜡梅、南天竹、紫丁香等。另一类是易于产生根蘖的花灌木，将母体根部发生的萌蘖，带根分割另行栽植，如文竹、迎春、牡丹等。

4. 分株繁殖后的养护管理

丛生型及萌蘖类的木本花卉，分栽时穴内可施用些腐熟的肥料。通常分株繁殖上盆浇水后，先放在阴棚或温室蔽光处养护一段时间，如出现有凋萎现象，应向叶面和周围喷水来增加湿度。在秋季分栽的，入冬前宜截干或短截修剪后埋土防寒保护越冬。如春季萌动前分栽，则仅适当修剪，使其正常萌发、抽枝，但花蕾最好全部剪掉，不使其开花，以利植株尽快恢复长势。

对一些宿根性草本花卉以及根茎类花卉，在分栽时穴底可施用适量基肥，基肥种类以含较多磷、钾者为宜。栽后及时浇透水、松土，保持土壤适当湿润。对秋季移栽种植的种类浇水不要过多，来年春季增加浇水次数，并追施稀薄液肥。

三、花卉分株繁殖育苗操作规程——以鹤望兰分株繁殖为例

鹤望兰又名天堂鸟，为市场紧俏名贵切花，花枝是高档的切花材料。其分株繁殖技术如下：

1. 母株的选择

母株应选分蘖多的、叶片整齐、无病虫害的健壮成年植株。用于整株挖起分株的母株一般选择生长 3 年以上的具有 4 个以上芽、总叶片数不少于 16 枚的植株。分株后用于盆栽的可选择有较多带根分蘖苗的植株。

2. 分株时间

栽植于大棚内，时间为 5～11 月份。最适宜时间为 5～6 月份。大田苗用于盆栽的，适宜时间也为 5～6 月份。

3. 分株方法

（1）不保留母株分株法　即整株挖起分株。此法适用于地栽苗过密，有间苗需要时。方法是：将植株整丛从土中挖起，尽量多带根系，用手细心扒去宿土并剥去老叶，待能明显分清根系及芽与芽间隙后，根据植株大小在保证每小丛分株苗有 2～3 个芽的前提下合理选择切入口，用利刀从根茎的空隙处将母株分成 2～3 丛。尽量减少根系损伤，以利植株恢复生长。切口应蘸草木灰，并在通风处晾干 3～5 h，过长的根可进行适当短截，切口亦需蘸一些草木灰即可进行种植。在分株过程中应注意新植株根系不应少于 3 条、总叶数不少于 8～10 枚，一般需有

2～3个芽。如果根系太少或侧芽太少,可几株合并种植。

(2)保留母株分株法 地栽苗如生长过旺又无需间苗时,可不挖母株,直接在地里将母株侧面植株用利刀劈成几丛。这样对原母株的生长和开花影响比较小。如需盆栽应只从母株剥离少数生长良好的侧株种植。已盆栽茂盛的植株,可结合换盆进行分株繁殖。

4. 定植

鹤望兰要求肥沃、排水透气性好的微酸性沙壤土。单行种植密度一般畦宽 60～80 cm,畦高 20～30 cm,株距 100～120 cm。也可畦宽 100～120 cm,双行种植。种植沟宽 60 cm,深 50 cm。

施足基肥,每个 180 m² 拱棚施用发酵后的豆饼 600 kg,过磷酸钙 40 kg,呋喃丹 1 kg,结合中耕翻入土中。

按选定的株行距采用品字形交叉定植。为了使鹤望兰多萌发侧芽,有利于分株,应适当浅栽,按鹤望兰的根系形状使其舒展,以根系不露出床土为宜。覆土分层踏实并浇足水。

栽后及时起畦沟,确保不积水。栽植苗的下部叶片要剪半,拔去花枝以减少养分消耗,提高分株苗成活率。

5. 养护管理

(1)肥水管理 定植后第 1 周每天浇水 1 次,以后见干就浇。栽植后若出现凋萎现象应经常向叶面和周围地面喷水,以增加环境湿度,让植株尽快恢复长势,有条件的可安装喷头喷水。秋季分株的,成活后浇水不可过多。栽植 1 个月后,可追施稀薄液肥 1～2 次,以人粪尿或氮肥为主,而后进行常规肥水管理。

(2)光照和温度管理 分株苗栽植后,应拉遮阳网适当遮阴,防止阳光过强灼伤叶片。待恢复长势后撤去遮阳网,于全光照下管理。秋季分株的,应注意保温。11月份至翌年3月份应拉大棚,盖 1～2 层塑料薄膜。来年 3 月份气温上升后中午注意通气,大棚在 4～5 月份即可拆除。盆栽的可在冬季进温室或大棚管理。

(3)病虫害防治 在排水不良的地方易发生立枯病,应注意排水。在梅雨季节若发生根腐病,需及时喷施农药,严重病衰植株要拔除并消毒原植穴。虫害主要有金龟子、蚧壳虫、蜗牛,可用相应药剂进行防治。

采用分株法繁殖鹤望兰,只要注意分株处理,控制温度和光照,加强肥水管理,防治好病虫害,较大分株苗种植并在春季移栽的,一般当年秋、冬季即可开花,管理良好的有些优株也会萌出新芽;秋季移栽的来年 5～6 月份也可开花。

◈ 思考题

1. 如何选择分株母株?
2. 怎样根据不同的分株材料选择不同的分株方法?
3. 试述美人蕉分株繁殖的操作过程和养护管理。

课题3 花卉的扦插繁殖

◈学习目标

了解花卉扦插繁殖的特点和类型;掌握花卉扦插成活的基本条件和促进扦插生根的方法;

能独立完成花卉扦插繁殖的全过程操作和育苗的管理工作。

◆教学与实践过程

一、工具和材料准备

工具：修枝剪、卷尺、盛条器、测绳、喷壶、铁锹、平耙等。

材料：本地区常见花卉植物 3～5 种各若干株，扦插池、河沙、生根剂、酒精、遮阳网等。

二、花卉扦插繁殖基本知识

（一）扦插繁殖的特点

扦插是营养体繁殖的主要方法之一，有繁殖速度快、方法简单、操作容易等优点。扦插繁殖多用于双子叶植物，有些单子叶植物也可进行扦插繁殖，如百合科的天门冬属植物等。

1. 扦插繁殖的优点

能获得与母体具有相同遗传性的新个体，生育、开花、结果均比实生苗提前，技术简单，成活率高，繁殖迅速。

2. 扦插繁殖的缺点

比实生苗和嫁接的植物根系浅，并且寿命短，在植物中，也有用这种扦插方法不能成活的。

（二）扦插繁殖的类型

通常依选取植物器官的不同、插穗成熟度的不同而将扦插分为叶插、茎插和根插。

1. 叶插

常用于草本植物，在叶脉、叶柄、叶缘等处产生不定根和不定芽，从而形成新的植株。叶插常在生长期进行，根据叶片的完整程度分为全叶插和片叶插两种。

（1）全叶插　以完整叶片为插穗，依插穗位置分为两种：第一种方法是平置法，切去叶柄，将叶片平铺沙面上，以铁针或竹针固定于沙面上，叶的背面与沙面紧接。第二种方法是直插法，将叶柄插入沙中，叶片立于沙面上，叶柄基部就发生不定芽。

这种方法常用于根茎类秋海棠、大岩桐等植物。对过大或过长的叶片可适当剪短或沿叶缘剪除部分叶片，使叶片容易固定，减少水分蒸发，利于叶柄生根。全叶插在室温 20～25℃ 条件下，秋海棠科植物一般 25～30 天愈合生根，到长出小植株约需 50～60 天。若用 0.01% 吲哚丁酸溶液处理叶柄 1～2 s，可提早生根，有利于不定芽的产生。

（2）片叶插　将一个叶片分切为数块，分别进行扦插，使每块叶片上形成不定芽。

这种方法常用于如虎尾兰属的虎尾兰、秋海棠属的蟆叶秋海棠、景天科的长寿花和红景天等。可用叶片的一部分作为扦插材料，使其生根并长出不定芽，形成完整的小植株。片叶插在室温 20～25℃ 条件下，虎尾兰可剪成 5 cm 一段，插后约 30 天生根，50 天长出不定芽。如图 2-3-1 所示。

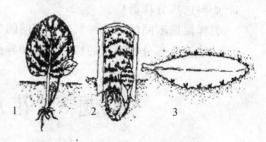

1. 全叶插（立插）　2. 片叶插　3. 全叶插（平插）

图 2-3-1　全叶插及片叶插

2. 茎插

最常见的茎插方法有叶芽法扦插、硬枝扦插、半硬枝扦插、嫩枝扦插、肉质茎扦插和草质茎扦插。

(1)叶芽法扦插　即用完整叶片带腋芽的短茎作扦插材料。如山茶花、常春藤、大丽菊、天竺葵、橡皮树、龟背竹、绿萝等。常在春、秋季扦插,成活率高,草本植物比木本植物生根快,如图 2-3-2 所示。

(2)硬枝扦插　常用于落叶灌木,如月季。待冬季落叶后剪取当年生枝条作插穗,有条件的可在温室内扦插或插穗沙藏,于翌年春季扦插,如图 2-3-3 所示。

(3)半硬枝扦插　主要是常绿木本花卉的生长期扦插。取当年生的半成熟顶梢,长短为 8 cm 左右,剪下后将插穗下部的叶片摘去,仅留顶端 2 张叶片即可,如图 2-3-4 所示。

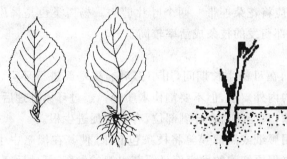  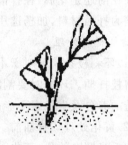

图 2-3-2　叶芽法扦插　　　　图 2-3-3　硬枝扦插　　　　图 2-3-4　半硬枝扦插

(4)嫩枝扦插　一般用半木质化的当年生嫩枝作插穗,以常绿灌木为多,如比利时杜鹃、扶桑、龙船花、茉莉等。尤以梅雨季节扦插最为理想,生根快,成活率高,如图 2-3-5 所示。

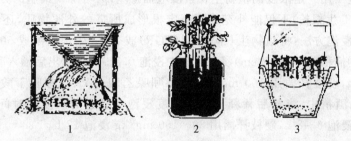

1. 塑料棚扦插　2. 暗瓶水插　3. 大盆密插

图 2-3-5　嫩枝扦插

(5)肉质茎扦插　肉质茎一般比较粗壮,含水量高,有的富含白色乳液。因此,扦插时切口容易腐烂,影响成活率。如蟹爪兰、令箭荷花等。须将剪下的插穗先晾干后再扦插。而垂榕、变叶木、一品红等插条切口会外流乳汁,必须将乳液洗净或待凝固后再扦插。

(6)草质茎扦插　这在盆栽花卉中应用十分广泛,如四季秋海棠、长春花、非洲凤仙、矮牵牛、一串红、万寿菊、菊花、香石竹、网纹草等。一般剪取较健壮、稍成熟枝条,长 5～10 cm,在适温 18～22℃和稍遮阴条件下,5～15 天生根。

3. 根插

根插即用根作插穗,仅限于易从根部发生新梢的种类,如芍药、紫菀、凌霄、垂盆草等。如图 2-3-6 所示。

(三)插穗的选择与处理

1.插穗的选择

在生长健壮、无病虫害的幼龄母株上选择当年生、中上部、向阳生长的叶芽饱满、枝条粗壮、节间较短、生长势强的枝条作插穗。在采集花木类枝条时,如品种很多,应按花色、花形,开花次数多少等特性,分别做出标志,注明品种名

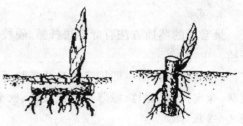

图 2-3-6　根插

称,扦插后仍应将品种记载清楚。因花卉植物和扦插方法的不同,所采枝条也不完全一样。如接骨木、蔷薇、十姐妹等可采生长正常、组织充实的长条,但勿使用徒长枝。其他树种像玫瑰、木香、月季、金丝桃等花灌木类,以枝条顶梢为最好。当玫瑰、月季用花枝作为扦插材料时,无论是在花前还是花后,在扦插之际都应将花朵连带一两个叶片剪去。杨树类也是采用新发生的嫩梢为扦插材料,加杨选用树根基部萌发的枝条成活率较高。

2.插穗的处理

(1)环剥枝条　针对于木质花卉,在母株生长期间,用小刀对插穗基部进行环剥,1~2个月后剪枝扦插。环剥时要割断枝条的内外皮层,但不要割伤木质部。经过环剥处理后,枝条上部制造的养分及生长素不能向下运输,只能滞留在环剥部位,有利于促进生根。

(2)黄化处理　扦插前一个月,用黑纸或黑薄膜等将枝条包起来,使其在黑暗中生长。枝条因缺乏光照会软化、黄化,从而促进根原细胞的发育而延缓芽组织的发育,扦插后容易生根。

(3)带踵扦插　在剪取山茶、杜鹃等花木的穗条时,让穗条基部带有少量的上年生的枝条(即踵),对生根有促进作用。

(4)激素浸泡　用一定浓度的植物生长素浸泡插穗基部,可加快细胞的分生和分化。有的生长激素(如 ABT 生根粉)不仅能补充插穗不定根形成所需的外源物质,还能促进插条内源生长素的合成。浸泡方法:将植物生长调节剂(PGR)或 ABT 生根粉配成 50~100 mg/kg 溶液,再把已剪好的插穗基部(约 2 cm)浸入药液中浸泡 0.5~2 h,取出后插入基质中即可(嫩枝扦插用 50 mg/kg,硬枝扦插用 100 mg/kg)。将吲哚乙酸(IAA)、吲哚丁酸(IBA)或萘乙酸(NAA)粉剂倒入酒精中,溶解后稀释到适当浓度浸泡。浸泡的浓度和时间是:软枝扦插用20~100 mg/kg 浸泡 6~8 h,硬枝扦插用 80~150 mg/kg 浸泡 12 h。

(四)扦插基质的配制

扦插基质对生根影响很大,根据扦插基质不同可分为壤插(基质扦插)、水插和喷雾扦插(气插)。壤插又称基质扦插,是应用最广泛的扦插方式,其扦插基质主要有珍珠岩、泥炭、蛭石、黄沙等材料。根据不同植物对基质湿度和酸碱度的要求,按不同比例配制扦插基质,酸性植物如杜鹃、山茶等植物用泥炭的比例大,珍珠岩的比例适当减少,反之珍珠岩的比例可大一些。珍珠岩、泥炭、黄沙的比例一般为 1:1:1。扦插一般植物均适合。泥炭可以保持水分,同时,泥炭中含有大量的腐殖酸,可促进植物生根。要选择半腐殖化、较粗糙的泥炭再配上粗沙和大颗粒的珍珠岩为好。配制的基质有利于通气和排水,也有利于根系的形成。

扦插用的介质:

①园土,即普通的田间壤土,经过暴晒、松碎、耙细后即可待用。

②扦插营养土,在园土内混以黄沙、泥炭、草木灰等,即成为扦插营养土,使之疏松,有利排

水和插穗的插入,如香石竹、象牙红的扦插多用这种混合土。

③黄沙,即普通的河沙,中等粗细,这是一种优良的扦插介质,它排水良好、透气性好,如供水均匀,则易于生根。由于沙内无营养物质,生根后应立即移植。一般温室都备有沙床,可供一般温室植物随时扦插用。

④腐殖质土,一般腐殖质土都为微酸性,通常用山泥做成插床。喜酸植物如山茶、杜鹃等,多用该介质。

⑤蛭石或珍珠岩常和泥炭混合作扦插介质,效果良好。

⑥水插即用水作为扦插基质,将插条基部 1～2 cm 插入水中。水必须保持清洁,且需经常更换。

⑦喷雾扦插(气插)也称无机质扦插。适用于皮部生根类型的植物,方法是木质化或半木质化的枝条固定于插条架上,定时向插条架喷雾。能加速生根和提高生根率。但在高温高湿条件下易于感病发霉。

(五)扦插时期

扦插繁殖最适宜的时期,要根据花卉的种类、品种、气候和管理方法的不同而定。通常分为生长期的软枝扦插和休眠期的硬枝扦插两大类。

1. 生长期软枝扦插

生长期软枝扦插是采用一些木本和草本花卉的半硬枝或嫩枝作插穗进行扦插。多数木本花卉一般在当年生新枝第一次生长结束,或开花后 1 个月左右,在 5～6 月份,可进行半硬枝扦插。草本花卉对扦插繁殖的适应力较强,大多可在春、夏、秋等季节扦插。

2. 休眠期硬枝扦插

一些落叶木本花卉的硬枝扦插,应选择在植株枝条中养分积累最多的时期,在秋、冬季进入休眠后或春季萌发前的 11 月份到翌年 2～3 月份间进行。如果在温室扦插,加快繁殖,则应将插条先置于 5℃ 左右的地方进行低温处理 20～30 天,然后再扦插,有利其通过生理休眠而发芽。温室花卉在温室生长条件下,周年保持生长状态,因此不论草本或木本花卉可在四季内随时进行扦插繁殖。但从其生长习性讲,以春季为最佳,其次是秋季,再次为夏季和冬季。

三、扦插繁殖的操作规程

1. 选择扦插繁殖的设备设施

可根据规模大小及要求不同相应选择。大量繁殖时宜在温室中进行,以便调节室温,有利扦插成活。

扦插床:一般高 70～80 cm,宽约 100 cm,深 20～30 cm,面向玻璃窗或塑料薄膜,床底必须设排水孔。

扦插箱:是更理想的扦插设施,种类很多,一般有保持空气湿度的玻璃罩,有自动调节温度器。

露地插床:应用最广,宜选沙质而排水良好的土壤,以半阴地为好。

少量繁殖则在浅盆、浅箱或一般花盆中进行。

2. 配制扦插基质及其消毒

同上述。

3. 插材的选择与截制

以茎插为主,其他材料扦插参见上述。

首先要选择好插穗,枝插时把选好的枝条剪成长 10~15 cm、有 3~4 个节的插穗,下端剪口在近节处平截,上端剪口从顶芽上部 1 cm 处剪呈 45°~50°的斜面。

对于水插繁殖,木本花卉应选半木质化枝条,草本花卉应选成熟健壮枝条。将当年生或两年生的健壮枝条,切成 6~10 cm 长的插穗,上部留 2~5 片叶,枝条下端用刀削成马蹄形。

4. 环境条件的调控

多数花卉软枝扦插的适宜生根温度为 20~25℃;半硬枝和硬枝扦插温度为 22~28℃;叶插及芽插因种类而异,适温在 20~28℃。

湿度一般以 50%~60%为宜,为避免插穗枝叶水分的过分蒸发,要求插床保持较高的空气湿度,通常以 80%~90%的相对湿度为好。应及时运用叶面喷雾及调节覆盖物的方法来控制掌握。

插穗所带的顶芽和叶片只有在日光下才能进行光合作用,并产生生长素以促进生根,但由于其已从母体分离,故应当适当遮阴,一般遮阴度以 70%为宜。生根后可逐渐增加光照。

氧气也是插穗生根必需的,故要注意保持扦插基质的疏松透气,及时通风换气。

5. 促进生根和扦插

(1)植物生长素处理 促进扦插生根的方法很多(见前述),目前植物生长素在生产上已广泛应用。栽培中常用的有吲哚乙酸、吲哚丁酸、萘乙酸及 2,4-D 等。应用方法也很多,如粉剂处理、液剂处理、脂剂处理、采条母株的喷射或注射处理以及扦插基质的处理等。在花卉栽培中,采用粉剂处理最为方便。一般方法是:将生长素混入滑石粉、木炭粉、面粉或豆粉中,其中以滑石粉应用最为普遍。应用时将插穗基部蘸一些此粉后,再行扦插。混入生长素的量视扦插种类及扦插材料而异:吲哚乙酸、吲哚丁酸及萘乙酸等应用于易生根的插穗,其浓度为 500~2 000 mg/kg。对于软枝扦插及半硬材扦插等生根较难的插穗,应为 10 000~20 000 mg/kg。

(2)扦插 休眠期扦插多在春季萌动之前,插穗较硬,插入的深度通常为插穗的 1/2~2/3;生长期扦插的插穗通常为半硬枝或嫩枝,插入的深度一般为 1/3~2/5,为防止嫩枝插穗过度弯曲损坏,可用小木签钻洞,然后插入并小力捏实即可。

6. 养护管理

(1)湿度调节 无论是在露地还是在棚室内扦插,都要注意观察温度,使之保持在 20~28℃,温度过高,可通过遮阴、适当通风和喷雾调节;温度过低,可通过覆盖调节。

(2)浇水 扦插后保持土壤及空气的湿润是提高成活率的关键。无论是露地扦插,还是温床扦插,插后都必须立即灌水,露地扦插后一周内每天最少浇水一次,1~2 周期间可隔 1~2 天浇水一次,以后浇水的间隔可再延长。生根后灌水间隔延长,但每次的灌溉量要逐渐加大。

温床扦插可在插后两三周内每日喷水 4 次,自早七点开始,每隔 3~4 小时喷一次。苗床必须密闭保温保湿,待 3~4 周后已经生根时,可减少喷水次数。最简单的方法是用手抓一把基质,握紧,指缝不滴水,手松开后基质不散开或稍有裂缝,表明基质含水量适宜。

(3)排水 露地扦插育苗在雨季要注意排除积水。

(4)移植 沙床扦插苗木生根后(插后约 30~40 天),要移出扦插床。若是移于露地,最初一周应加遮阴设施,勤于灌溉。

(5)追肥 插于露地或移至露地业已生根的苗株,新枝生长到一定程度后可以适当追施淡薄液肥3~5次,促其加速生长。

★花卉扦插繁殖实例:非洲菊切花栽培

非洲菊是菊科非洲菊属的多年生常绿草本,又名扶郎花,原产南非。

【形态特征】　非洲菊为多年生草本。全株被细毛,基生叶多数,长椭圆状披针形,羽状浅裂,叶缘具疏齿,叶背具长毛。头状花序单生于长茎顶端,舌状花1~2轮,橘红色,条状披针形。

【生物学特性】　喜温暖、湿润和阳光充足环境。生长适温为20~25℃,夜间14~16℃,温差为1~4℃,开花适温不低于15℃,冬季休眠期适温为12~15℃,低于7℃则停止生长,低于0℃,则产生冻害;若温度高于30℃,生长受阻,开花减少。对光周期反应不敏感,自然日照的长短对开花数量和花朵质量没有影响。喜肥沃,疏松的腐叶土和pH 6~7的微酸性土壤。切忌黏重土壤,在中性或微碱性土壤中也能生长,但在碱性土壤中,叶片易产生缺铁症状。

非洲菊的花期调控比较容易,只要保持室温在12℃以上,植株就不进入休眠,能继续生长和开花。

【繁殖方法】　常用播种、分株、扦插和组培繁殖。

播种繁殖:非洲菊为异花授粉植物,自交不孕,其种子后代必然会发生变异。播种繁殖常用于育种。春播3~5月份,秋播9~10月份,最好种子成熟后立即播种。发芽适温18~20℃,播后7~10天发芽,种子发芽率为50%左右,种子寿命短。盆土过湿,易罹病倒苗。播后60~70天,苗具2~3片真叶时移植10 cm盆。定植后2~3个月可见开花。

分株繁殖:3~5月份进行。先托出母株,把地下茎分切成若干子株,每株子株须带新根和新芽,盆栽不宜过深,根芽必须露出土面。不带根的新芽,则难以成活。

扦插繁殖:将健壮植株挖出,截取根部粗壮部分,去除叶片,切去生长点,保留根颈部,种在泥炭中,保持室温22~24℃,相对湿度70%~80%,从根颈部会长出叶芽和不定芽形成插穗。一株母株可反复剪取插穗3~4次,可采插穗10~20个。插入沙床中,约3~4周可生根。当年扦插的新株当年能开花。

组培繁殖:目前荷兰、美国、日本、德国等国采用叶片、未受精胚珠、花芽、茎顶、根茎等材料作外植体。芽分化培养基用MS培养基加2 mg/L 6-苄氨基腺嘌呤和0.5 mg/L 吲哚乙酸。继代培养增殖培养基用MS加10 mg/L 激动素,长根培养基为1/2 MS加0.03 mg/L 萘乙酸。非洲菊外植体诱导出芽后,经过4~5个月的试管增殖,就可以繁育成批试管幼苗,并投入规模生产。

【生产栽培要求】

(1)定植　宜作高畦或堆砌种植床,高度应达30~40 cm。常用高畦法种植,畦面宽50~60 cm,株距25~30 cm,行距30~40 cm,共2行,这样既利于排水,也能使叶片充分展开。非洲菊宜种在潮湿土上,由于它具有"收缩根",因此不能种得太深,正常要求不能将生长点埋于土面之下。定植后立即浇水以提高相对湿度,浇灌或利用喷雾设施均可保持土壤一定的湿度,直至发出足够叶片能实行自我调节为止。定植初1个月,温度不要低于15℃,以20~22℃为宜,光强也不能超过4.5万 lx。

(2)温湿度管理　非洲菊在生产栽培中至少应保持在16℃以上的常年温度,并避免昼夜温差过大,夜温通常比白天低2~3℃。灌溉水温也很重要,一般最低水温为15℃。最佳湿度为 70%～85%。因此应注意室内的充分通风。

（3）肥水管理　　由于非洲菊忌土壤高盐，通常不宜大量施用基肥，因非洲菊周年开花，本身耗肥量大，因此生育期应不断追肥，非洲菊追肥最佳模式为营养液滴灌（非洲菊的营养类型属于氮钾型，肥料以复合肥为主，是最适宜于用无土栽培的切花种类）。除大量元素之外，微量元素也应定期供给。非洲菊生长量大，须经常浇水以保证植株需求。浇水时要特别注意叶丛中心不能积水，以防烂花芽；浇水时间最好在清晨或日落后 1 h；浇水量则视天气和土壤情况而定，冬季和阴天尽量避免浇水过多，每年的浇水量大致为每平方米 550～650 L。

（4）剥叶　　非洲菊除幼苗期外，整个生长期为营养生长与生殖生长同时进行，即一边长叶，一边开花。因此，协调两种生长之间的矛盾，是提高其出花率及品质的关键。其中重要的措施就是在整个生育期要经常不断地合理剥叶，剥叶不仅可以减少老叶对养分的消耗，促使新叶萌发，还可以加强植株的通风透光，减少病虫害，更重要的是可以促使植株由营养生长及时转向生殖生长。正确剥叶方法是：

①剥去植株的病叶与发黄的老叶。

②剥去已被剪去花的那张老叶（从理论上讲，非洲菊每张功能叶均能开一枝花）。

③根据叶数来决定剥叶。一般 1 年以上的植株约有 3～4 分株，每分株应留 3～4 张功能叶，整株就有 12～14 张功能叶。多余的叶片要在逐个分株上剥去。

④将重叠于同一方向的多余叶片剥去，使叶片均匀分布。

⑤如植株中间有密集丛生的多新生小叶，功能叶相对较少时，应适当摘去中间部分子叶，保留功能叶，以控制过旺的营养生长，同时让中间的幼蕾能充分采光，这对花蕾的发育相当重要。

（5）疏蕾　　其目的是提高切花品质，使花枝更具商品性。疏蕾的方法是：①当同一时期植株上具有 3 个以上发育程度相当的花蕾时，为避免养分分散，应将多余的花蕾摘除，以保证主花蕾开花。②幼苗刚进入初花期时未达到 5 张以上的功能叶或叶片很小，应将花蕾摘除，不让其开花。③当夏季切花廉价时，应尽量少出花，以蓄积养分，利于冬季出好花。

（6）病虫害防治

①非洲菊的主要病害有灰霉病、白绢病、菌核病等，多为真菌引起，可通过土壤消毒、降低空气湿度和定期喷施杀菌剂等防治。

②虫害有跗线螨、蚜虫、红蜘蛛、潜叶蝇、线虫等。此外，病虫害的防治还应注意保护地的田间的卫生。

（7）采收与保鲜　　适期采收：切花的采收期应掌握在花茎挺直、外轮舌状花瓣平展时进行。最适宜的采花时间在清晨或傍晚。采收后不能缺水，应立即插入水或保鲜液中，使之吸足水分。可用湿贮方法，在相对湿度 90%，温度 2～4℃条件下，可保存 4～6 天，而干贮则有 2～3 天保鲜期。采收后可套塑料袋，保持花型。

◆思考题

1. 如何配制扦插基质？

2. 简述促进扦插生根的方法。

3. 温室嫩枝扦插如何避免插穗根系腐烂？

4. 露地扦插如何调控环境条件？

5. 试拟订一串红扦插技术方案。

课题4　温室盆栽花卉的生产

◎**学习目标**

了解温室花卉的繁殖方法;掌握温室盆栽花卉养护管理的主要工作内容和方法;能独立完成温室盆栽花卉养护管理全过程的操作。

◎**教学与实践过程**

一、工具和材料准备

工具:修枝剪、喷壶、花铲、筛子、碎瓦片、竹片、小铁耙等。

材料:本地区常见花卉植物3~5种各若干株,营养土、花盆、肥料、绑扎材料等。

二、盆栽花卉基本知识

(一)温室花卉的概念

温室花卉是指当地常年或在某段时间内,须在温室中栽培的观赏植物。温室的环境条件,可部分或全部由人工控制。温室栽培分地栽、盆栽和无土栽培3种方式。生产上以盆栽为主要形式。

(二)温室花卉的种类及其繁殖方法

(1)一、二年生花卉　一般以播种繁殖为主,也可以用扦插繁殖。

(2)宿根花卉　一般用播种、分株、组织培养的方法。也可以用扦插繁殖法。

(3)球根花卉　一般采用播种、分球、分割块茎繁殖的方法。也可以用扦插繁殖法。

(4)多浆类植物　一般采用扦插、嫁接、播种繁殖的方法。

(5)蕨类植物　以分株繁殖为主,也可以采用播种孢子、分栽块茎繁殖的方法。

(6)兰科植物　一般采用分株繁殖的方法,也可以采用播种、组织培养的繁殖方法。

(7)水生花卉　一般采用分株繁殖的方法,也可以采用播种繁殖的方法。

(8)花木类　一般采用扦插、播种、压条的繁殖方法。也可以采用嫁接、分生的繁殖方法。

(三)盆栽植物的选择

盆栽植物的选择一般是根据生产设施、技术水平和市场需要而定,此外,还要考虑下列因素:

(1)从应用方面看　盆栽植物的植株要优美,株高相对适中,能与花盆相协调,同时能适应多种场合的装饰和应用。

(2)从植物习性看　盆栽植物的抗性和适应性要强,并且对温度、光照和水分等环境条件要求不特别严格的花卉种类。

(3)从养护要求看　应该对养护要求较低、管理措施较为简单的植物种类。

(四)花盆的选择

花盆种类较多,从材料上分有瓦盆、塑料盆、陶盆、木盆、瓷盆、竹制花盆、水泥盆和玻璃钢花盆等。通用的花盆为素烧泥盆或称瓦盆,这类花盆通透性好,适于花卉生长,价格便宜,花卉生产中广泛应用。此外应用的还有紫砂盆、水泥盆、木桶以及作套盆用的瓷盆等。

(五)盆栽形式

1. 根据植物姿态及造型分类

可分为直立式、散射式、垂吊式、图腾柱式及攀缘式等类。

(1)直立式盆花　植物本身姿态修长、高耸，或有明显挺拔的主干，可以形成直立性线条。直立式盆栽常用作装饰组合的背景或视觉中心，以增强装饰布局的气势。体量大的如盆栽南洋杉、龙柏、龙血树，小型的如旱伞草等。

(2)散射式盆花　植株枝叶开散，占有的空间大，多数观叶、观花、观果的植物属此类。适于室内单独摆放，或在室内组成带状或块状图形。大型的如苏铁，小型的如月季、小丽花。

(3)垂吊式盆花　茎叶细软、下弯或蔓生花卉可作垂吊式栽培，放置室内几架高处，或嵌放在街道建筑的墙面，使枝叶自然下垂，也可栽于吊篮挂窗前、檐下，其姿态潇洒自然，装饰性强。如吊兰、吊金钱、常春藤、鸭跖草和蔓性天竺葵等。

(4)图腾柱式盆花　对一些攀缘性和具有气生根的花卉如绿萝、黄金葛、合果芋、喜林芋等，盆栽后于盆中央直立一柱，柱上缠以吸湿的棕皮等软质材料，将植株缠绕附在柱的周围，气生根可继续吸水供生长需要，全株型直立柱式，高时可达 2～3 m，装饰门厅、通道、厅堂角隅，十分壮观。小型的可装饰居室角隅，使室内富有生气。

(5)攀缘式盆花　蔓性和攀缘性花卉可以盆栽后经牵引，使附覆于室内窗前墙面或阳台栏杆上，使室内生气盎然。

2. 根据盆花植物组成分类

可分为独本盆栽、多本群栽、多类混栽。

(1)独本盆栽　指一个盆中栽培一株，通常是栽种本身具有特定观赏姿态特色的花卉。也是传统应用最多的方式。如菊花、仙客来、瓜叶菊、彩叶凤梨、茶花等。独本盆栽适于单独摆放装饰或组合成线状花带。

(2)多本群栽　相同的植物在同一容器内的栽植。对一些独本盆栽时体量过小及无特殊姿态的花卉或极易分蘖的花卉适于多本群栽，可形成群体美。例如鹤望兰、广东万年青、秋海棠、虎尾兰、文竹和葱兰等。

(3)多类混栽　又称组合栽培，是目前较流行的一种盆栽形式。即将几种对环境要求相似的小型观叶、观花、观果花卉组合栽种于同一容器内形成色调调和、高低参差、形式相称的小群体，或再用匍匐性植物衬托基部，模拟自然群落的景观，成为缩小的"室内花卉"。

(六)盆栽花卉施用的肥料种类与用途

1. 有机肥

(1)饼肥　为盆栽花卉的重要肥料，常用作追肥，有液施和干施之分。液肥配制的体积比为：饼肥末 2 份，加水 10 份，另加少量过磷酸钙，腐熟后为原液，施用时，按花卉种类加以稀释。需肥较多的生长强壮的花卉，原液加水 10 倍施用；花木及野生花卉，原液加水 20～30 倍施用；高山花卉、兰科植物，原液加水 100～200 倍施用。作干肥施用时，加水 4 成使之发酵，而后干燥，施用时埋入盆边的四周，经浇水慢慢分解供应养分。

(2)人粪尿　大粪充分腐熟后，晒干压碎过筛，制成粪干末，粪干末与营养土混合可作基肥，混合的标准大致是：小苗宜混入 1 成，一般草花 2 成，木本花卉 3 成。烘干末又要作追肥，混入盆土表面，或埋入盆边四周。用作液肥施用，易被植物吸收，即人粪尿加水 10 倍，腐熟后取其清液施用。

(3)牛粪　牛粪充分腐熟后,取其清液用作盆花追肥。

(4)油渣　榨油后的残渣,一般用作追肥,混入盆土表面,特别适用于木本花卉。液施把牛粪加水腐熟后,取其清液作追肥。

(5)米糠　含磷素较多,应混入堆肥发酵后施用,不可直接用作基肥。

(6)鸡粪　鸡粪含水少,含磷多,适用于各种花卉,施用前,混入土壤1～2成,加水湿润,发酵腐熟,可作基肥,亦可加水50倍作液肥。

(7)蹄片和羊角　为良好的迟效肥,通常放在盆底或盆边作基肥,不能直接与根系接触,两者都可加水发酵,制成液肥,适用于各种盆花的追肥。

2. 无机肥

(1)碳酸铵　温室月季、菊花等都可应用,但施用量切勿过多。碳酸铵仅适用于幼苗生长,一般用作基肥时1 m² 放30～40 g,液肥施用量需加水50～100倍浇施。

(2)过磷酸钙　温室切花栽培施用较多,常作基肥施用,每1 m² 放40～50 g,作追肥时,则加水100倍施用。由于过磷酸钙易被土壤固定,可以采用2%的水溶液进行叶面喷洒。

(3)硫酸钾　切花及球根花卉需要较多,基肥用量为1 m² 放15～20 g,追肥用量为1 m² 放2～7 g。

三、温室盆栽花卉生产规程

1. 营养土的配制

(1)培养土配制的原则　室内或温室花卉大多数栽植在盆内。由于花盆体积有限,有些花卉植物的生长期又长,所以一方面要求营养土有足够的营养物质,另一方面要求其空隙适当,有一定的保水功能和通气性,因此需要人工配土,这种混合土称为营养土。花卉种类繁多,生长习性各异,对营养土的成分及其理化性质的要求也有不同。营养土配制的一般原则是根据植物的生长习性及其对土壤的要求,将两种或多种基质进行科学合理的调和配制,使盆土透气、透水,且氮、磷、钾及微量元素的量和比例符合植物生长发育的需要,以保证盆栽花卉正常生长发育。

(2)常用花卉营养土的组成　花卉营养土的组成与前述扦插基质的类别基本相同,因盆栽花卉的应用非常广泛,所用营养土的组成材料也更加丰富。除前述所提到的园土、腐叶土、沙子、蛭石、草炭土、珍珠岩、山泥、草木灰等以外,岩棉、甘蔗渣、陶粒也有十分广泛的应用。

岩棉:是60%辉绿岩和20%石灰岩的混合物,再加入20%的焦炭,在约1 600℃的温度下熔化制成。熔融的物质喷成0.05 mm 的纤维,用苯酚树脂固定,并加上吸水剂。容重为100 kg/m³,总孔隙为96%。岩棉空隙度均匀,因此,可以根据岩棉块的高度,调节岩棉块中水分和空气的比例。新岩棉的pH 比较高,加入适量酸,pH 即可降低。岩棉块有两种类型的制品,一种能排斥水的称格罗丹蓝,另一种能吸水的称格罗丹绿。

陶粒:是黏土经煅烧而成的大小均匀的颗粒。不会致密,具有适宜的持水量和阳离子代换量。陶粒在盆栽介质中能改善通气性。无致病菌,无虫害,无杂草种子。容重为500 kg/m³,不会分解,可以长期使用。虽然按体积比100%陶粒可以用作栽培介质,但一般作为盆栽介质只用占总体积的20%左右的陶粒。

（3）常用培养土的配方　通常盆栽介质是由两种以上的介质按一定比例配合而成的。配合起来的介质在理化性质上比单独的要好。选择介质时因花卉的种类、介质材料和栽培管理经验不同，不可能有统一的介质配方，但其总的趋向是要降低介质的容重，增加总孔隙度和增加空气和水分的含量（任何材料若和土壤混合，要显示该材料的作用，用量至少等于总体积的1/3～1/2）。下面简单介绍几种盆栽介质配制方法：

①扦插成活苗上盆用土：粗珍珠岩2份、壤土1份、腐叶土1份。或沙子2份，园土4份，腐叶土4份。

②移植小苗用土：蛭石1份、壤土1份、腐叶土1份。

③一般盆栽用土：蛭石1份、壤土1份、腐殖质土1份、干燥腐熟厩肥0.5份。

④较喜肥的盆花用土：蛭石2份、壤土2份、腐殖质土2份、干燥腐熟厩肥和适量骨粉0.5份。

⑤木本花卉上盆用土：蛭石2份、壤土2份、泥炭2份、腐叶土1份、干燥腐熟厩肥0.5份。

⑥仙人掌和多肉植物用土：蛭石2份、壤土2份、细碎盆粒1份、腐叶土0.5份、适量骨粉和石灰。或壤土2份，粗沙2份，木炭屑2份，草木灰2份，骨粉1份。

⑦球根类花卉用土：园土4份，腐叶土或泥炭土2份，干牛粪1份，沙子2份，骨粉1份。

2. 营养土的消毒

为保证花卉健康生长，达到增产多收的目的，培养土力求清洁，因土壤中常存有病菌孢子和虫卵及杂草种子，培养土配制后，要经消毒才能使用。消毒的方法有：

（1）日光消毒　将配制好的培养土薄薄地摊在清洁的水泥地面上，暴晒2天，用紫外线消毒，第3天加盖塑料薄膜提高盆土的温度，可杀死虫卵。这种消毒方法不严格，但有益的微生物和共生菌仍留在土壤中。兰花培养土多用此法。

（2）加热消毒　盆土的加热消毒有蒸汽、炒土、高压加热等方法。只要加热80℃，连续30 min，就能杀死虫卵和杂草种子。如加热温度过高或时间过长，容易杀死有益微生物，影响它的分解能力。

（3）药物消毒　药物消毒主要用5%福尔马林溶液或5%高锰酸钾溶液。将配制的盆土摊在洁净地面上，每摊一层土就喷一遍药，最后用塑料薄膜覆盖严密，密封48 h后晾开，等气体挥发后再装土上盆。

3. 上盆

把繁殖的幼苗或购买来的苗木，栽植到花盆中操作。此外，如露地栽植的植株移到花盆中也是上盆，如图2-4-1所示。步骤如下：

图 2-4-1　上盆示意图

(1)选盆 按照苗木的大小选择合适规格的花盆。注意栽植用盆与上市用盆的差异。栽植用盆一定要有较好的通气性。如用旧盆要洗刷干净晒干再用;如用新瓦盆应浸泡1~2天再用。

(2)盖排水孔,作排水层 上盆时,若用瓦盆,须将盆底排水孔用碎盆片或瓦片盖住,以免基质从排水孔流出,以利排水。盖住盆孔后,若花盆较大可以先在盆底垫一些基质粗粒以及一些煤渣、粗沙等;小盆可以直接填基质。若用塑料盆,因其盆底孔较小,不必放碎瓦片,可以直接栽苗,或者铺一层基质粗粒。通常的做法是:用碎瓦片或纱窗网盖住排水孔,凹面向下;用粗沙粒、煤渣或小石砾等作排水层,增加透气、排水性,防止烂根。如图2-4-2所示。

(3)填培养土、取苗栽植 填培养土按图2-4-3的顺序进行。栽苗时,盆中先加少量栽培基质,然后将花苗放入盆的中央,扶正,在排水层上填一层营养土。植苗时,用左手持苗,放于盆口中央适当的位置,扶正,右手填营养土,沿盆周加入基质。当基质加到盆的一半时,将花苗轻轻上提,使根系自然舒展,然后再继续填入基质,直至基质填满花盆时,轻轻震动花盆,使基质下沉,再用手轻压植株四周和盆边的基质,使根系与基质紧密相接。

花苗栽好后,基质离盆缘应保留2~3 cm的距离,以便日后灌水施肥之用。

图 2-4-2 盖排水孔,作排水层　　　　图 2-4-3 填培养土(先填土,再施基肥,后填土)

(4)浇水 用喷壶充分灌水、淋洒枝叶,放置于遮阴处缓苗数日。待苗恢复生长后,逐渐见光进入正常管理。

4. 换盆

把盆栽植物换入另一花盆中去的操作叫换盆。

换盆的3种情况如下。

①小苗长大,根系无法伸展,要换大盆;

②因多年养植,盆土养分丧失,物理性质恶化,换土可不换盆;

③植株根系老化,为修整根系和更换营养土而换盆,盆的大小可以不变。

换盆时间:换盆时间随植株的大小和发育期而定,一般安排在3~5片真时、花芽分化前和开花前。开花前的最后一次换盆称为定植。一、二年生花卉生长迅速,从播种到开花要换盆3~4次。

多年生草本花卉多为一年一换盆、木本花卉2~3年换一次。

换盆的操作步骤:

①扣盆取出土球:换盆时一手托住植株基部,将盆提起倒置,另一手以拇指通过排水孔下按,土球即可取出。如植株较大,应由2人合作完成。其中一人用双手将植株的根颈部握住,另一人用双手抱住花盆,在木凳上轻磕盆沿,将植株倒出。

②整理土球,修根修枝叶:宿根及球根类去除原土球部分土,并剪去盆边老根,有时结合分株。木本花卉适当切除原土球,并进行适度修根或修剪枝叶。树液极易通过伤口外流的种类可不行修剪。

③选取并清洁花盆。

④盖排水孔,作排水层。

⑤填培养土,取苗修剪根系或分株等,再栽入盆中。

⑥立即浇透水,以后为保持盆土湿润,浇水可多次少量,待新根生长后,再逐渐增加灌水量。

⑦置阴处缓苗数日,再渐见光。

5. 盆花摆放

喜光花卉应靠近光线充足的透光屋面,但要与透光屋面保持一定的距离,防止灼伤或冻伤盆花的顶部或花蕾。耐阴或对光照要求不严格的花卉置于保护地后部或半阴处。一般矮株摆放在前,高株摆放在后。喜温花卉靠近热源,耐寒花卉可靠近门或侧窗。

6. 转盆

转动花盆的方向。一般每隔20~40天转盆一次。转盆可防止根系扎到土壤中,也可防止由于植物趋光性而出现偏向生长的现象。

7. 倒盆

经过一段时间后,将温室内摆放的花盆调换摆放位置。目的有两个:一是使不同的花卉和不同的生长发育阶段得到适宜的光、温度和通风条件;二是随植株的长大,调节盆间距离,使盆花生长均匀健壮。通常倒盆与转盆结合进行。如图2-4-4所示。

图2-4-4 倒盆(左:倒盆前,右:倒盆后)

8. 松盆土

经不断浇水,盆土表面往往板结,伴生有青苔,严重影响土壤的气体交换,不利于花卉的生长。因此要用竹片、小铁耙等工具疏松盆土,以促进根系发展,提高施肥肥效。

9. 盆花施肥

温室花卉在上盆和换盆时,常施以基肥,而生长期施以追肥。基肥施入量不应超过盆土总量的20%,可与培养土混合后均匀施入。追肥以薄肥勤施为原则,通常以沤制好的饼肥、油渣为主,也可用化肥或微量元素追施或叶面喷施。叶面喷施时有机液肥的质量浓度不宜超过5%,化肥的施用质量浓度一般不超过0.3%,微量元素质量浓度不超过0.05%。

施肥一般在晴天进行。施肥前先松土,待盆土稍干后再进行。施肥后立即用水喷洒叶面,以免残留肥液污染叶片,第二天务必浇一次水。生长旺盛时期多施,休眠期少施。根外追肥通常应在中午前后喷洒,不宜在低温下进行;另外,由于气孔多分布于叶背面,叶背吸肥力强,因此液肥应多喷于叶背面。盆栽花卉的用肥应合理配合配施,否则易发生营养缺乏症。苗期以营养生长为主,需要多施氮肥;花芽分化和孕蕾期需要多施磷、钾肥;观叶植物不能缺氮;观茎植物不能缺钾;观花和观果植物不能缺磷。

10. 盆花浇水

浇水原则:间干间湿。盆土见干才浇水,浇水就浇透。切忌多次浇水不足,只湿及表土,形成"截腰水"。浇水方式:用喷壶喷水(有喷头);用喷壶浇水(无喷头);浸水;浸泡。水质:雨水最好,可供饮用的地下水、湖水、河水也可作盆花用水。

关于盆花浇水,要根据不同情况进行。一般要考虑如下因素:

(1)花卉种类不同需水量不同 蕨类植物、兰科植物要求丰富的水分,则需水量多;多浆植物要求水分较少,则需水量少。

(2)生育期不同需水量不同 休眠期少浇水或不浇水,从休眠期进入生长期浇水量逐渐增加;旺盛生长期而水量充足,多浇水;开花期减少浇水,盛花期适当增多,结实期减少。

(3)不同季节需水量不同 春季浇水量应多于冬季,春季一般草花每隔1~2天浇一次,花木类3~4天浇一次。夏季增加浇水量,注意早晚浇水。秋季转凉,浇水量减少至2~3天浇水一次。冬季针对与不同温度的温室浇水量不同,低温温室的盆花每4~5天浇水一次,中温及高温温室的盆花每1~2天浇水一次,在日光充足而温度较高之处,浇水要多些。

(4)花盆与植株大小不同需水量不同 小盆或植株较大的盆干燥快,需浇水次数多一些。

浇水多用喷壶在春、夏、秋三季室外盆花养护阶段使用,浇水以渗水快、不积水、半干水为宜。

喷水是对一些生长缓慢或要求空气湿度较大的植物进行全株或叶面喷水。一些花卉小苗必须用极细的喷壶进行喷水。

找水是指寻找个别的缺水植株,对它们进行补充浇水,以免发生凋萎,多在室外进行,冬季养护阶段也多采用。

放水是指生长旺季结合施肥加大浇水量,以满足枝叶生长需要。

勒水是指连阴久雨或浇水量过大时,为防止根系缺氧腐烂,应停止浇水而进行松土,待盆干后再浇水。

扣水是在换盆后,根系修剪或损伤处尚未愈合时,或花式分化及盆栽入室前后,少浇水或不浇水。

此外,植株已因干旱脱水时,切勿浇大水而应放阴处稍浇些水后,待枝叶恢复原状后再浇透水。如植株发生涝害时,则应使植株脱盆,将土团置阴凉通风处,3~5天后再重新上盆。盆花浇水时间一般在早晨或晚上,冬季温室浇水以上午9时至10时为宜。

11. 整形修剪

整形常用的方法有绑扎、做弯和捏形等,有时为了造型可设立各种形状的支架或采用多盆在一起造型。

修剪,按进行修剪的时期不同,可分为生长期修剪和休眠期修剪。生长期修剪幅度要轻些,而休眠期修剪可适当加重。

★温室盆栽花卉生产实例一:瓜叶菊盆花生产

【形态特征】 多年生草本,常作一、二年生栽培。全株被毛,茎直立,株高20～60 cm。叶大,心脏状卵形,掌状脉,叶缘具多角状齿或波状齿。头状花序多数簇生成伞房状,花序外围舌状花,中央筒状花。栽培品种花色丰富。花期11月份至翌年5月份。瘦果小,纺锤形,4～6月份成熟。种子寿命可保持3年。

【产地与分布】 原产非洲北部,大西洋上的加那利群岛。

【生长习性】 喜凉爽气候,惧严寒,忌高温高湿。生长适温10～15℃,要求光照充足,短日照促进花芽分化,长日照促进花蕾发育。喜疏松肥沃的沙质壤土。pH值6.5～7.5为宜。

【繁殖与栽培】 播种为主,可扦插。

1. 繁殖

(1)播种 播种期视需花期而定。不同品种从播种到开花的时间差异较大。"温馨"、"喜洋洋"等品种一般需120～150天。所以通常在8～9月份播种。

早花品种:5～6个月开花,3月份播:元旦开花(12月中下旬)。

一般品种:7～8个月开花,5月份播:春节开(1月份至2月下旬)。

晚花品种:10个月开花,8～9月份播4～5月份开花(五一开花)。

(2)扦插 多于5～6月份,选取花后生长充实的腋芽,剪成6～8 cm的插穗,摘除基部大叶,留2～4枚嫩叶进行扦插。约20～30天生根。温度20～25℃可促进开花;4～10℃可延缓开花。

撒播法,以多沙土为宜(腐叶土3+壤土1+河沙1),消毒、覆土宜薄,盆浸法灌水,盆上盖玻璃(一边垫起),温度21℃。

2. 栽培

(1)三次移栽(移植) 真叶2～3片时移第一次(5 cm×5 cm株行距);真叶5～6片移第二次(上盆d=7 cm),土=腐叶土2+壤土2+河沙1;根满盆时定植(上盆d=13～17 cm),土=腐叶土2+壤土3+河沙1。

(2)施肥 第一次移苗后施稀薄液肥1次;第二次移苗后每1～2周施1次,浓度增加;第三次定植后施豆饼、骨粉、过磷酸钙等基肥。

(3)越夏 播种期要尽量避开高温期,早播苗置于阴棚下栽培。叶面喷水,地面洒水降温,通风。

(4)花期调控 花芽分化前2周停肥、控水。一方面限高生长,使株型紧凑;另一方面提高细胞液浓度促花芽分化并日照控制。现蕾后,长日照、提高温度、催花、多浇肥、少水。

(5)病虫害防治 虫害有蚜虫、红蜘蛛(前者春季、后者秋季),可用1 500～2 000倍液乐果;白粉病(夏秋季),可用1 000倍液托布津、2 000倍液代森铵。

【园林用途】 瓜叶菊花色艳丽,具有一般室内花卉少有的蓝色花。人工调节花期,从12月份到翌年5月份都可开花,已成为元旦、春节、"五一"等节日布置的主要花卉。星型品种适作切花,用它制作花篮或花圈。

★温室盆栽花卉生产实例二:四季报春盆花生产

【形态特征】 多年生宿根低矮草本,作一、二年生栽培。株高20～30 cm,根状茎褐色叶基生,椭圆形至长卵圆形。花葶自基部抽出,每株可抽生4～6枝,伞形花序顶生,小花多数,花瓣5枚,花色有紫、玫红、粉红等色。种子圆形,细小,深褐色。

【产地与分布】　原产于我国西南部。

【生长习性】　喜排水良好、多腐殖质的土壤,较耐湿。苗期忌强烈日晒和高温,喜温暖通风的环境。花期1～5月份。

【繁殖与栽培】　播种期6～9月份。6月下旬播种,生长好,但气温高,成苗率差,必须注意遮阴;8～9月份播种,管理方便,但植株生长矮小,需加强管理。播后1周,种子出芽,2～3叶时第一次上盆,以后逐渐换入大盆中,注意室内通风干燥,除冬季外,均须遮去日中强光。播后约6个月能开花。开花期,宜适当增施肥料。

结实期间,注意室内通风,5～6月份种子成熟,随熟随采收。果实不可暴晒,以免种子丧失发芽力。

如保留宿根,在花后将其移于室内通风阴凉处,保持湿润,使之进入半休眠状态。9～10月份气候转凉,将经过半休眠之报春花重新翻盆,浇水养护,可在温室内重新萌发新叶,当年12月份就能开花。

◈ 思考题

1. 温室花卉怎样上盆?

2. 为什么要换盆?怎样进行换盆操作?

3. 盆栽花卉怎样施肥和浇水?

4. 试述温室花卉的浇水有哪些情形。

5. 常用的盆土配方有哪些?使用于什么植物类型?

6. 盆栽植物选择的原则是什么?

7. 常见的盆栽形式有哪些?

8. 盆花生产中如何选择花盆?

课题5　球根花卉的生产

◈ 学习目标

了解球根花卉的种类和特点;掌握不同类型球根花卉繁殖与生长习性;能独立正确进行球根花卉的繁殖生产工作。

◈ 教学与实践过程

一、工具和材料准备

工具:栽植箱、栽植盆、贮藏箱、消毒药品、除草剂、支柱、切割刀、喷壶、铁锹、剪刀、温度计、湿度计、遮阳网等。

材料:美人蕉、鸢尾、百合等。

二、球根花卉生产基本知识

(一)球根花卉的种类和特点

1. 球根花卉的含义

球根花卉其植株地下部分变态膨大,有的在地下形成球状物或块状物,贮藏了较多养分,植物学上称为根茎、球茎、鳞茎、块茎等,园林植物生产中总称为球根。在球根类花卉进入休眠后,可将其球根挖出,贮藏在适宜的条件下。由于球根贮藏着大量营养,保存着芽体或生长点,多数球根在贮藏期间进行花芽分化。

2. 球根花卉的类别与特征

根据球根的来源和形态可分为:

(1)球茎类 地下茎短缩膨大呈实心球状或扁球形,其上有环状的节,节上着生膜质鳞叶和侧芽;球茎基部常分生多数小球茎,称子球,可用于繁殖,如唐菖蒲、小苍兰、番红花等。

(2)鳞茎类 茎变态而成,呈圆盘状的鳞茎盘。其上着生多数肉质膨大的鳞叶,整体球状,又分有皮鳞茎和无皮鳞茎。有皮鳞茎外被干膜状鳞叶,肉质鳞叶层状着生,故又名层状鳞茎。如水仙及郁金香。无皮鳞茎则不包被膜状物肉质鳞叶片状,沿鳞茎中轴整齐抱合着生,又称片状鳞茎,如百合等。有的百合(如卷丹),地上茎叶腋处产生小鳞茎(珠芽),可用以繁殖。有皮鳞茎较耐干燥,不必保湿贮藏;而无皮鳞茎贮藏时,必须保持适度湿润。

(3)块茎类 地下茎或地上茎膨大呈不规则实心块状或球状,上面具螺旋状排列的芽眼,无干膜质鳞叶。部分球根花卉可在块茎上方生小块茎,常用之繁殖,如马蹄莲等;而仙客来、大岩桐、球根秋海棠等,不分生小块茎;秋海棠地上茎叶腋处能产生小块茎,名零余子,可用于繁殖。

(4)根茎类 地下茎呈根状膨大,具分枝,横向生长,而在地下分布较浅。如大花美人蕉、鸢尾类和荷花等。

(5)块根类 由不定根经异常的次生生长,增生大量薄壁组织而形成,其中贮藏大量养分。块根不能萌生不定芽,繁殖时须带有能发芽的根颈部,如大丽花和花毛茛等。

此外,还有过渡类型,如晚香玉,其地下膨大部分既有鳞茎部分,又有块茎部分。

(二)球根花卉的生长习性

球根花卉系多年生草本花卉,从播种到开花,常需数年,在此期间,球根逐年长大,只进行营养生长。待球根达到一定大小时,开始分化花芽、开花结实。也有部分球根花卉,播种后当年或翌年即可开花,如大丽花、美人蕉、仙客来等。对于不能产生种子的球根花卉,则用分球法繁殖。

球根栽植后,经过生长发育,到新球根形成、原有球根死亡的过程,称为球根演替。有些球根花卉的球根一年或跨年更新一次,如郁金香、唐菖蒲等;另一些球根花卉需连续数年才能实现球根演替,如水仙、风信子等。

球根花卉有两个主要原产地区。一是以地中海沿岸为代表的冬雨地区,包括小亚细亚、好望角和美国加利福尼亚等地。这些地区秋、冬、春降雨,夏季干旱,从秋至春是生长季,是秋植球根花卉的主要原产地区。秋天栽植,秋冬生长,春季开花,夏季休眠。这类球根花卉较耐寒、喜凉爽气候而不耐炎热,如郁金香、水仙、百合、风信子等。另一是以南非(好望角除外)为代表的夏雨地区,包括中南美洲和北半球温带,夏季雨量充沛,冬季干旱或寒冷,由春至秋为生长季。春季栽植,夏季开花,冬季休眠。此类球根花卉生长期要求较高温度,不耐寒。春植球根花卉一般在生长期(夏季)进行花芽分化;秋植球根花卉多在休眠期(夏季)进行花芽分化,此时提供适宜的环境条件,是提高开花数量和品质的重要措施。球根花卉多要求日照充足、不耐水湿(水生和湿生者除外),喜疏松肥沃、排水良好的沙质壤土。

(三)球根花卉的繁殖栽培

球根花卉通常具有变态的茎或根,大多具有休眠特性(除朱顶红外),一般以分球繁殖为主,没有光照和营养也能发芽形成幼苗。具有很高的观赏价值。

1. 繁殖

分球繁殖——用于更新型球根花卉,如郁金香、荷兰鸢尾。扦插繁殖——插芽:用于易形成珠芽的种类,如大丽花、大岩桐;插叶:叶基带一块球根才易成活;插茎:茎段繁殖,如龙牙百合。

鳞片繁殖——鳞片插:用于无皮鳞茎,花后插。如百合;切片插:用于有皮鳞茎,如朱顶红、水仙、风信子(纵切);双鳞片插:每纵向2鳞片为一组,风干后蘸TBA混珍珠岩装袋。

另外还有割伤繁殖法。

2. 栽培管理

土壤:喜疏松、腐殖质含量高的黑钙土和结构性物质丰富的壤土。根系穿透力强的喜微干土壤(如唐菖蒲、荷兰鸢尾),而根系穿透力弱的喜微潮土壤(如朱顶红、郁金香)。

施肥:植前下足基肥、植后追肥以复合肥为主,N、P、K三要素配比为N 0.79 kg/hm^2,P 1.23 kg/hm^2、K 1.58 kg/hm^2。

水分:植后浇透—芽前少浇—芽期勤浇—花期少浇—花后多浇。

病虫害:球根类花卉的发病大多与氮肥过剩、不良土壤条件有关。如低温、多湿、土壤通气不良条件下施铵态氮,硝化作用弱,吸收过量铵态氮,导致球根腐败病。

三、球根花卉的生产程序

1. 选择栽培土壤

球根类花卉可以种植在玻璃温室或塑料大棚内,或者直接做床栽培,或者种在箱子里。设施栽培能保证作物不受恶劣天气的影响,同时也容易控制环境。只有在那些栽培期内气候都适合的地区,才能进行球根花卉的户外栽培。

球根花卉对土壤的疏松度及耕作层厚度要求较高。因此栽植球根花卉的土壤应适当深耕(30~40 cm或更深),增施有机肥,以改良土壤结构。

2. 土壤或盆土的消毒

户外栽培或盆土栽培均应进行消毒处理(土壤消毒见前述)。

3. 球根花卉的消毒

在种植之前,将球根类花卉放入配制好托布津1 000倍溶液和除螨特1 000倍溶液的混合液中,浸泡30 min,进行消毒灭菌处理。但在处理前,如果鳞茎带皮,最好去年种球下部的表皮,有利于根系的生长。

4. 球根类花卉的生产技术要点

①栽植时间:在温暖季节,只在上午或傍晚种植。在气温较高时,应推迟1~2天种植。

②在光照充足、湿度高的月份，种植密度要大；在缺少阳光的时节(冬天)或在光照条件差的情况下，种植密度要小一些。

③栽植深度一般为球高的 3 倍，但晚香玉及葱兰以覆土到球根顶部为宜，朱顶红需要将球根的 1/4～1/3 露出土面，百合类中的多数种类要求栽植深度为球高的 4 倍以上。

④栽植的株行距依球根种类及植株体量大小而异，如大丽花为 60～100 cm，水仙为 20～30 cm，葱兰仅为 5～8 cm。

⑤球根栽植时应分离侧面的小球，将其另外栽植，以免分散养分，造成开花不良。

⑥球根花卉的多数种类吸收根少而脆嫩，折断后不能再生新根，所以在生产期间球根栽植后不宜移植。

⑦球根花卉多数叶片较少，栽培时应注意保护，避免损伤，否则影响养分的合成，不利于开花和新球的生长。

⑧花后及时剪除残花不让其结实，以减少养分的消耗。以收获种球为主要目的的，应及时摘除花蕾。

⑨开花后正是地下新球膨大充实的时期，要加强肥水管理。

⑩采收。球根花卉停止生长后叶片呈现萎黄时，即可采球茎。采收要适时，过早球根不充实；过晚地上部分枯落，采收时易遗漏子球，以叶变黄 1/2～2/3 时为采收适期。采收应选晴天，土壤湿度适当时进行。采收中要防止人为的品种混杂，并剔除病球、伤球。掘出的球根，去掉附土，表面晾干后贮藏。在贮藏中通风要求不高，但对需保持适度湿润的种类，如美人蕉、大丽花等多混入湿润沙土堆藏；对要求通风干燥贮藏的种类，如唐菖蒲、郁金香、水仙及风信子等，宜摊放于底为粗铁丝网的球根贮藏箱内。

5. 球根贮藏

球根成熟采掘后，放置室内并给予一定条件以利其适时栽植或出售的措施和过程，称球根贮藏。球根贮藏可分为自然贮藏和调控贮藏两种类型。自然贮藏指贮藏期间，对环境不加人工调控措施，促球根在常规室内环境中度过休眠期。通常在商品球出售前的休眠期或用于正常花期生产切花的球根，多采用自然贮藏。调控贮藏是在贮藏期运用人工调控措施，以达到控制休眠、促进花芽分化、提高成花率以及抑制病虫害等目的。常用的是药物处理、温度调节和气调(气体成分调节)等，以调控球根的生理过程。如郁金香若在自然条件下贮藏，则一般 10 月份栽种，翌年 4 月份才能开花。如运用低温贮藏(17℃经 3 周，然后 5℃经 10 周)，即可促进花芽分化，将秋季至春季前的露地越冬过程，提早到贮藏期来完成，使郁金香可在栽后 50～60 天开花。这样做不仅缩短了栽培时间，并能与其他措施相结合，设法达到周年供花的目的。

各类球根的贮藏条件和方法，常因种和品种而有差异，又与贮藏目的有关。对通风要求不高而需保持一定湿度的球根，如美人蕉、百合、大丽花等，可埋藏在保有一定湿度的干净沙土或锯木屑中；贮藏时需要相对干燥的球根，可采用空气流通的贮藏架分层堆放，如水仙、郁金香、唐菖蒲等。

(1)埋藏法/堆藏法　对通风要求不高，有一定的相对湿度，如大丽花、美人蕉，在球间填充干沙、锯末、糠壳装箱贮藏。

(2)摊放法　要求通风良好，充分干燥的球根，如剑兰、郁金香、球根鸢尾，室内设架子，上铺苇帘，摊球贮藏。

★**球根花卉生产实例:仙客来生产**

仙客来:别名萝卜海棠、兔耳花;报春花科仙客来属。

【形态特征】 仙客来为多年生草本。块茎扁球形,深褐色。叶心脏形,叶面绿色,有白色斑纹,叶背紫红色,叶缘锯齿状。花单生,下垂,花瓣向上翻卷,花梗细长,顶生一花,有白、红、紫、橙红、橙黄以及红边白心、深红斑点、花边、皱边和重瓣状等品种,有的还带芳香。果实球形,种子褐色。

【生态习性】 原产地中海地区的希腊、突尼斯等国。仙客来喜凉爽气候和腐殖质丰富的沙质土壤。酸碱度要求中性,如酸度偏大(小于 pH 5.5),幼苗生长会受到抑制。不耐炎热,夏季温度在 30℃ 以上,球茎被迫休眠,超过 35℃,易受热腐烂,甚至死亡。生长适温为 12~20℃。冬季温度低于 10℃,花朵易凋谢,花色暗淡,5℃ 以下,球茎易遭冻害。仙客来喜湿润,但怕积水。喜光,但忌强光直射,若光线不足,叶子徒长,花色不正。仙客来花期长,长江中下游地区,元旦前后就能开花。南京地区为 1~5 月份。

【繁殖】 仙客来可用播种和球茎分割法繁殖。

播种繁殖:以 9 月上旬为宜,播种早迟会直接影响仙客来的生长发育。播前浸种(冷水 24 h 或 30℃ 水 2~3 h)催芽,湿布包至萌动再播。用土(壤土 1:腐叶土 1:河沙 1),点播,覆土 0.5~1.0 cm;盆浸法浇水。盖玻璃保温保湿。

球茎分割法:适用于优良品种的繁殖。

【栽培管理要点】

①播后 25~30 天内不要浇水,以免影响发芽,同时发芽期间不要施肥,苗出齐后再进入实生苗的管理。

②发芽后以半阴环境最好。幼苗出现第一片真叶、球茎约黄豆大时,进行第一次分苗,株行距 3 cm×3 cm,移栽时,小球茎不宜埋深,球茎顶部略高于土面。6~7 片真叶时,可单独分栽于 6 cm 盆。上盆后浇一次透水,在 20 天内,不应浇水,但不应使土面发白,也就是不能过干,因根系浅,过干会使小苗脱水,不利于缓苗。

③移栽后两周开始每月施肥 2 次,施尿素或腐熟的农家肥等。最好在土中加入一些草木灰,这样可以使幼苗粗壮结实,根系发达,增强抗病能力。盛夏要遮阴并喷雾降温,有利于球茎发芽和叶片生长。

④病虫害防治:上盆后,由于高温高湿,小苗有部分灰霉病出现,可以摘取病叶,如果发病严重,就要喷一次克霉灵 1 000 倍液防治。软腐病都在 7~8 月份高温季节发生,造成整个球茎软化腐烂死亡。主要由于通风不良所造成。发病前可用等量式波尔多液喷洒 1~2 次。叶斑病以 5~6 月份发病最多,叶面出现褐斑,逐渐扩大,最后造成叶片干枯。病叶必须及时摘除。

◆**思考题**

1. 球根类花卉如何采集球茎?

2. 球根花卉栽植前怎样处理球根?

3. 举例说明一种球根类花卉的繁殖方法。

单元3 园林草坪生产

课题1 草坪的播种繁殖

◈**学习目标**

　　熟悉适合本地种植的草坪种类品种；了解草坪混播的原则和方法；掌握并独立操作完成草坪播种繁殖全过程。

◈**教学与实践过程**

一、工具和材料准备

　　工具：犁、圆盘耙、碌碡压器、耙、松土机、播种机、天平、塑料桶等。

　　材料：草坪草种2～3种或品种。

二、草坪的基本知识

(一)草坪及其应用价值

　　草坪是指以禾本科草或其他质地纤细的植被为覆盖，并以它们大量的根或匍匐茎充满土壤表层的地被，是由草坪草的地上部分以及根系和表土层构成的整体。

　　草坪的应用价值体现在如下几个方面：

　　①绿化美化环境。

　　②调节小气候(温、湿度)：水泥地面温度达38℃时，草坪表面温度可保持在24℃。沥青路面55℃，裸地40℃时，草坪31.8℃。

　　③净化空气：能稀释、分解、吸收、固定有毒有害气体。

　　④降低噪声(10～20 dB)：国外不少飞机场用草坪铺装地面，既可减少飞机场的扬尘，又能减轻噪声和延长发动机寿命。

　　⑤用作运动场：不仅让观众和竞赛者观感良好，还能提高竞技成绩，减少运动员受伤机会，延长运动寿命。

　　⑥作为优质饲料：草坪草多为优良的禾本科牧草，修剪下的草屑是家畜的良好饲料，发展草坪业可与城市畜牧业结合起来。

　　⑦水土保持：因具有致密的地表覆盖，表土中有絮结的草根层，可防止土壤侵蚀。表层20 cm厚的土层，被雨水冲刷净所需要的时间，草地为3.2万年，而裸地仅为18年。

(二)草坪草的一般特性

　　目前所使用的草坪草多为禾本科草，这些草之所以能作为草坪草，是因为它们具有如下特性，而这些特性是草坪草所必备的。

①耐践踏性强。

②耐频繁修剪,低矮(地上部生长点低位,且有坚韧叶鞘的多重保护)。

③叶片多数,一般小型、细长、直立,使草坪具一定弹性。

④多为低矮的丛生型或匍匐茎型,覆盖力强,能形成地毯状草皮。

⑤适应性强,生长旺盛,分布广泛,再生能力强,损伤后能迅速恢复。

⑥结实率高,容易收获,发芽性强;或匍匐茎发达,能强而迅速地向周围空间扩展,因而易于建成大面积草坪。

⑦无刺无毒,无不良气味,叶汁不易挤出。

(三)草坪草的类型

按生态习性划分为冷季型草坪草和暖季型草坪草。

(1)冷季型草坪草　最适生长温度是15～25℃,主分布华北、东北、西北;耐寒,绿期长,一年中有春秋两个生长高峰期,夏季生长缓慢,并出现休眠现象。生长迅速,品质好,用途广,可用种子繁殖,也可用无性繁殖,大多数种子产量高,价格低;抗热性差,抗病虫能力差,要求管理精细,管理费用高,使用年限短。品种之间的品质和价格差异很大。常见的冷季型草坪草有:草地早熟禾、高羊茅、多年生黑麦草、剪股颖。

(2)暖季型草坪草　最适生长温度25～35℃,主要分布在我国长江流域及以南地区。耐热,一年中仅有夏季一个生长高峰期,春秋生长较慢,用途广,可用种子繁殖,也可用无性繁殖,因种子产量低,价格昂贵,常行无性繁殖,抗病虫能力强,管理相对粗放;绿期短,品质参差不齐。常见的暖季型草坪草有:狗牙根、结缕草、沟叶结缕草。

(四)草坪建植的工作程序

草坪的建立大体包括4个主要环节,即场地的准备,草坪草种的选择,种植和种植后的养护管理。

1. 场地的准备

(1)场地清理

——木本植物的清理:乔木和灌木、倒木、树桩、树根等。防止残体腐烂形成洼地破坏草坪的一致性;防止伞菌的滋生。

——岩石、巨砾、建筑垃圾的清理:防止养分供应不平衡;防止影响根系对营养的吸收。

——建坪前杂草的防除:杂草生长季节尚未结籽,采用人工、机械翻挖用作绿肥。秋冬季节种子已经成熟,采用收割贮藏或火烧。

蔓延性多年生杂草,特别是禾草和莎草,能引起新草坪的严重污染。残留的营养繁殖体(根状茎、匍匐枝、块茎)也将再度萌生,形成新的杂草侵染。杂草防除有物理方法与化学方法两种。

• 物理防除:以手工或土壤翻耕机具,在翻挖土壤的同时清除杂草。具地下蔓生根茎的杂草,以土壤休闲法防除(指夏季坪床不种植任何植物时定期进行耙锄作业,清除杂草营养器官)。

• 化学防除:用化学药剂杀灭杂草。最有效的方法是使用熏杀剂和非选择性的内吸除莠剂。

常用有效的除莠剂有茅草枯、磷酸甘氨酸、草甘膦($0.2\sim0.4$ mL/m^2)等。在杂草长到

10 cm多高,坪床翻耕前 3~7 天施用,以便杂草吸收除莠剂并转移到地下器官。

(2)土壤耕作 土壤耕作是建坪前对土壤进行耕、旋、耙、平等一系列操作的总称。

耕地目的在于改善土壤通透性,提高持水能力,减少根系扎入土壤的阻力,熟化土壤,改善土壤的结构和理化性质。增强抗侵蚀和践踏的表面稳定性。

最好在秋季和冬季较干燥时进行,使翻转的土壤在冷冻作用下碎裂,利于有机质分解。掌握土壤的适耕状态是耕作的关键。检验适耕状态的简易方法是:用手把土捏成团,齐胸落到地上即可散开。

耕作深度和次数取决于土壤:新耕地宜深(20~30 cm),可分多次逐渐加深到位。老耕地宜浅(15~25 cm)。

旋耕分深旋和浅旋。深旋的作用是破垡和肥土拌和,清除表土杂物,疏松土壤。耕翻后土壤松紧不一,空隙大而多,平整度不够。浅旋的作用是表土细化,肥土拌和均匀。

平整的标准是平、细、实(即表面细平,上松下实)。平整土壤有时要与挖方与填方、坡度整理同时进行。平整时可以进一步剔除杂物。排水适宜坡度 0.5%~0.7%为好。

(3)土壤改良 土壤改良的主要工作内容是土壤 pH 值调整、施肥、换土和客土。多数草坪草适应 pH 5.8~7.4。过酸的土壤用"农业石灰石"粉(碳酸钙粉)或石灰调整;过碱的土壤用石膏(硫酸钙)、硫磺(S)或明矾(硫酸铝钾)调整。

施基肥以有机肥为主,化肥为辅。有机肥主要包括农家肥(如厕肥、堆肥、沤肥等)、植物性肥料(油饼、绿肥、泥炭等)、处理过的垃圾、风化过的河泥等。化肥可选用高磷、高钾、低氮的复合肥。

当土壤类型、结构和质地较差,土层很浅时,要进行换土和客土,换土和客土以肥沃的壤土和砂壤土为主;换土厚度不得少于 20~30 cm,增加 20%的沉降余量,并逐层镇压。

2. 选择合适的草种

(1)根据建坪地的环境和条件选择 选择适宜当地气候及土壤条件的草坪草种,是建坪成败的重要条件。它关系到未来草坪的持久性、品质及其对杂草、病虫害抗性的强弱。如长江以南的普通狗牙根、结缕草、假俭草等,华北地区的中华结缕草等都是适应当地气候条件的草种(表 3-1-1)。

表 3-1-1 各地区适宜的草坪草种类

地区	植物名称
华北	野牛草 结缕草 紫羊茅 羊茅 苇状羊茅 林地早熟禾 草地早熟禾 加拿大早熟禾 早熟禾 小糠草 匍匐剪股颖 白颖苔草 异穗苔草
东北	野牛草 结缕草 草地早熟禾 林地早熟禾 加拿大早熟禾 紫羊茅 匍匐剪股颖 白颖苔草 颖茅苔草
西北	野牛草 结缕草 狗牙根(温暖处) 草地早熟禾 早熟禾 林地早熟禾 加拿大早熟禾 紫羊茅 苇状羊茅 匍匐剪股颖 小糠草 白颖苔草 颖茅苔草
西南	狗牙根 假俭草 草地早熟禾 紫羊茅 羊茅 小糠草 多年生黑麦草 双穗雀稗 弓果黍 竹节草 中华结缕草
华东	狗牙根 假俭草 结缕草 细叶结缕草 马尼拉结缕草 草地早熟禾 早熟禾 匍匐剪股颖 小糠草 紫羊茅 两耳草 双穗雀稗

续表 3-1-1

地区	植物名称
华中	狗牙根 假俭草 结缕草 细叶结缕草 马尼拉结缕草 草地早熟草 早熟禾 紫羊茅 羊茅 小糠草 匍匐剪股颖 双穗雀稗
华南	狗牙根 地毯草 假俭草 两耳草 双穗雀稗 竹节草 细叶结缕草 中华结缕草 马尼拉结缕草 沟叶结缕草 弓果黍

(2)根据草坪功能的需要选择 不同功能要求的草坪对草坪草种的要求也不同,一定要根据其功能,选择具有不同特点的草坪草种。如运动场草坪要求耐践踏,耐低修剪,弹性好,再生性强,能快速覆盖地面,北方可选择高羊茅、结缕草、草地早熟禾等,南方可选择狗牙根、马尼拉结缕草、细叶结缕草等;而水土保持绿地草坪必须具有大量根系,并对土壤有持久的稳固作用,同时必须耐粗放管理,抗旱,抗逆性强,生命力旺盛。北方可选择高羊茅、野牛草、结缕草等,南方可选择画眉草、百喜草、狗牙根等;观赏用草坪要求草坪草质地细腻、色泽明快、绿期长,可选择细叶结缕草、沟叶结缕草、细弱剪股颖、马蹄金等;高尔夫球场的草坪通常分场区选用不同草种,如果岭必须选择能承受 5 mm 以下的修剪高度,因此,我国北方通常选用匍匐剪股颖,而南方则选用杂交狗牙根;高尔夫球场障碍区、调整公路两旁、飞机场的停机坪中央可选粗放管理的高羊茅、假俭草、多年生黑麦草、狗牙根等。

(3)根据经济实力和养护管理能力选择 选择草种时必须考虑经济实力和养护管理的能力,要以经济适用为原则,许多草坪草需要较高的管理技术和管理设备,还需要有足够的经费支持才能形成较高级别的草坪。如狗牙根用于建植运动场草坪,在频繁低矮修剪下,可以形成档次较高的草坪。但在管理粗放时,外观质量较差。又如高尔夫球道草坪草在选择匍匐剪股颖、草地早熟禾、多年生黑麦草或结缕草时,草坪的质量基本取决于经费支持和管理手段。匍匐剪股颖质地细,可形成致密的高档草坪,但需要大型滚刀式剪草机,需要较多的肥料、及时灌溉和防治病虫害,因而养护费用也较高;而选用结缕草,养护管理费用会大大降低。

3. 种植和种植后的养护管理

草坪种植分为种子种植和营养体建植两种类型。种植方法及其养护管理后述。

三、播种法建植草坪的工作程序

1. 确定播种时间

草坪草播种以春季、秋季为宜,其中冷季型草坪草植物发芽适宜的温度较低,播种时间是春初和夏末;暖季型草坪草植物发芽适宜的温度较高,播种时间宜在春末和夏初。对于秋季播种而言,必须注意给新生草坪草幼苗在冬季来临之前提供充分的生长发育时间。不同草坪草发芽的适宜温度差异很大(表 3-1-2),应根据气候条件确定播种时间。

2. 确定播种方式

(1)单播 指只用一种草坪草种子建植草坪的方法。暖季型草坪草中:狗牙根、假俭草、结缕草常用单播。冷季型草坪草中:高羊茅、剪股颖常用单播。

优点:获得最高的纯度和一致性,造就美丽、均一的草坪外观。缺点:遗传背景单一,适应能力较差养护管理要求高。

表 3-1-2　部分草坪草发芽的适宜温度　　　　　　　　　　℃

植物名称	温度	植物名称	温度
加拿大早熟禾	15～30	羊茅	15～25
草地早熟禾	15～30	高羊茅	15～25
普通早熟禾	20～30	多年生黑麦草	20～30
匍匐剪股颖	15～30	多花黑麦草	20～30
狗牙根	20～35	野牛草	20～35
紫羊茅	20～25	结缕草	20～35
假俭草	20～35	沟叶结缕草	25～35

（2）混播　指根据草坪的使用目的、环境条件、草坪养护水平选用两种或两种以上的草种或同种不同品种混合播种的建坪方法。常用于冷季型草坪的建植。

混播可适应差异较大的环境条件，更快地形成草坪，并可使草坪寿命延长，但不易获得质地和颜色纯一的草坪。

混播的原则：一是根据草坪的使用目的。不同类型草坪的使用目的不同，如运动场草坪与绿化带草坪，前者需要践踏，后者要求更美观。在不同的使用目的下，草坪草的选择及其搭配也应有所区别，以适应不同需要。二是根据草坪所处的环境条件。草坪的地理环境是草坪生存非常重要的因素，所处位置的气候、土壤等状况决定草种之间对环境适应性的差异。只有选用对环境适应的草种进行搭配才能获得好的建坪效果。三是根据各主要品种的生长习性。草坪草种类多，除可划分为冷地型和暖地型外，其生长习性也有很大区别，如直立型和匍匐型、种子繁殖和根茎繁殖、低生长性和高生长性等等。应了解各主要品种的生长习性，以便选择不同生长特点的品种进行合理配置。四是根据各播种品种间的比例。混播品种的比例主要根据建坪目标和品种生长特性来确定，通过适当的组合，充分体现各品种的优势，达到优势互补。混播组合常见两大类型，一是草种间的混播，二是品种间的混合。

——短期混合草坪：用一、二年生或短期多年生草种和长期多年生草种混合种植。其中前者为"保护草种"，后者为"建坪草种"。保护草种如黑麦草。

例如：黑麦草＋草地早熟禾＋匍匐剪股颖＋紫羊茅＋细弱剪股颖，组成足球场草坪。

——长期混合草坪：选择两个或多个竞争力相当、寿命相仿、性状互补的草种或品种混合种植。提高质量，延长寿命。

——同种不同品种的混合：如不同品种的草地早熟禾混播。

——同属不同种的混合：如结缕草属中的结缕草＋中华结缕草。抗性增强。

——不同属间草种的混合：如长江三角洲（沪、苏、浙三省市）的丘陵和平原：结缕草＋中华结缕草＋假俭草（蜈蚣草属）。三者均为暖季型草，竞争力相当。

（3）套种常绿草坪　套种就是前季作物尚未收获，在行间播种后一季作物的栽种方式。长江以南地区将冬绿型草种如黑麦草、早熟禾（均为冷季型）等套种在夏绿型（结缕草、狗牙根、假俭草）草坪上。

（4）常见草种混播配方

①草地早熟禾（50％）＋紫羊茅（30％）＋多年生黑麦草（20％）或草地早熟禾（80％）＋多年生黑麦草（20％）是温带庭园草坪传统的混播组合，均为冷季型草种。这种混播在光照充足的

场地是草地早熟禾占优势,而在遮阴条件下则紫羊茅更为适应。多年生黑麦草主要起迅速覆盖的保护作用,草坪形成几年后即减少或完全消失,形成孤立的斑块。

②狗牙根(50%)＋地毯草或结缕草(40%)＋多年生黑麦草(10%)适宜于南方温暖地区混播。

③运动场草坪:多年生黑麦草(15%)＋草地早熟禾(10%)＋高羊茅(75%);结缕草(65%)＋高羊茅(35%)。

3. 计算播种量

播种量的多少取决于种子质量、混合组成、土壤状态和使用功能。种量过小会降低成坪速度和增大管理难度;种量过大、过厚,会促使真菌病的发生,也会增加建坪成本和造成浪费。从理论上讲,每平方厘米有一株成活苗就行。因种子粒径的不同而不同,一般草地早熟禾播量为 $10\sim15$ g,多年生黑麦草和高羊茅为 $20\sim25$ g,匍匐剪股颖为 $5\sim8$ g,结缕草为 $15\sim20$ g,狗牙根为 $8\sim10$ g。实际播种量远远高出理论量。

4. 播种

种子播种有人工播种和机械播种两种方法。

(1)人工撒播　播种大体可按下列步骤进行:

①把欲建坪地划分成若干等面积的块(1 m²)或条(每 $2\sim3$ m 一条);

②把种子按划分的块数分开;

③在平行和垂直两个方向上交叉播种,把种子播在对应的地块;

④轻轻耙平,使种子与表土均匀混合;

⑤轻压。有条件可加盖覆盖物。

(2)机械播种　适用于面积较大时。常用的播种机有手摇式播种机、手推式和自行式播种机。一般地,直播种子建坪时,对于混播草种,不同草种之间应分开播。

5. 覆盖及镇压

(1)覆盖　覆盖的目的是防冲刷、抗风蚀、防暴晒、防霜冻、保墒保温、促进生长。

覆盖材料可用专门生产的地膜、无纺布、遮阳网、草帘、草袋等,也有其他材料,如玻璃纤维、弹性多聚乳胶等。一般可就地取材,如秸秆(用量为 $0.4\sim0.5$ kg/m²,遮光 70%)等。其中,无纺布、遮阳网透光透气,耐用,效果较好。

覆盖时间一般是在早春、晚秋后低温播种时覆盖,主要是为了创造适宜草坪草种发芽和生长的适宜环境条件。

注意适时揭去覆盖物;根据覆盖物的材料特性和浇水质量保障条件,确定覆盖和浇水的次序。

(2)镇压　镇压的目的是使松土紧实,促进种子发芽和生根。镇压时间和方法:一般是播种后、浇水前镇压。可用人工推动重辊或用机械进行。

6. 浇水

浇水主要是满足种子发芽和生长的需要,因此,播种出苗阶段一定要保持坪床土壤呈湿润状态。特别是播种覆盖后,应经常检查墒情,及时补水。

7. 苗期管理

草坪草出苗到成坪前的管理。主要措施为:

(1)取覆盖物　在种子萌发出苗后应拿掉覆盖物,以防止遮阴。如果将稻草直接覆盖在草坪上,当草坪草出苗 50％时,要开始逐渐取走覆盖物,至全苗后草高达 4～6 cm 时即可将覆盖物全部取走,否则,覆盖物将阻挡草坪草幼苗充分吸收和利用阳光,从而影响其正常的生长发育。如果用无纺布或草帘覆盖,当幼苗长至 3～5 cm 高时,需揭开覆盖物,时间以傍晚为宜,绝不能选在阳光暴晒的中午,以免幼苗因突然的强光照射而死亡。

(2)追肥　新建草坪如在种植前已施足够的基肥,则无需施肥。如果肥力不足,在草坪草出苗后 7～10 天,要施用分蘖肥,以速效肥为主,如尿素 10 g/m²。以后视叶色追肥,以含一半氮的缓效化肥为主。施用应结合灌水,宜少量多次。为了防止颗粒化肥附于叶面而引起灼伤,应在叶子完全干燥时撒施。或事先溶于水中,用轻型喷灌机喷施。

(3)灌溉、排水与蹲苗　施肥与灌溉应结合进行;灌溉与蹲苗可改善土壤水气状况,促进根系生长;注意及时排出积水。灌水应做到少量多次,保证土表以下 2～3 cm 土层内湿润即可,待 1/2 坪面土壤发白再行灌溉,至整个坪面土壤几乎变白,第三次灌溉,这样也有利于幼苗生长。以后逐渐增大灌水量,以诱导草坪草根系向深层发育。

(4)镇压、修剪　草坪草苗期镇压和修剪通常是一项联合调控草坪草生长的措施。特别有利于新建草坪草根系与土壤的紧密结合。一般在 2/3 的幼苗第三叶全展、定长时可开始第一次镇压。可掌握在土表由灰变白的过程中进行。以后每长一叶镇压 1 次。辊重 60～200 kg。当草坪草长到一定高度时,就应进行修剪,首次修剪一般为植株达到 5 cm 高以后。剪草机的刀片一定要锋利以防将幼苗连根拔起和撕破擦伤纤细的植物组织。如果土质特别疏松,幼苗与土壤固作不紧,可进行适度镇压后再修剪。为了避免修剪对幼苗的过度伤害,应该在草坪草上无露水时,最好是在叶子不发生膨胀的下午进行修剪,并尽量避免使用过重的修剪机械。

(5)草地管理　培土、铺沙、平整。

(6)草坪保护　草坪成坪前应及时人工拔除杂草;用化学除草应在幼苗第四叶全展后才能进行;病害的防治最好采用栽培措施解决,如尽量减少灌水和修剪,适当加大草坪草幼苗密度等;提前关注虫害的发生情况,及时对症用药。

◈ **思考题**
1. 草坪草的类型有哪些?
2. 调查当地的草坪草种类。
3. 常见的冷季型草坪草和暖季型草坪草有哪些?
4. 简述草坪播种后苗期管理的重要环节技术。
5. 写一份播种实施计划书。

课题 2　草坪的营养繁殖

◈ **学习目标**
熟悉不同营养繁殖的适应范围;掌握营养繁殖的方法和常规的建坪技术;能独立正确进行各种营养繁殖方法的繁殖操作。

◆ **教学与实践过程**

一、工具和材料准备

工具：犁、圆盘耙、磙压器、耙、钉齿耙、剪草机、松土机、起草皮机、塑料桶喷雾机等。

材料：草坪草匍匐茎、草皮块、草皮柱等营养繁殖材料若干。

二、草坪营养繁殖的基本知识

（一）草坪营养繁殖及其特点

营养繁殖就是用植物的营养体繁殖植物的方法，在草坪生产实践中，营养繁殖的应用十分普遍。草坪营养繁殖主要利用草坪草的根和茎进行繁殖，很多草坪草具有较为发达的根系，以及地下部的根状茎和地上部的横走茎，它们都为草坪的营养繁殖奠定了基础。

营养器官繁殖草坪的方法包括铺草皮块、塞植、蔓植和匍匐枝植等。除铺草皮块外，其余的几种方法只适用于具强烈匍匐茎和根茎生长的草坪草种。

铺草皮块是成本最高的建坪方法，但它能在一年的任何有效时间内，形成"瞬时草坪"。草皮块应尽量薄，以利于迅速生根。避免过分的伸展和撕裂。

草坪营养繁殖的显著特点就是取材方便，能充分利用剪草移出的营养体进行繁殖，省时省工；同时适应性强，繁殖生长速度快，生产周期短；不仅可以用来新建草坪，也可以用来补植草坪。

（二）营养体繁殖材料及其选择

1. 草皮与草块

一般而言，草皮包括有土草皮和无土草皮两种。有土草皮是在原草坪草繁殖地通过人工或机械起出的较大规格的块状草皮。无土草皮可以通过把草皮上的土壤洗掉以减轻重量，促进扎根，减少草皮土壤与移植地土壤质地差异较大而引起土壤层次形成的问题；也有通过其他基质生产的无土草皮。草块是从草坪或草皮分割成的小的块状草坪。

质量良好的草皮茎叶生长充实，色泽新鲜，根系发达，无病虫及杂草，厚度均匀一致。在起草皮、运输和铺植操作过程中不会散落，并能在铺植后 1～2 周内扎根。

典型的草皮块草皮规格：长度为 60～180 cm；宽度为 30～45 cm；厚度 1.5～2.5 cm（根和必需的地下器官及所带土壤的厚度）。

起草皮时，应该是越薄越好，根和必需的地下器官及所带土壤 1.5～2.5 cm 为宜。

高羊茅和黑麦草类草坪草不能用此法进行繁殖建坪。

2. 枝条和匍匐茎

枝条和匍匐茎是单株植物或者是含有几个节的植株的一部分，节上可以长出新的植株。通常其上带有少量的根和叶片。

通常为了防止草坪草生产的种子对草皮产生污染，在草坪草抽穗期间要以正常高度进行修剪。而后的几个月内不再修剪，以促进匍匐茎的发育。起草皮时带的土越少越好，然后把草皮打碎或切碎得到枝条和匍匐茎。

匍匐剪股颖和绒毛剪股颖、杂交狗牙根、结缕草和钝叶草等适合用此法建起坪。

3. 草塞

草塞是在备草区取得的小柱状草皮，多用于修补被破坏的草坪。塞植一般适用于暖季型草坪草,如杂交狗牙根、结缕草、假俭单、钝叶草。

(三)营养繁殖方法

1. 铺草皮卷或草皮块

铺草皮卷建坪不受时间和季节限制,只要给予适当的管理,草皮卷可在一年中的任何有效时间内移植,铺草见绿,高效、快速地形成草坪,与高节奏的现代生活相适应。该法建坪成本最高,因而常用于部分损坏或死亡的草坪上,同时也能在陡峭坡地上成功建植草坪。草皮卷铺植简单方便,但要即起即铺,最好能当天起的草皮卷当天铺植,并及时浇水。草皮卷对坪床要求不甚严格,但由于铺植地与原草皮卷生产地的立地条件有所不同,尤其是土壤肥力和质地上可能存在较大差异,因此也要进行必要的坪床准备,以利草坪草尽快生根。只要草皮卷纯度好,不易被杂草入侵,管理主要是在生根前要浇透水,比较省力轻松。

2. 蔓植

蔓植主要用于匍匐茎发达的暖季型草坪草,也用于匍匐剪股颖。蔓植的小枝基本不带土,将带节的匍匐枝均一地撒播在湿润的土表。然后在坪床上表施土壤,部分地覆盖匍匐枝,或轻耙使部分匍匐枝插入土壤,此后尽快进行滚压和灌溉。

3. 移栽

将挖起的草皮块进行拆分,拆成很多簇,每簇有几株草坪草,然后一簇一簇地进行移栽,每一簇间留一定的间距(10~15 cm)。这种方法很节省草皮,对于匍匐茎发达的草种,这种方法可很快成坪。对于多年生黑麦草、草地早熟禾等草种,这种方法成坪时间较长。

不论采用哪种方法进行营养繁殖,在草坪草生根之前都必须保证水分供应。

(四)应注意的问题

草坪营养繁殖建坪时,时常面临的问题,一是材料来源地距建坪地较远,在运输的过程中可能因材料的失水而导致建坪管理难度的加大,成活率低,新坪草生长参差不齐,颜色差异大,甚至病虫害较重的情况,因而,要十分重视运输途中防风、防高温、防发热等管理工作。二是在草地起草皮块时,因草地平整度、草坪草高度、草坪地硬软等方面的差异,或因起草皮技术和机械方面等多方面的原因,而出现草皮厚薄不一,影响草皮的铺设和生长发育。三是营养体材料不能短时间用完,在运到建坪地时就要迅速摊开散热和保湿,防止高热引起营养体材料生活力丧失,减轻营养体建坪的管理难度。四是新建坪地与原草地土壤方面的差异,也会影响营养体成活的速度和质量,必须加强建坪后的管理,必要的时候可以客土。

三、草坪营养繁殖操作技术

1. 铺草皮块

在整平的土地上,应先喷水保持土壤湿润。将在圃地培育成的草坪草,用锹铲或起草皮机,将草皮起成厚 2~3 cm,宽 30 cm,长 30 cm 的草皮块。铺装时,使草皮块互相衔接,铺完后,用土将缝填满,再用滚子进行镇压。

(1)密铺法 首先切取宽 25~30 cm,厚 4~5 cm 的长草皮条,切取时先放一定宽度的木板在草皮上,然后沿木板边缘用草铲切取。草皮长不宜超过 2 m,以便于工作。铺草皮时,应使草皮缝处留有 1~2 cm 的间距,然后用 0.5~1.0 t 重的滚筒或木夯压紧或压平。在铺草皮以前或以后应充分浇水。凡匍匐枝发达的草种,如狗牙根、细叶结缕草等,在铺装时先可将草皮拉松成网状,然后覆土紧压,亦可在短期内形成草坪。

(2)间铺法　可节约草皮材料。包括两种形式(均用长方形草皮块):一为铺块式,各块间距3～6 m,铺设面积为总面积的1/3;另为梅花式,各块相间排列,所呈图案亦颇美观,铺设面积占总面积的1/2。用此法铺设草坪时,应按草皮厚度将铺草皮之处挖低一些,以使草皮与四周土面相平。草皮铺设后,应予磙压和灌水。春季铺设者应在雨季后,匍匐枝向四周蔓延可互相密接。

(3)条铺法　把草皮切成宽6～12 cm的长条,以20～30 cm的距离平行铺植,经半年后可以全面密接,其他同间铺法。

2. 塞植

塞植有3种方法。

第1种塞植法是种植从心土耕作取得的小柱状草皮柱和利用杯环刀或相似器械取出的大塞。通常塞柱为直径5 cm、高5 cm的柱或相当大小的立方塞块。将它们以30～40 cm的间距插入坪床,顶部与土表平行,该法最适用于结缕草,也适用于匍匐茎和根茎性较强的草坪草种。

第2种塞植法是采用由草皮条上切下的部分,切割可用人工,也可用机械进行。机械塞植机采用具有从草皮块切塞的正方形小刀的旋转滚筒。草皮块条喂入圆柱滚筒的斜槽里,切下的塞放到用一个垂直小刀挖开的土表沟里,通过位于两个相邻沟间的V型钢部件的作用填满沟槽。最后通过位于机械后面的镇压器,把移植床整平和压实。直径10～20 cm的大塞,主要用于修补受危害的草坪,它们必须用杯环形刀人工挖取,深度3～4 cm。

第3种塞植法是采用心土耕作时挖出的草皮柱(狗牙根,匍匐剪股颖)进行。将柱状草皮撒播于坪床上,进行磙压,其后应注意保持湿润,直到充分生根为止。该法通常用来建与运动场草坪相似的保护草坪。

3. 蔓植

蔓植主要用于繁殖匍匐茎的暖地型草坪草,也用于匍匐剪股颖。小枝通常种在间距为15～30 cm的沟内,深度为5～8 cm。根据行内幼枝间的空隙,1 m² 需要0.04～0.8 L幼枝。每一幼枝应具2～4节,并且应该单个种植。种植后应尽可能立即填压坪床和灌溉,蔓植也可用上述的塞植机来进行,只是把幼枝喂入机器的斜槽中即可。

4. 匍匐枝植

匍匐枝植基本上是撒播式蔓植。植物材料均一地撒播在湿润(但不是潮湿的)的土表,每平方米通常需要0.2～0.4 L。然后在坪床上表施土壤,部分地覆盖匍匐枝,或轻耙使部分插入土壤,此后进行尽快地磙压和灌溉。

为了减少种植材料的脱水,匍匐枝以90～120 cm的条状种植,种植后应立即表施土壤和轻度灌溉。

幼枝和匍匐枝是指单个植株或沿着匍匐枝包括几个节的株体部分。这两种方法所采用的均为裸露的匍匐枝,其区别在于种植方法不一。适于此法的草坪草种有匍匐剪股颖、绒毛剪股颖、狗牙根、结缕草等。

通常用于幼枝或匍匐枝繁殖的草坪草,应以正常的高度修剪,以防止种子的产生,尔后停止修剪几个月以促进匍匐枝的发育。当生长足够时间后,收获单皮块,尽可能去掉或少带土,切碎或剁碎制成植物性材料。

◈ **思考题**

1. 如何依据草坪的生态条件,选择适合的无性繁殖材料?
2. 铺设法建坪对草皮块有哪些方面的要求?
3. 简述运用草坪无性繁殖材料建植草坪的步骤。

课题3 喷播法建植草坪

◈ **学习目标**

了解喷播法建植草坪的应用特点;熟悉喷播法草浆的组成成分和配制技术;掌握喷播法建坪的操作技术。

◈ **教学与实践过程**

一、工具和材料准备

工具:犁、圆盘耙、磙压器、耙、钉齿耙、喷播机具等。

材料:草坪草种子、黏合剂、纤维材料、复合肥、染色剂、保水剂、松土剂、活性钙等。

二、喷播法建植草坪基本知识

(一)喷播法建坪及其应用

草坪液压喷播是国际上近年来研究成功的一种建植草坪的高新技术。它是利用流体原理把优选出的草坪草种子、黏着剂、肥料、保水剂、纤维覆盖物、着色剂等与水按一定比例混合成喷浆,通过喷播机直接喷射到待播的坪床土壤上,达到绿化美化效果的一种草坪建植方式。

喷播时播种、施肥、覆盖等工序一次完成,提高了草坪的建植速度和质量;它利用装有空气压缩机的喷浆机组,通过强大的压力,将草浆喷射出去。喷播的草浆具有良好的附着力及明显的颜色,所以能喷撒均匀,不遗漏,不重复,而且混合草浆喷播到坪床后不会流动,干后比较牢固,可防止冲刷。在良好的保温条件下,草种能迅速发芽,快速生长形成新的草坪。因此,喷播法在地表粗糙,不便人工整地或机械整地,常规种植法不能达到理想效果的场地尤为适用。喷播法可用于公路、铁路的路基、斜坡、江、河、水库大坝护坡及高速公路两侧的隔离带和护坡进行绿化,也可用于高尔夫球场、飞机场等大型草坪的建植。

(二)喷播设备

喷播一般由喷播机来完成,喷播机一般由料罐、汽油机、搅拌机、喷头、软管、泵等几部分组成,安装在大型载重汽车上,施工时现场拌料、现场喷播。目前有很多种型号,如HD6003、HD9003、HD12003、TL30、TL90、TL120、TL330等。

(三)草浆配制的原料

喷播法建植草坪关键是配制草浆。草坪喷浆要求无毒、无害、无污染、黏着性强、保水性好、养分丰富,喷到地表能形成耐水膜,反复吸水而不失黏性,能显著提高土壤的团粒结构,有效防止坡面浅层滑坡及径流,使种子幼苗不流失。

草浆一般包括草坪草种子、黏着剂、水、纤维覆盖物、染色剂、肥料、保水剂、松土剂和活性钙等材料。

(1)水 作为草浆的溶剂和载体,按一定比例加入,把纤维、草籽、肥料、黏合剂等均匀混合在一起。

(2)纤维覆盖物 主要材料有:木材、废弃报纸、纸制品、稻草、麦秸等。这些原料经过热磨、干燥等物理加工方法,加工成絮状纤维。纤维用量一般平地少坡地多,一般为 $60\sim120\ g/m^2$。纤维的作用:固定种子、保水保墒、防止冲刷。

(3)黏着剂 以高质量的自然胶、高分子聚合物等配方组成。要求水溶性好,能形成胶状水混浆液,具有较强的黏着力、持水性和通透性。平地少用或不用,坡地多用;黏土少用,沙土多用。一般用量为纤维量的 3% 左右。

(4)染色剂 使水和纤维着色,用以指示界限,一般用绿色,易检查是否漏播。

(5)肥料 多用复合肥,一般用量为 $2\sim3\ g/m^2$。

(6)活性钙 用于调节土壤 pH 值。

(7)保水剂 一般用量为 $3\sim5\ g/m^2$。

(8)草种 一般根据地域、用途和草坪草本身的特性选择草种,采用单播、混播的方式播种。

三、喷播法建植草坪的操作工序

1. 整地

对于大面积而且要求较高质量的平地草坪,其整地要求同常规播种建坪要求。若建坪地地形、地势和土壤类型、土层深度等条件达不到一般标准,如坡度较大、人工进入不便等,可以不作严格要求。

2. 草将的配制

①水与纤维覆盖物的重量比一般为 30∶1。

②根据喷播机的容器量计算材料的一次用量(表 3-3-1)。

③先加水至罐的 1/4 处,开动水泵旋转,再加水。然后依次加入种子→肥料→活性钙→保水剂→纤维覆盖物→黏着剂等。搅拌 5～10 min 使浆液均匀混合后才可喷播。

表 3-3-1 喷播机一次用料参考量

机 型	种子/kg	纤维/kg	复合肥/kg	覆盖面积/m²
HD3503	8.4	33.8	16.7	372
HD6003	16.9	66.8	33.4	743
HD9003	25.3	103.2	51.5	1 115
HD12003	33.7	133.7	66.7	1 486

3. 喷播

喷播时水泵将浆液压入软管,从管头喷出,以扇面状雨滴般撒在地表面上,与表土紧密地结合在一起,在地面上形成薄薄的一层蓝绿色纤维层,并将草种包裹、覆盖其中,从而使混合种子搅拌、播种、覆盖等一次完成。每罐喷完,应及时加进 1/4 罐的水,并循环空转,防止上一罐的物料依附、沉积在管道和泵中,完工后用 1/4 罐的清水将罐、泵、管理清洗干净。

4. 喷播草坪的管理

由于喷播的混合草浆中富含肥料、保水剂、除草剂等物质,所以喷播建植草坪的管理工作要远比其他建坪方式少,一般浇水可在出苗后开始,且可以隔一天进行,浇水、施肥、喷药、除草等工作在播后的一个月内基本上不用进行。喷播建植草坪一个月后,可进入正常养护管理工作。

◈ 思考题

1. 喷播法建植草坪的特点有哪些?
2. 草浆的组成成分是什么?
3. 草浆配制的加料顺序如何?
4. 喷播机具使用前后要注意哪些问题?

课题 4　植生带法建植草坪

◈ 学习目标

了解植生带法建植草坪的应用特点;掌握植生带铺置建坪的操作技术。

◈ 教学与实践过程

一、工具和材料准备

工具:犁、圆盘耙、磙压器、耙、钉齿耙等。

材料:植生带、复合肥、除草剂等。

二、植生带法建植草坪基本知识

(一)植生带及其特点

植生带的概念:植生带是用特殊的工艺将种子均匀地撒在两层无纺纤维或其他材料中间而形成的种子带,是草坪建植中的一项新技术。

种植时,就像铺地毯一样,将植生带平铺于坪床表面,上面覆盖一层薄土,若干天后,作为载体的无纺布在土壤中腐烂,种子萌发生长,形成草坪。

植生带具有运输方便,种子密度均匀,简化播种手续,出苗均匀,无需专门播种机械,成坪质量好,便于操作,适宜不同坡度地形,可防止种子流失等特点。

但成本较高,应特别注意植生带的贮藏与运输。

应用特点:适宜于中小面积草坪建植,尤其是坡度不大的护坡、护堤草坪的建植。

(二)植生带的材料组成及工艺

1. 材料选择

(1)载体　主要有无纺布、纸载体。要求载体在短期内能降解,且对环境无污染,材质轻薄,比较柔软,具有良好的物理强度。

(2)黏合剂　水溶性胶黏合剂或具有黏性的树脂。粘住种子和载体。

(3)草种的选择　种子质量是关键,无其他特殊要求。如高羊茅、黑麦草、草地早熟禾、白三叶等。

2. 加工工艺

目前国内外采用的加工工艺主要有双层热复合植生带生产工艺、单层点播植生带工艺、双层针刺复合匀播植生带工艺、冷热复合法生产工艺。我国使用冷热复合法生产工艺,具有种子不受损伤,布种均匀,定位准确,载体轻薄、均匀等特点。

3. 植生带的储运

植生带在贮藏和运输的过程中,要保证库房整洁、卫生、干燥、通风,贮藏温度 10~20℃,相对湿度不超过 30%,注意防火和预防杂菌污染及虫害、鼠害。运输时注意防水、防潮和防磨损。

(三)铺设时期

春、秋两季均可铺设植生带。冷季型草种以秋季为佳,因此时杂草即将枯萎,翌年当杂草滋生时,新草坪已形成,可以抑制杂草生长。如在盛夏秋末铺设,则应注意遮阳、浇水、防旱。

三、植生带建坪的操作工序

1. 场地准备

铺植前要施适量基肥,精细整地,做到地面高度平整、土壤细碎、土层压实,避免虚空影响铺设质量;应浇足底水,备足覆土和覆沙。

2. 铺植

将成卷的植生带自然地铺放在坪床表面,拉直,铺设要认真细致,接边、搭头交接处要重叠3~10 cm。

3. 覆土镇压

覆土或沙要细碎均匀,厚 0.5~1 cm,覆土后用辊镇压,以保证植生带与土壤紧密接触。

4. 浇水

覆土镇压后及时浇水。采用微喷,喷力要小,要均匀,防止冲走浮土,每天早晚进行,第一次要喷透。视天气情况也可每天 2~3 次,以保持土表湿润至齐苗。40 天左右即可成坪。以后进入正常管理阶段。

◆**思考题**

1. 植生带法建植草坪具有什么优点？其适应性如何？

2. 植生带的材料组成有哪些？有什么要求？

3. 结合实践,你认为怎样才能提高植生带铺设法建坪的成功率？

实 训 指 导

说明

1. 实训地点

以校内实训和生产基地为主;个别较大较复杂的项目,可根据实际情况安排在校外;有些实训项目可根据校企合作单位和社会服务对象的生产需要,安排在校外。

2. 实训老师

根据课程计划安排。实训老师可以是主讲教师、课程组教师、企业专家、外聘教师或联合小组。不同的教师指导不同的项目。

3. 组织形式

所有项目,均将班级按 5～6 人一个小组划分并固定。由小组长负责组织、协调和安排每个项目的训前准备、训中管理和训后总结等工作。

4. 教学程序

①根据老师给定的实训项目,学生以小组为单位复习相关知识、查找资料。

②教师现场讲解实训项目的相关知识要点与注意事项,并进行操作演示。

③然后学生以个人为单位(有时是小组,但有个人分工)进行相关操作实践,并做好个人或小组标识以便于管理与考核。

④老师现场指导、讲评和小结。

⑤个人或小组按要求进行观察、操作和记录,完成实训报告。

⑥最后,老师根据个人或小组上交的实训报告,对学生个人平时实训时的态度和表现的记录,以及小组集体的评价反馈,评定学生实训成绩。学生实训成绩由高到低划分为 A、B、C 和 D 四个等级。

实训 1　园林苗圃设计

一、目的要求

运用课堂和苗圃中所学得的理论知识与实践技能,根据既定的育苗任务和圃地的自然条件,在教师指导下编制苗圃设计说明书。

要求独立思考,理论联系实际,在规定时间内完成设计书的编写。

二、工具和材料

工具:皮尺、铅笔、放大镜、三角板、计算器等绘图工具。

材料:已建苗圃图纸、设计说明书和苗圃档案,材料纸。

三、方法步骤

(一)测绘苗圃平面图

1. 绘制设计图前的准备

在绘制设计图时,首先要明确苗圃的具体位置、圃界、面积、育苗任务,还要了解育苗种类、培育的数量和出圃规格,确定苗圃的生产和灌溉方式,必要的建筑和设施设备以及苗圃工作人员的编制,同时应有建圃任务书、各有关的图面材料如地形图、平面图、土壤图、植被图,搜集有关其自然条件、经营条件以及气象资料和其他有关资料等。

2. 园林苗圃设计图的绘制

在有关资料搜集完整后,应对具体条件全面综合,确定大的区划设计方案,在地形图上绘出主要建筑区建筑物具体位置、形状、大小以及主要路、渠、沟、林带等位置。再依其自然条件和机械化条件,确定最适宜的耕作区的大小、长宽和方向,然后根据各区育苗要求和占地面积,安排出适当的育苗场地,绘出苗圃设计草图。经多方征求意见,进行修改,确定正式设计方案,即可绘制正式图。正式设计图,应依地形图的比例尺将建筑物、场地、路、沟、渠、林带、耕作区、育苗区等按比例绘制。排灌方向要用箭头表示,在图外应有图例、比例尺、指北方向等。同时各区各建筑物应加以编号或文字说明。地形图比例尺一般为 1:(500~2 000),等高距为 20 ~50 cm。

(二)苗圃地的调查

调查苗圃地的气候条件(年降水量、年平均气温、最高和最低温度、初晚霜、风向等)、土壤条件(质地、土层厚度、pH、水分及肥力状况、地下水位等)、水源情况(种类、分布、灌溉措施)、地形特点和病虫害及植被情况。

(三)绘制苗圃区划图

以实测的苗圃平面图为基础,在实际调查的基础上,根据生产区苗圃的土壤质地、土层厚度、肥力状况、地势高低和水源条件等,按不同树种的不同苗木种类分别进行合理区划设计,尽量使各个生产区保持完整,不要分割成几块,最后按面积比例标志在区划图上。

(四)苗圃总面积和各生产区面积计算

苗圃的总面积,包括生产用地和辅助用地。生产用地是指直接用来生产苗木的地块,通常包括播种区、营养繁殖区、移植区、大苗区、母树区、试验区及轮作休闲地等。

计算生产用地面积的依据是:计划培育苗木的种类、数量、规格、要求出圃年限、育苗方式等因素。

在实际生产中,苗木抚育、起苗、贮藏等工序中苗木都将会受到一定损失,故每年的产苗量应适当增加,一般增加 3%~5%。某树种在各育苗区所占面积之和,即为该树种所需的用地面积,各树种所需用地面积的总和再加上引种实验区面积、温室面积、母树区(如果有此类区划设置)等面积就是全苗圃生产用地的总面积。不同树种在各生产区所占面积之和,分别为各生产区的面积。

辅助用地面积计算:辅助用地包括道路、排灌系统、防风林以及管理区建筑等的用地。辅助用地一般固定不变,故计算比较容易,按各自的规格要求计算求和即得辅助用地的面积。

(五)苗圃规划设计说明书的编写

设计说明书是苗圃规划设计的文字材料,它与设计图是苗圃设计的两个不可缺少的组成部分。图纸上表达不出的内容,都必须在说明书中加以阐述。一般分为总论和设计两部分进行编写。

1. 总论

(1)前言　简要叙述林木苗木培育在当地经济建设中的重要意义及发展概况、本设计遵循的原则、指导思想及包括内容等。

(2)经营条件

①苗圃的社会条件:苗圃位置和当地的经济、生产及劳动力情况及其对苗圃经营的影响。

②苗圃的交通条件:苗圃通达外界的形式、方向、数量及距离等。

③苗圃的动力和机械化条件:苗圃的电力、动力配套设备类型及数量。

④苗圃周围的环境条件:苗圃周围及周边区域苗木生产及需求的种类、数量、范围和应用现状及趋势展望。

(3)自然条件

①气候条件:年降水量、年平均气温、最高和最低温度、初终霜期、风向等。

②土壤条件:质地、土层厚度、pH、水分及肥力状况、地下水位等。

③水源情况:种类、分布、灌溉措施。

④地形特点:苗圃地所属地形地貌类型、海拔高度及其起伏变化。

⑤病虫害及植被情况:苗圃地病、虫、草害的种类、数量及危害特点,植被的种类、数量及生长情况。

根据自然条件,分析有利和不利条件,提出发挥有利条件、克服不利条件的措施。

2. 设计

(1)苗圃的区划说明

①作业区的大小:各作业区面积的大小。

②各育苗区的配置:育苗区配置的类型、分布和数量。

③道路系统的设计:各级道路的规格、配置及作用特点。

④排灌系统的设计:排灌系统的类型、规格、布置和作用。

⑤防护林带及篱垣的设计:防护林带及篱垣的类型、树种、配置与种植形式和数量及规格要求。

⑥管理区建筑的设计:各类建筑或构筑物的名称、规格要求和作用。

(2)育苗技术设计

①培育苗木的种类和繁殖方法:计算出各类苗木的育苗面积和总育苗面积。

②各类苗木繁殖技术要点:育苗技术设计分树种、苗木种类,依时间和作业顺序进行设计,这是设计的重点内容。设计的中心思想是力求以最低的成本,在单位面积上获得最多的合格苗。因此要充分运用所学知识,密切结合苗圃地条件和苗木特性,吸取生产上的成功经验,拟订出先进的技术措施。

分别不同苗木,设计苗木培育各项技术的要点。根据全年的作业顺序和作业项目,按季、月、旬编制具体工作计划,以便有步骤地组织各项作业。如培育一年生播种苗:整地、土壤处理、施基肥、做床或做垄、种子消毒、催芽、播种、覆盖物撤除、遮阴、松土除草、间苗补苗、灌溉排水、防鸟和鼠害、追肥、防治病虫害、苗木防寒、起苗、分级统计、假植、包装和运输等。

（3）苗木出圃规格要求

①园林苗木质量指标：

A. 根系发达，主根短而直，侧根和须根多而分布均匀。这样的苗木适应城市街道、厂矿等复杂的生存环境，成活率高，缓苗期短，生长旺盛。

B. 苗木粗壮，匀称通直，弯曲有度。茎干粗壮的苗木生活力旺盛，对环境的适应力和再生能力强，移植成活率高。

C. 苗干高，充分木质化，无徒长现象，枝叶繁茂，色泽正常。

D. 无病虫害和机械操作。

E. 针叶树苗木应具有健壮饱满的顶芽。

上述均为苗木的形态指标，从理论上讲，这些指标并不十分可靠。如果结合生理指标如苗木的含水率、化学成分、光合面积、光合速率、呼吸强度、根的再生能力等综合评估苗木的质量就比较准确了。

②露地栽培花卉苗质量指标：

A. 一、二年生花卉。株高 10～40 cm，冠径 15～35 cm，分枝不少于 3～4 个，叶簇健壮，色泽明亮。

B. 宿根花卉。根系必须完整，无腐烂变质现象。

C. 球根花卉。根茎应苗壮，无损伤，幼芽饱满。

D. 观叶植物。叶色应鲜艳，叶簇丰满。

③园林出圃苗木的规格要求：出圃苗木的规格，需根据绿化任务的不同要求来确定，如用作行道树的苗木，规格要求较大，而一般绿地用苗规格要求可小些。随着城市建设的发展，对苗木的规格要求越来越高。关于园林苗木出圃的规格，目前没有国家标准，住建部和一些省市有自己的标准。以下为北京市园林局目前执行的苗木出圃的规格标准概要，供参考。

A. 大中型落叶乔木：国槐、毛白杨、合欢、元宝枫等树种，要求树干直立，树形良好，胸际直径在 3 cm 以上（行道树苗胸径要在 4 cm 以上），分枝点在 2～3 m 为出圃苗木的最低标准。

B. 有主干的果树、单干式的灌木和小型落叶乔木，如柿、苹果、榆叶梅、碧桃、紫叶李、西府海棠、垂丝海棠等，要求树冠丰满，枝条分布匀称，地际直径在 2～3 cm 以上为出圃苗木的最低标准。另地际直径每提高 0.5 cm，应提高一个规格级。

C. 多干式灌木，要求地际分枝处有 3 个以上分布均匀的主枝。但由于灌木种类繁多，树形各异，又可分为大、中、小型，各型规格要求如下：

大型灌木类　如丁香、黄刺玫、珍珠梅、金银木等，出圃高度要在 80 cm 以上。另高度每增加 30 cm，即提高一个规格级。

中型灌木类　如紫荆、紫薇、木香、棣棠等，出圃高度要求在 50 cm 以上。另高度每增加 20 cm，即提高一个规格级。

小型灌木类　如月季、小檗、郁李等，出圃高度要求在 30 cm 以上。另高度每增加 10 cm，即提高一个规格级。

D. 绿篱苗木，如侧柏、小叶黄杨等，要求苗木树势旺盛，基部枝叶丰满，全株成丛。冠丛直径 20 cm 以上，高 50 cm 以上为出圃苗木的最低标准。另苗木高度每增加 20 cm，即提高一个规格级。

E. 常绿乔木,要求苗木树型丰满,主枝顶芽苗壮、明显,保持各树种特有的冠型,苗干下部枝叶无脱落现象。苗木高度在 1.5 m 以上,胸径在 5 cm 以上为最低出圃标准。另高度每增加 50 cm,即提高一个规格级。

F. 攀缘类苗木,如地锦、葡萄、凌霄等,要求生长旺盛,根系发达枝蔓发育充实,腋芽饱满,每株苗木必须带 2~3 个主蔓。此类苗木以苗龄确定出圃规格,每增加一年提高一级。

G. 人工造型苗木,如龙柏、黄杨等植物球,培育年限较长,出圃规格各异,可按不同要求和不同使用目的而定,但是球体必须完整、丰满。游龙式的龙柏,各个侧枝顶部必须向同一个方向扭曲。树状月季要具有 1 m 以上的枝下高,4~5 个分布均匀的枝条。

④主要花卉产品等级:2000 年 11 月 16 日经国家质量技术监督局批准发布了国家标准《主要花卉产品等级》(GB/T 18247.1~GB/T 18247.7),不仅规定了产品的等级划分原则、控制指标,还规定了质量检测方法。由于花卉种类繁多,这里对相关标准作简要介绍,详细规定请参阅《主要花卉产品等级》(GB/T 18247.1~GB/T 18247.7)。

《主要花卉产品等级》国家标准共分为 7 个标准,标准号和标准名称分别如下:

GB/T 18247.1《主要花卉产品等级　第一部分:鲜切花》;

GB/T 18247.2《主要花卉产品等级　第二部分:盆花》;

GB/T 18247.3《主要花卉产品等级　第三部分:盆栽观叶植物》;

GB/T 18247.4《主要花卉产品等级　第四部分:花卉种子》;

GB/T 18247.5《主要花卉产品等级　第五部分:花卉种苗》;

GB/T 18247.6《主要花卉产品等级　第六部分:花卉种球》;

GB/T 18247.7《主要花卉产品等级　第七部分:草坪》。

《主要花卉产品等级　第一部分:鲜切花》规定了月季、唐菖蒲、香石竹、菊花、非洲菊、满天星、亚洲型百合、东方型百合、麝香百合、马蹄莲、火鹤、鹤望兰、肾蕨、银牙柳共 14 种主要鲜切花产品的一级品、二级品、三级品的质量等级指标。

《主要花卉产品等级　第二部分:盆花》规定了金鱼草、四季海棠、蒲包花、温室凤仙、矮牵牛、半支莲、四季报春、一串红、瓜叶菊、长春花、国兰、菊花、仙客来、大岩桐、四季米兰、山茶花、一品红、茉莉花、杜鹃花、大花君子兰共 21 种主要盆花产品的一级品、二级品、三级品的质量等级指标。

《主要花卉产品等级　第三部分:盆栽观叶植物》规定了香龙血树(巴西木,三桩型)、香龙血树(巴西木,单桩型)、香龙血树(巴西木,自根型)、朱蕉、马拉巴栗(发财树,3~5 辫型)、马拉巴栗(发财树,单株型)、绿巨人、白鹤芋、绿帝王(丛叶喜林芋)、红宝石(红柄蔓绿绒)、花叶芋、绿萝(藤芋)、美叶芋、金皇后、银皇后、大王黛粉叶、洒金榕(变叶木)、袖珍椰子、散尾葵、蒲葵、棕竹、南杉、孔雀竹芋、果子蔓共 24 种主要盆栽观叶植物产品的一级品、二级品、三级品的质量等级指标。

《主要花卉产品等级　第四部分:花卉种子》规定了 48 种主要花卉种子产品的一级品、二级品、三级品的质量等级指标,及各种种子含水率的最高限和各级种子的每克粒数。

《主要花卉产品等级　第五部分:花卉种苗》规定了香石竹、菊花、满天星、紫菀、火鹤、非洲菊、月季、一品红、草原龙胆、补血草 10 种主要花卉种苗产品的一级品、二级品、三级品的质量等级指标。

《主要花卉产品等级　第六部分:花卉种球》规定了亚洲型百合、东方型百合、铁炮百合、L-

A 百合、盆栽亚洲型百合、盆栽东方型百合、盆栽铁炮百合、郁金香、鸢尾、唐菖蒲、朱顶红、马蹄莲、小苍兰、花叶芋、喇叭水仙、风信子、番红花、银莲花、虎眼万年青、雄黄兰、立金花、蛇鞭菊、观音兰、细颈葱、花毛茛、夏雪滴花、全能花、中国水仙 28 种主要花卉种球产品的一至五级品的质量等级指标。

《主要花卉产品等级 第七部分:草坪》分别规定了主要草坪种子等级标准、草坪草营养枝等级标准、草皮等级标准、草坪植生带等级标准、开放型绿地草坪等级标准、封闭绿地草坪等级标准、水土保持草坪等级标准、公路草坪等级标准、飞机路道区草坪等级标准、足球场草坪等级标准。

(4)苗圃发展展望及投资效益估算 通过对育苗成本和生产收入进行概算,对投资效益进行分析,对苗圃的发展进行展望。

育苗成本包括直接成本和间接成本。直接成本指育苗所需种子、穗条、苗木、物料、肥料、药品、劳动工资和共同生产费等;间接成本包括基本建设和工具折旧费与行政管理费等。

育苗成本估算要分别树种、苗木种类,根据苗圃年度育苗生产计划所列各项内容和共同生产费、管理费、折旧费等计算。然后依据收支项目累计金额,平衡本年度资金收支盈亏情况。

共同生产费指不能直接分摊给某一树种的费用,如会议、学习、参观、病产假、奖励费、劳保用品等,可根据实际情况确定为人工费的 10%,然后换算成金额。

管理费为干部和脱产人员的人头费,根据实际情况确定,一般为人工费的 60%～65%。

折旧费指各种机具、工具、水井、排灌设备等折旧费用,一般为人工费的 25%～30%。

四、实训报告

每人完成一分完整的苗圃规划设计成果(包括外业调查材料、内业设计表、图面材料和说明书等)。

实训 2 园林树木种实的采集、调制和贮藏

一、目的要求

能正确判断园林树木种实成熟的时期,能根据种子的特性运用合理的方法对种实进行采集、调制和贮藏。

二、工具和材料

工具:采种钩、采种叉、采种刀、采种钩镰、球果梳、剪枝剪、高枝剪、缸、桶、小木锹、草帘、木棒、筛子、簸箕、湿度计、温度计等。

材料:园林常见干果类、肉质果类树种,河沙,硅胶、氯化钙等吸水剂,多菌灵、熟石灰粉、福尔马林等消毒物品,秸秆等。

三、方法步骤

(一)确定采收时期

一般多在形态成熟期进行采种。肉质果(浆果、核果等)成熟时果实变软,颜色由绿变红、

黄、紫等色。干果类(荚果、蒴果、翅果)成熟时果皮变为褐色,并干燥开裂。

(二)确定采收方法

种实的采收方法一般依树体和种实大小及种实脱落特性,主要有两种:一是地面收集,二是直接从植株上采集。根据实际情况,可综合两种方法进行采收,如樟的种实的采收。

(三)种实调制

干果类种实成熟有开裂和不开裂两种情形。有的种子在种实干燥后自行脱粒,有的需要加工脱粒。

肉质果可通过堆沤、浸泡、揉搓、淘洗出种子,晾干后手工去杂和分级,即可转入贮藏。

(四)种子贮藏和管理

1. 干藏

将充分干燥的种子装入消毒过的麻袋、箱、桶等容器中,放于干燥低温或常温的仓库中,适用于大多数种子。有条件的情况下,可将种子置于贮藏室或控温、控湿的种子库。将贮藏室或种子库的温度降至0~5℃,相对湿度控制在50%~60%。需要长期贮藏的珍贵种子,应该密封贮藏,容器中放入干燥剂。容器放在能控制低温的种子贮藏库内,库内温度达0℃左右,相对湿度达50%以下。对于装入普通容器中,置于干燥低温或常温的仓库中的种子,不能堆得过厚或装得太多,应时常观察,防止温度过高,湿度增大,在早晚温度低时可适当通风。

2. 湿藏

湿藏用混沙贮藏。按种沙比为1:3混合,小粒种子直接与沙混合均匀后放置在贮藏坑中,大粒种子可一层沙一层种子分层放置。贮藏温度一般为0~5℃,湿度以用力握紧沙子不滴水,松开后不散开有些许裂纹为宜。贮藏坑一般深、宽均为100 cm左右,但深不能低于地下水位线。坑内每隔100 cm竖一草把,坑顶做成圆丘状。注意检查,保持低温、湿润和通气。

四、实训报告

要求结合实际操作与管理过程写出对种实采集、调制与贮藏的认识与体会。

实训3　园林植物露地播种育苗

一、目的要求

掌握苗圃地耕作的技术及要求;掌握播种前的种子处理和播种过程中的关键技术;熟悉苗木管理的各项内容,明确各项抚育措施进行的适宜时期和有关注意事项,掌握其具体操作技术。

二、工具和材料

工具:耕耙地工具、皮尺、木桩、测绳,称量器具,手锄、平耙、锄头、锹、划行器、移植铲、镇压板、盛种容器、筛子、畚箕、浇水器具、喷水壶、水桶、喷雾器和肥料、塑料薄膜或稻草、草帘等。

材料:大、中、小粒种子1~5 kg,福尔马林、高锰酸钾、硫酸铜、生石灰、多菌灵、硫酸亚铁、除草剂、敌克松等药剂，无苗的圃地。

三、方法步骤

（一）苗圃地耕作

（1）耕地　拖拉机、牲畜耕地和人工挖地均可。要求时间和深度要恰当，翻耕要均匀。

（2）耙地　拖拉机、牲畜耙地和人工锤打均可。要求土壤疏松、细碎、碎土上下均匀、杂物除净。

（3）做床打垄　规格符合要求，整齐排列。

（4）土壤消毒　合理选择药剂种类和用量，使用方法恰当。

（二）播种

1. 播种前的种子处理

处理前根据种子种类和育苗地大小确定播种量，并称取种子。

（1）种子消毒　将未经催芽的种子，用下列任一种药剂进行消毒处理：

①福尔马林：0.15%福尔马林溶液浸种15～30 min，取出后密封2 h，然后将种子摊开阴干。

②高锰酸钾：用0.5%的高锰酸钾溶液浸种2 h，或用3%的浓度，浸种30 min。然后取出密封0.5 h，阴干后播种。胚根已突破种皮的种子不能采用此法。

③敌克松粉剂拌种：用药量为种子重量的0.2%～0.5%，先用药量的10～15倍细土配成药土，再拌种消毒。

（2）种子的催芽处理

①水浸催芽：选短期休眠的中粒种子或小粒种子，将其消毒后，倒入容器中浸种。根据种子特性正确选择浸种温度和浸种时间。浸种后，将吸足水分的种子捞出阴干。

②化学药剂催芽：选择种皮坚硬或种皮具有蜡质的种子，用适当的化学药剂处理。根据选择的药剂确定适当的浓度、处理的时间和方法。

2. 播种

（1）播种方法　根据所用种子的大小，选用适当的播种方法。

（2）播种技术

①播种

——分种　按苗床数等量分种，将播种量落实到每一个苗床。

——开沟　用开沟器或小锄开沟，要求通直、深度适当、沟底平实。适合撒播的种子不开沟。

——播种　将沟底适当进行镇压后，把种子均匀撒在播种沟内。适合撒播的种子直接将种子播在苗床上。要求掌握播种的手法和均匀播种的技巧。

②覆土：播种后要立即覆土。要求根据种子大小掌握覆土厚度，并做到厚薄均匀。

③镇压：要求根据天气、土壤状况确定是否镇压及根据种子大小确定播种前镇压，还是播种后镇压。

④覆盖：用草类或其他物料覆盖播种地，要求厚度适合。

⑤浇水：已催芽的种子，播种后必须浇水。要求能根据覆盖材料决定覆盖前浇水，还是覆盖后浇水，掌握好浇水的量和方式。

(三)苗木管理

1. 遮阴

要求明白什么情况下需要遮阴和如何遮阴。

2. 常规管理

内容有松土除草、灌溉排水、追肥、间苗和补苗。要求根据苗木生长时期、长势、密度、天气及土壤和杂草状况开展各项常规管理工作,掌握操作技术要领。

3. 病虫害防治

为了防止各种病害的发生,从出苗揭除覆盖物起直至速生期初期,每10天左右喷洒一次波尔多液,或其他保护剂和杀菌剂。经常观察,对已经发生病害的苗木,拔除病苗,集中销毁,并对症防治,以减轻危害。发生虫害,也要及时对症防治。要求能配制波尔多液和石硫合剂,掌握几种杀菌剂和杀虫剂的使用浓度和使用方法,具备安全用药常识。

四、实训报告

要求结合实际操作与管理过程写出对播种育苗的认识与体会。

实训4 园林植物扦插育苗

一、目的要求

掌握插穗选择的标准和截制的方法,能正确配制生根剂,能正确使用插后管理的技术措施。

二、工具和材料

工具:修枝剪、切条器、钢卷尺、盛条器、喷水壶、铁锹、平耙、塑料薄膜、遮阴网、烧杯、量筒等。

材料:葡萄、石榴、月季、菊花、红叶石楠等,蒸馏水、扦插基质、生长调节剂等。

三、方法步骤

(一)硬枝扦插

1. 选条

依扦插成活的原理,应选用幼年树上的1~2年生枝条或萌生条;选择健壮、无病虫害且粗壮含营养物质多的枝条。落叶树种在秋季落叶后到第二年春发芽前采条(落叶后或树木开始落叶时剪取最适宜);常绿树插条,应于春季萌芽前采集,随采随插。

2. 剪取插穗

落叶阔叶树应先剪去梢端太细及基部无芽部分,用中段截制插穗。插穗长15~20 cm,粗0.5~2 cm,具有2~3个以上的饱满芽。上剪口距第一个芽1 cm处平剪,下剪口距下芽0.5 cm或靠近节间处平剪或斜剪,插穗上的芽应全部保留。常绿阔叶树的插穗长10~25 cm,

并剪去下部叶片,保留上端 1~3 节叶片,或每片叶剪去 1/3~1/2;针叶树的插穗,仅选枝条顶端部分,应剪成 10~15 cm 长(粗度 0.3 cm 以上),并保留梢端的枝叶。

注意:枝条剪切时,切口平滑,不能撕裂,上面平切,下面斜切。

3. 贮条

秋采春插的穗条应挖沟层积贮藏,堆积层数不宜太高,多 2~3 层为宜。也可窖藏或插条两端蜡封放在低温温室内贮藏。

4. 药液配置

分别配制 ABT 生根粉、萘乙酸、吲哚丁酸 100 mg/kg、500 mg/kg 溶液。

5. 插条处理

ABT 生根粉、萘乙酸、吲哚丁酸 100 mg/kg 溶液浸泡插穗 2 h;

ABT 生根粉、萘乙酸、吲哚丁酸 500 mg/kg 溶液浸泡插穗下端 10 s;

用蒸馏水浸泡 2 h 与用蒸馏水浸插穗下端 10 s。

6. 扦插

落叶阔叶树种如果插穗较长,且土壤黏重湿润可以斜插;插穗较短,土壤疏松适宜直插。常绿树种宜直插。扦插的深度为 1/2~2/3,在干旱地区和沙地插床也可将插穗全部插入土中,插穗上端与地面平,并用土覆盖。

先定好株行距,按照株行距,先用与插条粗细一致的木棍插孔,再将插条插入,将土按实,插完后灌水。一般插条插入土壤 1/2~2/3,在北方干旱地区,扦插应深一些,插条上切口与地面齐平。在我国长江以南,插穗,插入土壤 4~5 cm 即可。

7. 插后管理

垄插苗要连续灌水 2~3 次,要小水慢灌,不可使水漫过垄顶。灌水后要及时中耕。等插条大部分发芽出土之后,要经常检查没有发芽的插条,如发现第一芽已经坏了,就应扒开土面,促使第二个芽出苗。

插床苗因为有塑料薄膜覆盖,可每隔 5~7 天灌水一次。灌水后松土。要经常检查床内温度和湿度,必要时要进行降温、遮阴。

(二)嫩枝扦插

1. 采条

5 月下旬至 9 月份,从幼年母树上,选当年生半木质化、生长健壮、无病虫害、带有饱满芽的枝条,剪取后,用湿布包好或放于盛水桶中,在阴凉处剪制成插条。

2. 插条剪取

剪取长 10~15 cm、带 2~3 个芽及带 2~3 片叶的插条,最好随采、随剪、随插。

3. 扦插方法

(1)基质选择　以疏松的蛭石、珍珠岩或沙等为主。

(2)扦插方法　扦插深度不宜太深,一般 2~3 cm,以插条直立不倒为度。扦插密度以叶片相互之间不重叠为宜,使叶片顺利进行光合作用,喷透水。

(3)插后管理　扦插完后,要在插床上搭设拱棚,上面覆盖薄膜,并将四周压实,拱棚上方再架苇帘遮阴。为减少水分蒸发,需要每周喷水 1~2 次,既增加空气湿度,又防止土壤过湿;温度一般应控制在 18~25℃较为适宜,若温度高,可以采用通风或增加喷水次数降低温度。

四、实训报告

记录扦插苗生长情况,并结合操作与管理过程进行分析。

插条育苗生长观察记录表

树种: 　　　插穗类型: 　　　扦插日期: 　　　成活率:

观察日期	生长日期/天	苗高/cm	径粗/cm	放叶情况		生根情况	
				开始放叶日期	放叶插条数	开始生根日期	生根插条数

嫩枝扦插成活统计表

树种名称	扦插日期	扦插数量	插后25天	插后30天	插后35天	成活率/%
			平均发根数/30枝	平均发根数/30枝	平均发根数/30枝	

实训5　园林植物容器育苗

一、目的要求

掌握营养土的配制及育苗和管理技术。

二、工具与材料

工具:容器、肥沃表土、肥料和种子(或苗木、插穗)、薄膜或稻草、桶、洒水壶、遮光网、拱条、铲子等,修枝剪、切条器、钢卷尺、盛条器、喷水壶、铁锹、平耙、烧杯、量筒等。

材料:本地区常用林木5~6种,生根粉或萘乙酸、酒精、蒸馏水等。

三、方法步骤

(一)营养土配制

(1)配制营养土　各成分比例合理,尤其要控制好肥料比例。充分混合后堆沤备用。注意调节pH值。

(2)装土和置床　将营养土装入容器,挨个整齐排列成苗床,装袋时要振实营养土。

(3)营养土消毒　育苗前1~2天用多菌灵或其他杀菌剂灭菌。掌握好浓度和用量。

(二)移苗

(1)移苗　小苗长到3~5cm时将小苗移入容器。

(2)管理　移苗后,做好遮阴、盖膜、灌溉、施肥和病虫防治工作。

(三)扦插

(1)选条　在春季萌发前和生长季节分别按硬枝扦插和嫩枝扦插的要求采条。要求根据影响扦插成活的内因选择年龄适当的母树及年龄、粗细、木质化程度适宜的枝条。

（2）制穗　在阴凉处用锋利的修枝剪剪取插穗。插穗长度、剪口的位置、带叶数量要适宜。

（3）催根处理　用浓度为1 000～1 500 mg/L的萘乙酸或300～500 mg/L的生根粉速蘸，促进生根。也可以用较低浓度的生根剂、温水浸泡催根。

（4）扦插　用直插法，将插穗插入容器中。要求扦插深浅较适合。

（5）管理　扦插完毕立即浇透水。在生根期间，围绕防腐及保持基质和空气湿度做好喷水、遮阴、盖膜、消毒等工作。

四、实训报告

要求按操作步骤详述容器育苗的方法、步骤和技术要求，并总结经验与不足。

实训 6　园林植物嫁接繁殖

一、目的要求

掌握园林植物嫁接成活的原理，掌握不同嫁接方法的操作程序和标准要求，具有较熟练的嫁接操作技术和较高的成活率，能正确实施嫁接后的管理措施。

二、材料和用具

工具：修枝剪、切条器、各种嫁接刀、盛条器、塑料薄膜条等。

材料：月季＋月季、单瓣茶花＋重瓣茶花，紫玉兰＋白玉兰，小叶女贞＋桂花，仙人掌＋蟹爪兰等。

三、说明

①嫁接方法：根据树种特性、生长发育状况、砧木和插穗的质量以及适宜的嫁接时期确定嫁接方法，一般在早春进行枝接，秋季进行芽接，也有夏季可行芽接的情况。要求能运用两种方法。

②嫁接前3～4天砧木圃地进行充分灌水；采集、贮藏和切削过程中，应防止失水干燥，在生长季节嫁接时最好做到当天采当天接。嫁接的枝剪和刀要锋利，切削要求切面平滑，一刀削成。切砧、削穗、嫁接和包扎等技术环节必须连接紧密，尽量缩短操作时间。

③嫁接后应按时管理，并及时检查成活情况。枝接一般5～6周即可愈合，芽接15～20天即可看出是否成活。成活后可解除绑扎物，并做好设支柱、砧木除蘖、除草、松土、浇水等抚育工作。

四、方法步骤

（一）枝接

1. 劈接法

砧木较粗大，从砧木中间直劈，分成两半深达3 cm左右，接穗下方削成两个长达2 cm的斜面,形成楔形。将接穗直接插入砧木切口的一侧,使两者形成层紧密结合,稍加束缚用塑料条封严。

具体操作方法如下。

(1)砧木处理 将砧木自地表 5 cm 处截断,削平,用劈接刀从横断面中心垂直劈开砧木,深度 3～4 cm。

(2)接穗削取 接穗下端,两侧削成斜面为 2～3 cm 的楔形,接穗外侧稍厚,内侧略薄,斜面应平滑。

(3)嫁接 将接穗插入砧木中,注意使砧木与接穗外侧形成层对正,用塑料带或麻绳绑缚。嫁接后用接蜡封口或培土覆盖。

2. 切接法

砧木粗 1～2 cm。

(1)砧木选择与处理 选 1～2 年生实生砧木,生长健壮,直径达 1 cm 左右。嫁接时,将略粗于接穗的砧木,在距地面 5～10 cm 处剪断,用修枝剪将切口削平,再选砧木的平滑一侧,用切接刀略带木质部自上向下垂直下切,下切深度 2～3 cm,将皮剥开。

(2)接穗选择与处理 优良的接穗选自生长健壮、品种固定的母树上,接穗应生长充实、芽饱满,无病虫危害。一般选自母树树冠中上部外围的枝,接穗选有 2～3 个芽,长 4～8 cm,在其上端剪口芽反面齐芽削呈 45°斜面,在剪口芽同侧下方削一较长的斜面,长约 2 cm,伤口必须平滑,在此斜面的背面再切短斜面呈 45°。

(3)嫁接 将削好的接穗,长斜面向内,小面向外,插入砧木切口,插至接穗长斜面稍"露白"为止,注意砧、穗二者形成层对正。然后用塑料带由下向上绑扎紧。必要时可以覆土或套上塑料袋,以防失水。

3. 腹接法

接穗削取和切接法相同,而砧木不截头,在树干中段作一斜切,深达木质部,将接穗插入扎捆即可。

(二)芽接

丁字形芽接 在树木离皮时应用。

1. 接穗的采收

选定开花品质好,生长健壮而且抗性强的母本采穗。在树冠外围选取具有饱满芽的当年生枝条,把选好的枝留 2～3 芽从母本树上剪下,除去叶片,保留叶柄,若不立即进行芽接,应把接穗条浸泡在水中或用湿布包好。

2. 削芽片

将枝条正握左手中,右手拿芽接刀,选饱满的芽,在芽上方 0.5～1 cm 处横切一刀,深达木质部,再在芽下方 1 cm 处下刀,向上平削,直到与横切口交叉为止,芽切面务必光滑,削芽时应一刀直削而下,稍带或不带木质部,芽片宽 1 cm,为盾形。不要左右摆动或重复几次削取。削下的芽最好直接插入砧木,以免削面干燥影响成活,若不能立即插入,可放置在湿布中加以保存。

3. 切砧木

选一、二年生发育良好的实生苗,直径 0.6～1 cm。先剪除砧木上离地面 30 cm 以内的萌枝,并用干净布擦净干上泥沙,然后在距地表 5 cm 处,选光滑一侧,先用芽接刀横切一刀,深达木质部,刀口长度与芽片宽度相适宜,再自横刀口中央从上而下直切一刀,深达木质部,长度与芽片长相适,呈丁字形。

4. 嫁接

用芽接刀尾部拨开皮部,把削好的芽片,用右手拿着叶柄,从砧木切口处的中央由上而下,迅速直插入砧木,使盾形芽片上端与砧木切口上边对齐。芽片必须全部插入且与砧木平贴,不可弯曲或留有空隙,若芽片过长,可齐横切口处削除,并将剥开的树皮覆盖芽片。然后用塑料条自上而下捆绑切口,要松紧适度,注意必须留出芽和叶柄。

(三)仙人掌类植物嫁接

1. 平接法

用三棱柱嫁接仙人球。

具体方法:将三棱柱在适当高度水平横切,为防止切后断面凹陷,用刀将棱柱茎四周斜削,然后将仙人球下部也进行水平横切,切好后放在三棱柱切面上。注意:三棱柱与仙人球两者的维管束偏一侧对齐。最后用绳绑扎固定。

2. 劈接法

用仙人掌嫁接蟹爪兰。

具体方法:先将仙人掌留适当高度横切,在它的顶部中心向下直切 1～2 cm 的切口;将接穗蟹爪兰下端两面削成楔形斜面,使维管束露出,将削好的接穗插入砧木髓部,使维管束相接对齐。最后用竹针或仙人掌长刺插入相接处,使接穗固定。

五、实训报告

记录嫁接苗生长情况,并结合实际操作与管理过程写出对嫁接繁殖的认识与体会。

嫁接情况管理记录表

嫁接日期		接穗名称		砧木名称		嫁接方法		嫁接株数	成活株数	成活率	
观察日期与管理内容											

实训 7　园林植物压条繁殖

一、目的要求

掌握高空压条程序,会配制压条生根基质,能正确选择压条母株及枝条,合理使用生根剂等措施处理压条,能顺利完成压条的一系列操作。

二、工具和材料

工具:铁锹、修枝剪、嫁接刀、绑扎带、塑料袋或薄膜、小木棒、铁丝等。

材料:常见园林植物、苔藓、园土、锯末、枯草、生长激素等。

三、方法步骤

(一)空中压条

(1)填充料的配制　苔藓、园土、锯末、枯草的准备与配制,调节湿度以"手捏成团不滴水、落地能散"为度。

(2)树种选择　适宜于木质坚硬、枝条不易弯曲树种;树冠太高、基部缺乏枝条,或树冠高、枝条无法压到地面的树种;不易发生根蘖的树种;贵重树种等。如含笑、米兰、月季、茉莉、红花紫荆、桂花、葡萄等。

(3)压条　3月份至4月份选取直立健壮、角度小的2～3年生枝条,在距离被压枝条基部5～6 cm的地方进行环剥,宽度视枝条粗度而定,花灌木在节下环状剥去1～1.5 cm宽皮层,乔木一般3～5 cm宽,深度达木质部,用生根激素处理,然后在环剥口处包上保湿的生根材料并包扎坚实。经常检查,保持湿润。当年秋季即可分离移栽。

(二)堆土压条

适用于分蘖性强,丛生多干的树种。校园中紫叶李、木槿、贴梗海棠、栀子、八仙花等适用这种方法。

(1)平茬截干　春季萌芽前,将母株枝条距地面5 cm处短截,促发萌蘖。

(2)刻伤和环剥　在新梢长至20 cm时,在距离新梢基部5 cm处环割或环剥。

(3)培土　将土壤松散地培在新梢基部,高10～15 cm。1个月后可以再次培土。

(4)日常管理　松土除草、保温保湿、防积水。

(5)起苗晚秋扒开土堆进行分株起苗,分株时从新梢基部2 cm处剪下,剪完后对母株再立即覆土保湿,还可继续利用。

(三)单枝压条

最常用的一种地面压条法,宜在早春进行。适用于枝条离地面近,容易弯曲的树种,如蜡梅、夹竹桃、迎春、凌霄、紫藤、连翘、花石榴等大部分灌木类。

(1)选择压枝　选择母株近地面的一、二年生健壮枝条。

(2)刻伤和环剥　在准备生根处进行环割或环剥,标准同上。

(3)压条　弯曲埋入挖好的沟中。沟深15～20 cm,近母株一侧为斜面,以使枝条与土壤密切接触,外侧为垂直面,以引导新梢垂直向上生长,顶端露出地面,用木棍或铁丝将其固定。

(4)日常管理　同堆土压条。

(5)分离移栽　第二年春天进行。

四、实训报告

每人上交1份实训报告,实训报告主要包括实训内容、收获与体会,压条成活与否的原因分析等。

实训 8　园林植物苗木移植

一、目的要求

掌握树木移植的基本方法,能独立进行人工裸根挖苗和软包装土球法的移植。

二、工具和材料

工具:修枝剪、铁锹、镐、手锯,带土方箱,嫁接刀、绑扎带、塑料袋或薄膜、蒲包片、稻草片、麻袋片等。

材料:栀子、红花檵木、桂花、大叶黄杨、银杏、悬铃木、生长激素等。

三、方法步骤

(一)掘苗

1. 裸根苗

大多数落叶树和易成活的针叶树小苗都可采用裸根掘苗。掘苗时人与树苗相对立定,用利锹沿树根四周由外向内垂直挖掘,直至规定深度,等四周侧根全部掘断后再向中心部掏掘,将底根铲断。轻去土,保护好根系。

2. 带土球苗

土球规格要符合规定大小。以树干为中心画一个圆圈,标明土球直径的尺寸。去表土后沿所画圆圈外缘向下垂直挖沟,一直挖掘到规定的土球高度。掏底时,直径小于 50 cm 的土球可直接掏空,将土球抱到坑外打包,大于 50 cm 的土球,则应将土球中心保留一部分支撑,土球在坑内打包。

3. 带土方木箱掘苗

(1)掘苗前的准备工作　先按照绿化设计要求的树、规格选苗,并在选好的树上做出明显标记(在树干上拴绳或在北侧点漆),将树木的品种、规格(高度、干径、分枝点高度、树形及主要观赏面)分别记入卡片,以便分类排队,编出栽植顺序。对于所要掘取的大树,其所在地的土质、周围环境、交通路线和有无障碍物等,都要进行了解,以确定它能否移栽。

(2)掘苗　先根据树木的种类、株行距和干径的大小确定在植株根部留土台的大小。一般可以按苗木干径(即树木高 1.3 m 处的树干直径)的 7～10 倍确定土台。

土台大小确定后,要以树干为中心,按照比土台大 10 cm 的尺寸,画一正方形线印,将正方形内的表面浮土铲除掉,然后沿线印外缘挖一宽 60～80 cm 的沟,沟深应与规定的土台高度相等。挖掘树木时,应随时用箱板进行校正,保证土台的上端尺寸与箱板尺寸完全符合,土台下端可比上端略小 5 cm 左右。土台的 4 个侧壁,中间可略微突出,以便装上箱板时能紧紧抱住土台,不能使土台侧壁中间凹两端高。挖掘时,如遇有较大的侧根,可用手锯或剪枝剪把它切断,其切口应留在土台里。

土台修好后,应立即上箱板,上紧线器,钉箱。加深边沟后进行掏底操作,然后上好底板和盖板。

(二)移植树木的修剪

1. 落叶乔木修剪

凡具有中央领导干,主轴明显的树种,应尽量保护主轴的顶芽,保证中央领导干直立向上生长。主轴不明显的树种,应选择上部中心比较直立的枝条当作领导枝,并通过修剪控制与直立枝竞生的侧枝,以使尽早形成高大的树身和丰满的树冠。

2. 灌木修剪

应多留内膛枝,外缘枝逐级留低,以形成内高外低的丰满灌丛;枝条的平面分布,应为内疏外密;树型一般不宜太高,一般树种宜将直立的枝芽剪去,保留斜向枝芽;根蘖比较发达的树种,应多疏剪老枝,以使植株更新,生长旺盛。

3. 常绿树修剪

孤植的常绿树一般不剪;绿篱修剪一般应按设计要求造型。

四、实训报告

要求根据所移植的植物说明移植的步骤、方法和注意事项,并说明观察和管理的内容和计划安排,在检查移植成活情况后进行总结。

实训 9　草花盆栽播种育苗

一、目的要求

掌握常用草本花卉的精细播种方法与技术,能独立进行播种育苗及其管理工作。

二、材料和用具

工具:育苗容器、浸种容器、水桶及其他容器,喷壶、喷雾器,小木棒、铁锹、移植铲,平板车、耙子、细筛、镇压板、塑料薄膜、烧杯、温度计等。

材料:鸡冠花、百日红、万寿菊、凤仙花、一串红等,营养基质、磷肥、常用杀菌剂等。

三、方法步骤

1. 播种时期

(1)春播　如鸡冠花、百日红、万寿菊、凤仙花等。

(2)秋播　如三色堇、紫罗兰、一串红等。

2. 播种用盆及基质

(1)用盆

①花盆:可选用三斤盆、五斤盆或七斤盆。花盆要洗干净。

②播种箱:规格有 60 cm×30 cm×10 cm 等,下有排水孔,目前已大量用塑料播种箱。

(2)基质　要求用富含腐殖质,疏松,肥沃的壤土或沙质壤土。一般可用园土 2 份,沙 1 份,草灰 1 份混均匀,消毒处理后,加入磷肥,磷肥用量 1 kg/m³。

也可以用塘泥,要求质量好的不易淋溶的。塘泥预先敲碎备用。

3. 播种方法(主要介绍盆播方法)

(1)播种床准备　用瓦片凸面朝上盖住播种盆排水孔,填入约 2 cm 的粗粒土,以利排水,随后填入培养土至八成满,整平轻轻压实,待用。

(2)浸种处理　可用常温水浸种一昼夜,或用温热水(30~40℃)浸种几小时,然后除去漂浮杂质以及不饱满的种子。取出种子进行播种。太细小的种子不经过浸种这一步骤。

(3)播种

①细小种子如金鱼草等可掺混适量细沙撒播,然后用压土板稍加镇压。

②其他种子如凤仙花、一串红、万寿菊、鸡冠花等可用手均匀撒播,播后用细筛筛出培养土覆盖,以不见种子为度。

(4)淋水　采用"盆浸法",将播种盆放入另一较大的盛水容器中,入水深度为盆高的一半,由底孔徐徐吸水,直至全部营养土湿润。播细粒种子时,可先让盆土吸透水,再播种。

4. 播后管理

播种盆宜放在通风,没有太阳直射的地方以及不受暴雨冲刷的地方。盆面上盖上玻璃片保持湿润,不必每天淋水,但每天要翻转玻璃片,湿度太大时玻璃片要架起一侧,以透气。也可以不用玻璃片,而改用倒盖花盆的方法。

草花种子一般 3~5 天,或 1~2 周即萌动,这时要把覆盖物除去,逐步见阳光,并加强水分管理,使幼苗苗壮成长。太密时应间苗,间完苗后要淋一次水。

出苗后还要密切注意病虫害发生的情况。一般出苗后 15~30 天进行移苗。

四、实训报告

要求如实填写草花盆栽播种育苗观察记录表。

描述草花播种育苗的各个技术环节的做法,并总结经验与不足。

草花盆栽播种育苗观察记录表

播种日期		草花名称	
观察日期	出苗情况		管理工作

实训 10　草花的上盆移栽

一、目的要求

能进行合理的选盆、配盆与花盆处理,能独立进行草花上盆移栽及其管理工作。

二、工具和材料

工具:花盆、铁锹、喷壶、花铲、喷雾器、遮阳网、营养袋、细筛等。

材料：每人 10～15 株供上盆移栽的草花小苗等，营养基质、磷肥、常用杀菌剂等。

三、方法步骤

1. 选盆与花盆处理

花盆和营养钵的大小、形态、质地合适；新瓦盆泡水、旧盆清洗及消毒处理。

2. 培养土配制与处理

根据草花品种合理配制培养土，并提前进行盆土的消毒、过筛等处理。

3. 上盆操作

注意上盆的操作技术要点。

4. 上盆后养护管理

主要有遮阴、浇水等养护管理措施。

四、实训报告

要求详细叙述实训的每个环节的做法，总结经验和体会，说明管理工作的技术要点。

实训 11　花卉扦插繁殖

一、目的要求

掌握常见花卉扦插繁殖技术，能独立进行花卉扦插繁殖及其管理工作。

二、工具和材料

工具：修枝剪、育苗容器、喷壶、喷雾器，小木棒、铁锹、细筛、镇压板、塑料薄膜、烧杯、温度计等。

材料：月季、茉莉、一串红、菊花、彩叶草、万年青等，扦插池、河沙、营养基质、磷肥、常用杀菌剂、生根剂等。

三、方法步骤

(一)插床的准备

可用花盆或大扦插床。

取五斤盆，内外冲洗干净，在排水孔垫上一块瓦片。用塑料盆盛半盆中粗沙，反复冲洗干净后，捞起放入洗净的花盆里，每盆盛沙八至九成满，滴干水备用。

(二)插穗剪枝、处理及扦插方法

1. 菊花、大丽花、彩叶草等草本花卉嫩枝插

选取健壮的嫩梢，长 5～10 cm，在近节处截断，顶端留 1～2 张叶片，叶片可剪去一半。插穗经消毒冲洗干净后，用催根剂处理，然后用黏土做成花生米大小软硬适宜的团子包在插穗切口上。用竹子在基质上打一孔，放入插穗，轻轻压实。全盆扦插完后浇水使插穗与插床紧贴。

2. 山茶、木槿、宝巾等常绿木本花卉的绿枝插

选取健壮、半木质化的枝条,以 2~3 节为一段,留顶端叶 1~2 片,下端在靠近节位处切断,切口要平滑,消毒并用催根剂处理后,用一根竹打洞,逐条把插枝放入,深度为 1/2~2/3,轻轻压实。整盆插完后淋透水,放半阴或 30%透光的阴棚中管理。

3. 一品红、木芙蓉、小叶紫薇等落叶木本花卉硬枝插

选取木质化较粗的枝条,每段长 10 cm,带 3~4 个芽,于近节处切断,切口宜平。冲洗干净后,用竹竿打洞,垂直插入插床中,深度 1/2~2/3,也可斜插,埋入深度可达 2/3。插后浇水。

4. 万年青扦插

万年青等用枝剪或利刀切成一段段,长度为 2~3 个芽。晾干或两端醮上草木灰,然后直接埋入湿润沙床中,置阴凉不淋雨水的地方,待 2~3 天盆面沙发白时才淋少量水,平时保持湿润至发根出芽为止。如带叶扦插时要增大空气湿度。

说明:上述各类型的花卉的扦插方法,具体操作时还需要考虑选择适宜的季节,才能有比较高的成活率和生产价值。

四、实训报告

要求如实填写扦插繁殖育苗观察记录表,描述扦插繁殖育苗的各个技术环节的做法,并总结经验与不足。

草花扦插繁殖育苗观察记录表

扦插日期		植物名称	
扦插数量		成活率	
观察日期	出苗情况		管理工作

实训 12　花卉分株繁殖

一、目的要求

了解花卉分株繁殖技术在生产中的应用,掌握常见花卉分株繁殖技术。能独立进行花卉分株繁殖及其管理工作。

二、工具和材料

工具:花盆、喷壶、铁锹、修枝剪等。

材料:美人蕉、鸢尾、兰花、棕竹、兰花、万年青等,营养基质、磷肥、常用杀菌剂、生根剂等。

三、说明

花卉分株繁殖是生产中常用的繁殖方法,这种方法只适用于丛生性或有地下茎的花卉,如兰花、棕竹、凤梨类、肾蕨等。分株繁殖又称分生繁殖,繁殖体包括有分株、地下茎、鳞茎、球茎等。分株繁殖的时间随花卉种类而异,一般春季开花的在秋季进行,而秋季开花的多在春季进行。

四、方法步骤

(1)脱盆　分株前一天停止淋水。脱盆时将盆平放,左手抓住盆缘,右手轻拍盆边,并缓慢转动,然后左手紧握植株根茎处往外轻拉,右手用小木棒从排水孔轻推,即可把植株连同泥脱出。再轻轻敲散泥头。

(2)分株　将根系上的泥土轻轻去掉,不要过分损伤根系,提起植株观察,将幼体从其与母体连接处切开。兰科植物等发根能力弱者,幼体要粗壮并具 3 条根以上才能单独分开,如达不到这个条件,应带一个母株从老株上分割。

(3)修整　将烂根剪去,并对植株上过多的叶子剪去一部分,如是单子叶植物可不剪叶。

(4)定植　将植株分离后,母体种回原盆,幼株另盆种植。兰科等群生性种类,母体 3～5 个种一盆,幼体 3～5 个种一盆,且使长芽面对向盆边。

五、实训报告

要求按操作步骤详述分株的花卉名称、方法、步骤和技术要求,并总结经验与不足。

实训 13　草坪草种类及形态特征观察

一、目的要求

了解草坪草在园林中的一般应用特性;掌握常见冷季型、暖季型草坪草的种类、形态特征与生活习性,初步识别本地主要草坪草。

二、工具和材料

工具:原色图谱、放大镜、花铲、铁锹、尺子等。

材料:本地主要草坪草。

三、说明

1. 类型

常见的冷季型草坪草:早熟禾属、黑麦草属、羊茅属和剪股颖属草坪植物。

常见的暖季型草坪草:狗牙根属、结缕草属、野牛草属、地毯草属、蜈蚣草属、钝叶草属、雀稗属、画眉草属等草坪植物。

其他:豆科的白三叶,旋花科的马蹄金,百合科的沿阶草。

2. 本地草坪草主要特征特性

（1）暖季型

①狗牙根属：又名行义芝、绊根草（上海）、爬根草（南京）。禾本科，狗牙根属。广布于温带地区。

主要有普通狗牙根和杂交狗牙根用于草坪。

【形态特征】多年生草本。具根状茎和匍匐枝，节间长短不一。秆平卧部分长达1 m，并于节上产生不定根和分枝，故又名"爬根草"。叶扁平线条形，长3.8～8 cm，宽1～2 mm，先端渐尖，边缘有细齿，叶色浓绿。叶舌短小，具小纤毛。

【生态习性】喜光稍耐阴，较抗寒，浅根系，少须根，遇旱易出现匍匐茎嫩尖成片枯头。耐践踏，喜肥沃排水良好的土壤，在轻盐碱地上生长也较快，且侵占力强，常侵入其他草坪地生长。

【培育特点】种子不易采收，多采用分根无性繁殖，栽植后应保持土壤湿润，管理较粗放，修剪次数较少。

【使用特点】极耐践踏，再生力强。球赛几经践踏的草坪，如能在当晚立即灌水，1～2天后即复苏；若及时增施氮肥，即能很快茂盛生长，继续使用。覆盖力强，也是很好的固土护坡草坪材料。

②细叶结缕草：又名天鹅绒草（华东）、朝鲜草、台湾草。禾本科，结缕属。主要分布于日本及朝鲜南部地区，早年引入我国，是我国栽培较广的细叶型草坪草种。

【形态特征】多年生草本。呈丛状密集生长，高10～15 cm，秆直立纤细。具地下茎和匍匐枝，节间短，节上产生不定根。须根多浅生；叶片丝状内卷，长2～6 cm。

【生态习性】喜光，不耐阴，耐湿，耐寒力较结缕草差，竞争力极强。夏秋生长茂盛，油绿色，能形成单一草坪。华南夏、冬季不枯黄。华东地区于4月初返青，12月初霜后枯黄。

【培育特点】多行营养繁殖。三四年后，草丛逐渐出现馒头状突起，绿色期短，有时叶尖枯焦，或因积水发生病害，影响观赏。

【使用特点】色泽嫩绿，草丛密集，杂草少，外观平整美观，具弹性，易形成草皮，常作封闭式花坛草坪或作塑造草坪造型供人观赏。作开放型草坪。也可固土护坡、绿化和保持水土。

③沟叶结缕草：俗名马尼拉草，产于台湾、广东、海南等地。

【形态特征】多年生草本。具横走根茎，须根细弱。

【生态习性】与细叶结缕草相似。

【培育特点】与细叶结缕草相同。

【使用特点】比细叶结缕草抗病性强，植株更矮，叶片弹性和耐践踏性更好，在园林、庭园和体育运动场地广为利用。

④假俭草：又名蜈蚣草、苏州草（上海）。禾本科，蜈蚣草属。主要分布长江流域以南各省区。

【形态特征】多年生草本。植株低矮，高10～15 cm，秆自基部直立，具爬地生长的匍匐茎。叶片线形，革质，先端略钝，长2～5 cm，宽1.5～3 mm，生于花茎上的叶多退化，顶部叶片常退化成一小尖头着生于叶鞘上。

【生态习性】喜光、耐旱、耐瘠、适宜重剪，较细叶结缕草耐阴湿。在排水良好，土层深厚而肥沃的土壤上生长茂盛，在酸性及微碱性亦能生长。

【培育特点】用种子繁殖，种子采收后，翌春播种，发芽率甚高，无性繁殖能力亦强，我国各地习惯用移植草块和埋植匍匐茎的方法进行繁殖。要求养护管理精细，重点是修剪、施肥和滚压。

【使用特点】株体低矮、耐旱、茎叶密集、平整美观，绿色期长，具有抗 SO_2 等有害气体及吸附尘埃的功能，广泛用于庭园草坪，并与其他草坪植物混合铺设运动场草坪，也是优良的固土护坡植物。

⑤地毯草：又名大叶油草。禾本科，地毯草属。原产南美洲，我国早期从美洲引入。

【形态特征】多年生草本，具匍匐茎。秆扁平，节上密生灰白色柔毛，高 8～30 cm；叶片柔软，翠绿色，短而钝，长 4～6 cm，宽 8 mm 左右。

【生态习性】喜光，也较耐阴，再生力强，亦耐践踏。对土壤要求不严，冲积土和肥沃的沙质壤土上生长好，匍匐茎蔓延迅速，每节均能产生不定根和分蘖新枝，侵占力极强。耐寒性较差，易产生霜冻，但春季返青早、速度快。

【培育特点】结实率和萌发率均高，可行种子繁殖，亦可无性繁殖。

【使用特点】在华南地区为优良的固土护坡植物。低矮，耐践踏，较耐阴，常用它铺设草坪和与其他草种混合铺运动场。

(2)冷季型

①草地早熟禾：又名六月禾、蓝草、光茎蓝草、草原莓系、长叶草等。早熟禾属。原产欧洲、亚洲北部及非洲北部，现遍及全球温带地区。

【形态特征】具细根状茎，秆丛生、光滑，叶鞘疏松、包茎，具纵条纹。叶舌膜质，叶片条形，柔软。

【生态习性】喜光耐阴，喜温暖湿润，又具有很强的耐寒能力。抗旱性差，夏季炎热时生长停滞，春秋生长繁茂。根茎繁殖力强，再生性好。

【培育特点】通常用种子和带土小草块两种方法繁殖。种子繁殖成坪快，直播40天即可形成新鲜草坪。生长 3～4 年后，逐渐衰退，3～4 年补播一次草籽是管理中十分重要的工作。

【使用特点】生长期较长，草质细软，颜色光亮鲜绿，绿色期长，耐践踏性较差，适宜公共场所作观赏草坪。常与黑麦草、小糠草、匍匐紫羊茅等混播建立运动草坪场地，效果较好。

②普通早熟禾：又名小鸡草。为北半球广布。

【形态特征】一年生或越年生草本。株丛低矮；秆直立或基部稍倾斜，丛生；叶片扁平柔软细长，叶鞘自中部以下闭合。叶舌钝圆、膜质。

【生态习性】适应性强，抗寒、耐阴，喜冷凉湿润环境。耐旱性差。对土壤适应性强，耐瘠薄，在一般土壤中均能良好生长。

【培育特点】一般为种子繁殖。将种子与细砂(或细土)混合撒播，用细耙轻耙后，再用木板稍加拍打。耐旱性差，应注意灌水，气候干旱时易枯黄，且越年生，宜与其他草混播建坪。

【使用特点】低矮，整齐美观，绿色期长，耐阴，适宜于林阴下、花坛内作观赏草坪。

③高羊茅：又称苇状羊茅，羊茅属。草坪性状非常优秀，适于多种土壤和气候，应用非常广泛。

【形态特征】多年生草本，丛生型。茎直立、粗壮。

【生态习性】适于寒冷潮湿和温暖湿润过渡地带生长，对高温有一定的抵抗能力，是最耐旱、最耐践踏的冷季型草坪草之一，耐阴性中等，较耐盐碱耐土壤潮湿。

【培育特点】种繁为主。建坪速度较快。再生性较差,故不宜低修剪。耐贫瘠土壤。

【使用特点】因耐践踏而适应范围很广,叶片质地粗糙而不能称为高质量的草坪草,用于中、低质量的草坪及斜坡防护草坪。

④紫羊矛:又名红狐矛。是羊矛属中应用广泛的草坪草种之一。也称匍匐紫羊矛。

【形态特征】多年生草本。须根发达,具短的匍匐茎;秆基部斜生或膝曲,丛生,分枝较紧密,基部红色或紫色;叶鞘基部红棕色并破碎呈纤维状,分蘖的叶鞘闭合。叶片线形、光滑柔软、对折内卷。

【生态习性】适应性强,抗寒、抗旱、耐酸、耐瘠,最适于温暖湿润气候和海拔较高的地区生长。在半阴处能正常生长。pH 6~6.5 的土壤上生长良好。夏季高温生长不良,出现休眠现象,春秋生长最快。寿命长,耐践踏和低修剪,覆盖力强。春季返青早,秋季枯黄晚。

【培育特点】种繁为主。种子小,应精细整地,覆土宜浅,春秋均可播种,但以秋播为好,苗期生长慢,应注意除草。

【使用特点】紫羊茅是全世界应用最广的一种主体草坪植物。寿命长,色美,青绿期长,耐践踏、耐阴,被广泛应用于机场、运动场等绿化建坪植物。

⑤多年生黑麦草:又名宿根黑麦草、黑麦草。黑麦草属。原产于南欧、北非和亚洲西南部。我国早年从英国引入,现已广泛栽培,是一种很好的草坪草。

【形态特征】多年生草本。具短根茎,茎直立,丛生,高 70~100 cm;叶片窄长,深绿色,具光泽,富有弹性。叶脉明显,幼叶折叠于芽中。

【生态习性】喜温暖湿润夏季较凉爽的环境。抗寒、抗霜而不耐热,耐湿而不耐干旱,也不耐瘠薄。春季生长快,夏季呈休眠状态,秋季生长较好。在 27℃气温下生长最适。土温 20℃左右生长最旺盛,15℃分蘖最多。气温低于 -15℃则会产生冻害。寿命较短,只 4~6 年。耐践踏,不耐低修剪,耐阴性差。

【培育特点】结实性较好,发芽容易,通常用种子播种繁殖。分蘖力强,再生快,特别是春秋,应注意修剪。种粒较大,发芽容易,生长较快,通常用于混播,建立混合草坪,提高成坪速度。

【使用特点】抗 SO_2 等有害气体,故多用于工矿区。

⑥匍匐马蹄金:又名黄胆草、金钱草。旋花科,马蹄金属。主产于美洲,世界各地均有生长。

【形态特征】多年生匍匐性草本。株体低矮。茎纤细,匍匐,被白色柔毛,节上生根小,全缘,心脏形,叶柄细长。

【生态习性】通常生于干燥地方,耐阴性强,属暖地型草坪草。

【培育特点】种繁和无性繁殖均可。宜短刈,适当增加修剪强度可起调节作用。

【使用特点】宜作多种草坪。既可用于花坛内作最低层的覆盖材料,也可作盆栽花卉或盆景的盆面覆盖材料。

此外,还有麦冬草等。

四、方法步骤

在老师的指导下识别当地园林绿地常见冷地型和暖地型草坪草,熟悉其根、茎、叶、花等主要形态特征和分蘖类型。

五、实训报告

每人上交 3～5 种草坪与地被植物的主要特征记录表,并说明实训的收获与体会。

实训 14　播种法建植草坪

一、目的要求

通过用撒播种子的方法建植草坪,强化从坪床清理、土壤改良、整地、草种选择、播种以及新坪养护等一系列操作过程,同时要掌握各种播种繁殖的方法及播种器械的使用。

二、工具和材料

工具:草坪播种机、犁、圆盘耙、旋耕机、滚压器、耙、松土机等。

材料:草坪草种、消毒剂。

三、方法步骤

1. 坪床清理

对坪床进行清理,包括除杂草。

2. 整地

包括在建坪前可施硫酸铵 5～10 g/m^2,过磷酸钙 30 g/m^2,硫酸钾 15 g/m^2 的混合肥作基肥和土壤消毒。

3. 播种

冷地型禾草最适宜的播种时间是夏末,暖地型草坪草则在春末和初夏。播种前按草坪的建植面积准备好草种,用选定的播种方法进行播种。播种最好在阴天无风的情况下进行。在混合播种中,较大粒种子的混播量可达 40 g/m^2,在土壤条件良好,种子质量高时,播种量 20～30 g/m^2 适当。草坪播种要求种子均匀地覆盖在坪床上,其次是使种子掺合到 1～1.5 cm 的土层中去。播种深度适宜。下种后,对苗床应进行镇压。

播种大体可按下列步骤进行:

①把拟建坪地划分成若干等面积的块(1 m^2)或条(每 2～3 m 一条)。

②把种子按划分的块数分开。如果种子量小,可掺沙搅拌均匀。

③把种子播在对应的地块。

④轻轻耙平,使种子与表土均匀混合。

⑤有时可加盖覆盖物。

4. 镇压

在覆土后要用适当重量的滚压器进行滚压。覆土后宜用 500～1 000 kg 重压路机碾压。凹地宜在每次修剪草后逐次填土镇压,直到与场地拉平为止。

5. 覆盖

覆盖材料的选择应根据具体场地的需要。生产中被广泛使用的是秸秆、锯木屑、菜豆秧、压碎的玉米棒心、花生壳等;合成的覆盖物有玻璃纤维、干净的聚乙烯覆盖物和弹性多聚乳胶以及用黄麻网覆盖物、粗袋布条等进行覆盖。

6. 浇水

播种后浇水一定要均匀,水量以湿到地面以下 5 cm 为宜。浇水的总原则是少量多次。

四、实训报告

要求叙述操作的每个环节的技术要求,说明实训的收获与体会。

实训 15　草坪营养繁殖

一、目的要求

熟悉不同营养繁殖的适应范围;掌握营养繁殖的方法和常规的建坪技术;了解新建草坪的养护管理要点。

二、工具和材料

工具:犁、圆盘耙、滚压器、60～200 kg 的人推轮,80～500 kg 的机动滚轮、土壤犁刀、耙、重钢垫(耱)、板条大耙和钉齿耙、松土机、机械塞植机、杯环形刀、剪草机、起草皮机、滚筒或木夯、喷雾机等。

材料:草坪草匍匐茎、草皮块、草皮柱、草皮植生带等营养繁殖材料若干。

三、方法步骤

1. 建植前的准备工作

见播种繁殖。

2. 铺草皮块

铺草皮块有三种方法,要求符合操作要求。

(1)密铺法　注意草皮长不宜超过 2 m,以便于工作。铺草皮时,应使草皮缝处留有 1～2 cm 的间距。

(2)间铺法　要按草皮厚度将铺草皮之处挖低一些,以使草皮与四周土面相平。

(3)条铺法　以 20～30 cm 的距离平行铺植。

3. 铺设后的管理

(1)滚压　使用滚压器、60～200 kg 的人推轮进行滚压。

(2)浇水　充分浇水。

四、实训报告

要求叙述操作过程以及各环节的技术要求,谈谈收获与体会。

实训 16　草坪养护管理

一、目的要求

掌握普通草坪的修剪、施肥、灌溉要点,能使用剪草机、打孔机并独立完成实际操作。

二、工具和材料

工具:剪草机、滚压器、灌溉系统、垂直刈割机、打孔机、钉齿耙、离心式手摇施播机、喷雾机。

材料:新建的草坪。

三、方法步骤

1. 修剪(轧草)

通常当草长到 5～6 cm 高时就可以开始修剪。新建未完全成熟的草坪应遵循"1/3 规则",直至完全覆盖为止,新建的公共草坪修剪高度为 3～4 cm。

草坪的修剪通常应在土壤较硬时进行,修剪草机的刀刃应锋利,茬高 4～5 cm,应该在草坪草上无露水时,最好是在叶子不发生膨胀的下午进行修剪。新建草坪,应尽量避免使用过重的修剪机械。

一般说来,冷季型草坪草在春、秋季两个高峰期应加强修剪,至少 1 周 1 次。在晚秋修剪应逐渐减少次数。在夏季冷季型草坪也有休眠现象,也应根据情况减少修剪次数,一般 2～3 周修剪 1 次。暖季型草坪草在夏季应多修剪。1 周 1 次或 2～3 次。

2. 施肥

施肥以复合肥为主,每次施肥量 20～30 g/m², 也可以增施一次尿素氮肥,每次 12～15 g/m²。常常在早春和晚秋进行。冷季型草一般夏季不施氮肥。草坪施肥量每年应达到 40～50 g/m² 的水平(化肥)。春季施高氮和足够的磷、钾,施量每月可达 30 g/m², 其中氮:磷:钾＝1:0.5:0.5。在早春或任何时候与覆土、镇压同时进行。施肥时要均匀,少量多次。

新生草不宜早施化肥,最少修剪 3 次后才能施用。一般按每次施 10～15 g/m² 即可。随着草苗的生长,每次施肥量可稍增加。为防灼伤,不要在露水未干或浇水后立即施肥。在降雨前勿施肥,施肥后需及时浇水。

液体肥和可溶性肥喷施时要注意浓度控制,如尿素的浓度一般在 2%～3%,磷酸二氢钾(KH_2PO_4)的浓度应在 0.2%～0.3% 的范围内。浓度过大也容易造成草坪灼烧。

3. 灌溉

新坪灌水适合使用喷灌强度较小的喷灌系统,以雾状喷灌为好;灌水速度不应超过土壤有效的吸水速度,灌水应持续到土壤 2.5～5 cm 深完全浸润为止,避免土壤过涝。床面上有积水小坑时,要缓慢地排除积水。以后灌水的次数逐渐减少,但每次的灌水量要增大。通常在早晨太阳出现、露水干后对草坪进行灌溉较好,一般不在有太阳的中午和晚上灌水。用水量的确定通常采用检查土壤水的实际深度来断定。当土壤湿润到 10～15 cm 深时,草坪草可有充分的水分供给。通常在干旱季节,每周需补充 2~3 次水。炎热的夏天应补充的水更多。

4. 打孔

当草皮形成后,为促进草坪草的营养生长和改善坪床的通气透水状况,应定期打孔或划破处理。打孔或划破宜在早春或深冬进行,实心打孔锥长 10~15 cm,直径 1.3 cm。每平方米孔数不得少于 100 个。过度践踏的草坪场,在春季土壤湿润时,应进行 3~6 次的打孔或 2~3 次划破处理。

5. 地表覆土

铺设的草块要用覆土来弥补接口处的不平整。表施的土壤应与被施的草坪土壤质地相一致,通常选择无杂草种子的细土或黄沙,在接口处撒土或全面覆土。春初和秋末在草坪耙去芜枝层后应覆土。

6. 梳草

梳草采用的垂直刈割也叫划破草皮。用以清除草皮表面积累的枯枝层,改善草皮的通透性。冷季型草坪在夏末或秋初进行,而暖季型草坪在春末或夏初进行。

7. 草坪保护

主要是指对杂草、病虫害的防治。杂草的清除通常在播前进行,如种子纯度的选择,植物性覆盖材料的选用,以及秋季严霜的处理(可除去草坪群落中大多数的一年生杂草)措施,甚至将种植土和表施土壤的熏蒸处理,夏季休闲等。

当杂草萌生后,可使用非选择内吸性除莠剂(主要是磷酸钼氨酸)。当草坪定植后,可使用萌后除莠剂。大多数除莠剂的使用通常都推迟到新草坪植被发育到足够健壮的时候进行。在第一次修剪前,通常不使用萌后除莠剂(2,4-D,麦草畏)或者将其减至正常施量的一半使用(0.046 g/m² 2,4-D,0.012 g/m² 麦草畏)。

草坪的病害可用避免过多的灌溉和增大播量以增大幼苗密度的方法来防除。在有条件的地方,可在播前用杀菌剂处理种子,如为防止腐霉菌凋萎病,最常用的拌种剂是氧唑灵。此外也可用克菌丹和福美双防治根茎腐坏真菌。

在新建的草坪上,可利用毒死蜱或二嗪农等进行防治蝼蛄等昆虫的危害。

四、注意事项

①进行修剪时,同一块草坪,每次修剪要避免以同一方式进行,要防止永远在同一地点,同一方向的多次重复修剪,否则草坪就会退化和发生草叶趋于同一方向的定向生长。

②一般情况下,应把草屑清除草坪外,否则在草坪中形成草堆将引起其下面草坪的死亡或发生病害,害虫也容易在此产卵。

③草坪坪床不平整,刀片钝会严重影响草坪的修剪质量。

④施肥应注意施肥的均匀性,不使草坪颜色产生花斑;施肥前对草坪进行修剪;施肥后一般要浇水,否则易造成草坪烧伤。

⑤通常在早晨太阳出现、露水干后对草坪进行灌溉较好,一般不在有太阳的中午和晚上灌水,前者易引起草坪的灼烧,后者容易使草坪感病。

五、实训报告

要求说明草坪的常规管理与辅助管理的内容、方法、要求和注意事项。

附　　录

附录1　主要园林苗木育苗技术简介

一、常绿乔木类繁殖

(一)雪松(*Cedrus deodara*)

1. 形态特征与分布

松科雪松属。常绿大乔木。又名喜马拉雅杉、喜马拉雅雪松。树姿雄伟壮丽,挺拔苍翠,材质优良,是我国和世界著名的观赏树种。原产喜马拉雅山西部,目前已在北京以南各城市的园林中广泛栽培。

2. 生物学特性

雪松为阳性树,有一定耐阴能力;深根系,生长中速,寿命长,性喜凉爽、湿润气候;喜土层深厚、排水良好之土壤;怕低洼积水,怕炎热,畏烟尘。

3. 繁殖方法与技术要点

(1)扦插育苗　采穗母树和树龄大小是其能否生根成活的关键。应尽量在健壮幼龄实生母树上的一年生粗壮枝条上采取插穗,其枝条着生部位又以幼树的中上部枝条的成活率最高。

采穗在无风有露水的早晨或阴天进行。插穗长度以 15 cm 左右为宜,使基部平滑,除去基部大约 1/2 长度的枝叶。

插穗未生根前,保持土壤湿润。天气晴朗时,应坚持早晚各喷一次水,阴天可不喷或各喷细水一次。但插穗生根后应适量控制水分,以防止土壤过湿,发生烂根而死亡。

(2)播种育苗　雪松经人工辅助授粉后,方可获得种子。多在授粉后第三年 10 月份采种。采后干藏,来年春季播种,若干藏时间过长则影响发芽率。

雪松播种应在春分前进行,多以土层深厚、疏松肥沃、排灌方便的沙质壤土,作高床进行育苗。播前应施基肥(37 500～60 000 kg/hm²),并用 FeSO₄(75～112.5 kg/hm²)或 70%的敌克松(7.5 kg/hm²)进行土壤消毒,再施 5%辛硫磷颗粒剂(22.5～37.5 kg/hm²)以消灭地下害虫。播前 2～3 天灌足底水,每公顷下种 75 kg 左右。种子应经冷水浸种 2 天,待种皮稍晾干后再行播种。播后覆细土,并用稻草或塑料薄膜盖苗床,15 天后即可相继萌芽出土。

幼苗出土 80%左右即可逐步去掉覆盖物,出土 15～20 天后应逐步追肥。追肥以 10～15 天施腐熟人粪尿稀释液一次为宜,浓度应先小后大,如追施化肥,每公顷用 37.5～75 kg 为宜。天气炎热时应及时灌水。为预防幼苗猝倒病、叶枯病,在出苗后可喷 0.5%的波尔多液或喷 70%的敌克松 700 倍液。

（3）嫁接育苗　雪松嫁接育苗，多在 3 月下旬采用枝接方式进行。其砧木多采用黑松，长江以南地区也有金钱松作砧木的。

（4）压条育苗　为提高育苗成活率，在条件具备时，可在秋季将符合扦插条件的枝条环剥（切）后，连枝埋压于土壤中，待来年春季生根后，再与主枝剪断，培育形成新株。

无论何种方法繁育的幼苗，均需以一龄苗移栽，以培育大苗，移栽宜在 11～12 月份或 2～3 月份进行为佳。

（二）白皮松（*Pinus bungeana*）

1. 形态特征与分布

松科松属。常绿乔木，针叶三针一束；幼树树皮灰绿色，老树树皮呈淡褐灰色，成不规则鳞片状剥落，露出乳白色内皮，树干上都呈斑烂的苍白色，是优美的庭园观赏树种。为我国特产。分布于陕西、山西、河南、四川、湖北、甘肃等地，北京以南许多城市有栽培。

2. 生物学特性

喜光略耐半阴，是我国华北和西北南部地区的乡土树种，能适应冷凉的气候，能耐－30℃的低温，在深厚，肥沃的钙质土（pH 为 7.5～8.0）上也生长良好。生长较慢，具深根性，寿命长。抗二氧化硫和烟尘的能力优于油松。

3. 繁殖方法与技术要点

播种前 1～1.5 个月，用 40～60℃温水浸种一昼夜，然后混以 2～3 倍的湿沙进行催芽，待有 30％种子裂嘴时，便可播种。播幅 7～10 cm，覆土厚度为 1.5 cm，每亩的播种量为 40～50 kg。幼苗带种壳出土，要防止鸟害。出苗后至幼茎木质化以前要预防猝倒病。三年生以上的苗木，移植需带土球。8～10 年可培育成高 1.0～1.2 m 的大苗。

（三）桧柏（*Sabina chinensis*）

1. 形态特征与分布

柏科圆柏属。常绿乔木。又名圆柏、刺柏。其园林用途极广，除作庭园观赏树外，宜作桩景和盘扎整形材料，又为北方较好的绿篱材料。原产东北南部及华北等地。北至内蒙古及沈阳以南，南至两广，东至海滨省份，西至四川、云南均有分布。

2. 生物学特性

耐寒、耐旱性较强，稍耐阴；能抗多种有害气体，并能吸收一定数量的硫和汞。其树形优美，又耐修剪，寿命长。为我国自古喜用的园林树种之一。

3. 繁殖方法与技术要点

（1）播种繁殖　用撒播或条播。条距 25～30 cm，播幅 10 cm，播种深度 1.0～1.5 cm，随后用稻草覆盖。因幼芽出土时带种壳，故应注意防止鸟害，逐渐分批撤除盖草。

（2）扦插繁殖

①硬枝扦插一般在 8～9 月份进行。插穗应从 8～20 年生的健壮母树上采取，以树冠中、上部侧枝的顶枝较好。插穗粗 0.5～1.0 cm，长 30～40 cm，剪去下部 2/3 的侧枝。剪取后要注意遮盖，防止风吹日晒，尽量减少插穗水分蒸发，应随采随插。

②软枝扦插于 5～6 月份采健壮的一、二年生枝，扦插于粗砂床内，上覆盖塑料薄膜，阴棚遮阴，每天喷水，一般 40～60 天即可生根。

(四)广玉兰(*Magnolia grandiflora*)

1. 形态特征与分布

木兰科木兰属。常绿乔木。又名荷花玉兰、大花玉兰。原产北美东部,我国长江流域以南地区常见栽培。树姿雄伟、叶厚花大,宜孤植、丛植,是良好的城市绿化观赏树种。

2. 生物学特性

广玉兰喜光,幼树较耐阴;喜温暖湿润气候,也有一定的耐寒能力(能耐短期−19℃的低温);喜肥沃、湿润、排水良好的酸性或中性土壤,不耐碱;生长速度中等;根系发达,较抗风;对烟尘、二氧化硫有一定抗性;病虫害少。

3. 繁殖方法与技术要点

(1)播种繁殖 秋季种子成熟后应随采随播利于发芽。干燥贮藏极易丧失发芽力。苗床地要选择肥沃疏松的沙质土壤;深翻并灭草灭虫,施足基肥。床面平整后,在床上开播种沟,沟深 5 cm,沟宽 5 cm,沟距 20 cm 左右,将种子均匀播于沟内,覆土后稍加镇压。春播的需搭设阴棚。一般播种量每亩 5 千克左右。幼苗生长较慢,经移植 1～2 次后即可栽到有遮阴处精心养护。

(2)嫁接繁殖 嫁接常用木兰作砧木,在其干径达 0.5 cm 左右即可作嫁接。3～4月份采取广玉兰一年生带有顶芽的健壮枝条作接穗,接穗长 5～7 cm,具有 1～2 个腋芽,剪去叶片,用切接法在砧木距地面 3～5 cm 处嫁接。接后培土,微露接穗顶端,促使伤口愈合。

(3)压条育苗 春季(4～5 月份)进行空中压条,在树上选生长壮实而较短的 2～3 年生枝条,粗 1～1.5 cm,距枝条基部 10～15 cm(以节的下部进行环状剥皮为好),宽度应大于枝条的直径(2～3 cm),敷以苔藓及腐殖土,用塑料薄膜包裹,上下两端包扎紧,环剥口保持长期湿润,经 5～6 个月生根,即可离开母树上盆培养。

(五)女贞(*Ligustrum lucidum*)

1. 形态特征与分布

木犀科女贞属。阔叶常绿乔木。秦岭、淮河流域以南均有分布,山西、河北、山东及甘肃的部分地区亦有栽培。

2. 生物学特性

喜光,稍耐阴。喜温暖湿润气候,耐寒性较差。具深根性,根系发达,喜深厚、肥沃、湿润的微酸性至微碱性土壤。生长迅速,萌芽力强,耐修剪。能适应城市环境,对二氧化硫、氯气、氟化氢及粉尘等均有较强的抗性。是良好的荫蔽树种。

3. 繁殖方法与技术要点

(1)播种前的种子处理 11～12 月份果实成熟后采收,或在树下扫集蓝黑色核果,搓洗去果皮,出种率约为 25%,种子千粒重约 36 g,发芽率一般为 50%～70%。

(2)播种方法 秋播、春播均可,常用撒播。秋播的种子不需经任何处理,采后即播。秋播核果每亩需 140～150 kg,播后铺草覆盖。春播时种子须先行沙藏,干藏的种子播种前应行温水浸种。春播干种子每亩需 30～40 kg,春播在 3 月上中旬至 4 月份,播后不需盖草。

(3)苗期管理 发芽后至梅雨季匀苗一次。幼苗怕涝,圃地宜选用地势高、排水好的沙壤土。

二、落叶乔木类苗木培育

(一)水杉(*Metasequoia glyptostroboides*)

1. 形态特征与分布

杉科水杉属。落叶乔木。原产我国湖北、四川等省,是珍贵的孑遗植物,于 1946 年发现,现已在我国南北各地及世界上 50 多个国家引种栽培。其树姿端正优美,叶色秀丽,在园林中常丛植、列植或孤植,也可成林栽植,是郊区、风景区绿化的重要树种。

2. 生物学特性

水杉为阳性树种,幼苗期也耐阴;喜温暖湿润气候,不耐水涝,但适应性较强;喜深厚肥沃的酸性土,也耐轻度盐碱;对二氧化硫、氯气、氯化氢等有毒气体的抗性较强;生长迅速,病虫害较少。

3. 繁殖方法与技术要点

(1)扦插繁殖　3 月上、中旬,插穗用一年生硬枝随剪、随插,也可在制成插穗后埋于湿沙中贮藏一段时间。扦插前可用 50~100 mg/L 萘乙酸水溶液浸泡插穗基部 24 h,后取出用清水冲洗,再行扦插。扦插深度约为插穗长度的 3/5,并在插后灌透水一次。

(2)播种育苗

①采种:水杉 3 月上、中旬开花,当年 10 月中旬至 11 月上旬球果成期。当果鳞由绿变为黄褐色,微裂,并有少量种子脱出时即可采种。球果采回后,摊晾或稍经暴晒,鳞片张开,种子即可脱出。出种率约为 6%~8%。因为授粉不好,种子空粒较多,有胚种子仅占 10.9%。种子千粒重 1.76~2.28 g。发芽平为 7%~10%。通常用密封干藏法保存。

②种子处理:播种前可用冷水浸种 3~5 h,使种子充分吸水膨胀,以利于发芽,保证出苗整齐。

③播种:3 月下旬至 4 月上旬,当土壤温度达 12℃以上时即可播种。撒播或条播均可。条播时横条播种,行距 20~25 cm,播幅 3~5 cm,播种量每公顷 12~25 kg。因种子轻小有翅,最好混沙或细土播种,应选无风天气或压低姿势播种,以防止风吹去种子或播种不匀。播后覆以细土,以看不见种子为度。略加压实,然后覆草或盖地膜保湿,以利种子萌发出土。

④抚育管理要点:播种后一般 15 天出苗,20 天即可出齐。此间应注意床面保湿。幼芽出土后,种壳随之出土,易为鸟类啄食,应注意防止鸟害。幼苗期初期生长缓慢,扎根较浅,除适当浇水外,应进行速前,以防日晒灼伤。子叶期应结合间苗进行补苗,移密补缺,使苗木分布均匀。6 月份以后开始进入速生期。7、8 月份为生长最快时期,需要水、肥最多,应及时追肥和灌水,并结合进行松土除草和病虫防治,以促进苗木生长。当年生苗高可达 50 cm 以上,地径 0.8 cm 以上,每公顷可产菌 600 万~750 万株,可以出圃。

(二)银杏(*Ginkgo biloba*)

1. 形态特征与分布

银杏科银杏属。又名白果树、佛指甲、鸭掌树、公孙树等。落叶乔木,高达 40 m,枝有长枝、短枝之分。叶扇形,有二叉状叶脉,顶端常二裂,基部楔性,有长柄。雌雄异株。种子核果状。为我国特产的孑遗树种,分布广泛,在我国沈阳以南,广州以北都有分布。树姿雄伟壮丽,叶形奇特,适作行道树、庭阴树,自古以来即为我国优秀的绿化树种。

2. 生物学特性

银杏为阳性树种,不耐阴,苗期需适当庇荫;对气候条件的适应范围很广,耐寒性强(可耐－32℃低温),也能适应高温多雨气候;喜深厚、湿润、排水良好的土壤,较耐旱,不耐积水。银杏是深根性树种,抗风力强,但生长速度较慢,寿命长,可达千年以上;病虫害少。银杏雌雄异株,在园林绿化工作上应充分加以注意,特别是作行道树的,以选择雄株为宜。

3. 繁殖方法与技术要点

常用点播法。播种用的银杏种子,应于 10～11 月份,从健壮的数十年生母树上,在种子自然成熟、脱落后从地面拾取,经处理后立即播种或干藏一段时间后再沙藏层积催芽,于春季播种。播种一般采用点播法。先在苗床上开播种沟,沟深 4～5 cm,干旱地区再加覆盖稻草保墒。播后 40～50 天种子萌发出土,待出土后即时除去覆盖物。播种量一般为 750 kg/hm²。苗木管理应注意:①注意土壤板结,采用 2 cm 深度的浅锄松土;②夏季适时浇水降温;③夏季干旱炎热地区应进行遮阳;④加强水肥管理,控制湿度和通风,并适量施入草木灰或硫酸亚铁等肥料;⑤若发生蛴螬等害虫为害时,可采用敌百虫药剂防治。

一般在第二年秋季落叶后进行移栽,可裸根移植,为促进其形成侧根,增加吸收根,可适量修剪主根。

(三)白玉兰(*Magnolia denudata*)

1. 形态特征与分布

木兰科木兰属。落叶乔木。又名白玉兰、望春花。花大而洁白、芳香,是著名的早春花木。原产我国中部山野中,现国内外庭院常见栽培。

2. 生物学特性

性喜光、稍耐阴、颇耐寒,喜肥沃、湿润而排水良好的土壤,pH5～8 的土壤均能生长;根肉质,忌积水,不耐移植。

3. 繁殖方法与技术要点

常以嫁接为主要繁殖手段。

通常用木兰作砧木。用切接法或方块形芽接法。在立秋后用方块形芽接,接活后,以休眠芽越冬,翌春将砧木剪除留桩,便于新梢向上生长。

(四)鹅掌楸(*Liriodendron chinensis*)

1. 形态特征与分布

木兰科鹅掌楸属。鹅掌楸又名马褂木,落叶乔木。树干端直高大,生长迅速,材质优良,寿命长,适应性广,叶形奇特,树姿雄伟,少病虫危害,是优美的庭园和行道树绿化种,也是良好的用材树种。自然分布于长江流域以南各省区,现黄河流域以南各城市有栽培。

2. 生物学特性

鹅掌楸喜光,能耐半阴,在全阳光下也能正常生长。喜暖凉湿润气候和深厚、肥沃、排水良好的微酸性沙壤土;具有一定的耐寒性,能耐－15℃的低温。根系发达、肉质,不耐水湿,亦不耐干旱。

3. 繁殖方法与技术要点

(1)播种繁殖 选择沙质壤土,施足基肥,土壤消毒后整地筑床。条播,行距 25 cm 左右。每亩播种量为 25～30 kg。播后覆土宜薄,以不见种子为度,略镇压后盖草。

(2)扦插繁殖　一年可进行二次。第一次于 3 月中旬,剪取去年生枝条进行硬枝扦插。第二次于春末夏初,选择健壮母树采集当年生枝条进行嫩枝扦插。每一插穗保留 3～4 个叶芽,插条长 15～20 cm,插前用萘乙酸处理,扦插深度为插穗长度的 1/2～2/3,插后加强水分管理。

(五)悬铃木(*Platanus acerifolia*)

1. 形态特征与分布

悬铃木科悬铃木属。又名二球悬铃木。落叶乔木,本属还有三球悬铃木(*P. orientalis*)和一球悬铃木(*P. occidentalis*)。二球悬铃木是三球悬铃木和一球悬铃木的杂交种,原产欧洲,现在我国引种很广,长江中下游一带引种尤为普遍。

2. 生物学特性

生长迅速,寿命长,耐修剪,树姿优美,抗空气污染能力强,是黄河流域和长江中、下游优良的城市绿化树种。

3. 繁殖方法与技术要点

(1)播种繁殖　通常在春季 3～4 月份播种。播种前苗床须整得细致平坦。常采用撒播法,并适当密播,一般每亩播种量为 10～15 kg,以薄薄铺满床面为度。播种前必须将苗床灌水湿透,并将种子预先浸水,播后要覆草并经常浇水。

(2)扦插繁殖　选少果类型作为采条母树。在枝条处于休眠状态,芽苞尚未萌动时进行。插条密度为株行距 15 cm×30 cm,直接插入土中或开沟埋插穗。埋插穗后,覆土要紧实。扦插的深度以插穗上端之芽露出地面即可。

(六)七叶树(*Aesculus chinensis*)

1. 形态特征与分布

七叶树科　七叶树属。又名天师栗、梭椤树。落叶乔木。七叶树为温带及亚热带树种,原产黄河流域,陕西、河南、山西、河北、江苏、浙江等省多有栽培。树干挺直,树冠开阔,叶形美丽,是重要的观赏和药用树种,经济价值较高。

2. 生物学特性

深根性、喜光,稍耐阴,怕烈日照射。喜冬季温和、夏季凉爽湿润气候,但能耐寒,喜肥沃湿润及排水良好之土壤。适生能力较弱,在瘠薄及积水地上生长不良,酷暑烈日下易遭日灼危害。在条件适宜地区生长较快,但幼龄植株生长缓慢,一般 4～6 年生播种苗高为 3 m 左右。6～8 年生后生长加速,25～30 年生后生长缓慢,部分植株出现枯梢。寿命较长。

3. 繁殖方法与技术要点

于 2～3 月份间点播。株行距 12～13 cm,每亩播种量 300 kg。播时种脐向下,覆土厚度 3～4 cm,出苗前切勿灌水,以免表土板结。幼苗喜湿润,怕烈日照射,要加强苗木前期管理,高温干旱期应适当遮阴、灌溉。

(七)栾树(*Koelreuteria paniculata*)

1. 形态特征与分布

无患子科栾树属。又名灯笼树。落叶乔木。原产我国北部及中部,多分布于低山区和平原。

2. 生物学特性

喜光,能耐半阴。耐寒。具深根性,产生萌蘖的能力强。耐干旱、瘠薄,但在深厚、湿润的土壤上生长最为适宜。能耐短期积水,对烟尘有较强的抗性。

3. 繁殖方法与技术要点

播种苗床应选择土层深厚、排水良好、灌溉方便的微酸至微碱性土壤,施足基肥,精细整地。播种期以 3 月份为宜,播种前需进行浸种催芽,可用 70℃ 左右的温水浸种,种子发芽率一般为 70% 以上,且出苗整齐;也可用湿沙层积催芽。

(八)柳树(*Salix matsudana*)

1. 形态特征与分布

杨柳科柳属。落叶乔木。分布广泛,华北、东北、西北、华东各省(区)均有分布。

2. 生物学特性

喜光,不耐阴,喜湿润环境,耐水淹,耐干冷气候,绝对最低温度 −39℃ 无冻害发生。根系发达。具深根性,适生于湿润肥沃的沙壤土,能耐轻度盐碱,在含盐量为 0.3% 时尚可生长。速生,萌发力强。

3. 繁殖方法与技术要点

繁殖方法以扦插方法为主。

秋季落叶后至早春树液流动前采用 1~2 年生的枝条为种条,母树宜选择生长健壮的幼龄植株。采回的种条可立即剪截成 15~20 cm 长的插穗。按插穗的粗细分级打捆窖藏或沙藏。剪截插穗时,距上剪口 1 cm 左右要保留一个健壮的芽。

繁殖圃地宜选用深厚肥沃排水良好的壤土,多采用大田垄作,株行距为 20 cm×80 cm,扦插前,可将插穗浸清水 24 h 后,垂直插入垄面,镇压、踩实后使上剪口与垄面相平。

(九)枫杨(*Pterocarya stenoptera*)

1. 形态特征与分布

胡桃科枫杨属。落叶乔木。裸芽密被褐色毛。广泛分布于东北南部、华北、华中、华南和西南各省(区),尤以长江中、下游地区最为常见。

2. 生物学特性

喜光,适应性强,具深根性,主根明显,侧根发达,在深厚肥沃的酸性至微碱性的土壤上均能生长。速生,萌蘖力强。对二氧化硫和氯气抗性弱。耐湿润环境,但不耐长期积水和高水位。

3. 繁殖方法与技术要点

干藏的种子春播时,可在播种前一个月用 80℃ 的温水浸种,然后混湿沙催芽,待有 20%~30% 的种子微露胚根时,即可播种。覆土厚度为 1.5~2.0 cm,每亩播种量为 8~10 kg。幼苗发芽整齐生长健壮,长出 3~5 片真叶后进行间苗、定苗、垄播时株距可为 10~15 cm,幼苗主干常向一侧倾斜,宜适当密植。

(十)国槐(*Sophora japonica*)

1. 形态特征与分布

豆科槐属。落叶乔木。又名中国槐、家槐。原产我国中部,沈阳及长城以南各地都有栽培。

2. 生物学特性

喜光,略耐阴、耐寒、耐旱;喜深厚土壤;深根性,根肉质;忌涝;萌芽力强,耐修剪;生长中速,寿命长,栽培容易;抗二氧化硫等有害气体,适应城市环境。是城市内的良好行道树和庭阴树,又是龙爪槐的嫁接砧木。

3. 繁殖方法与技术要点

播种繁殖:3月上旬用60℃水浸种24 h,捞出掺湿沙2～3倍,置于室内或藏于坑内,厚20～25 cm,摊平盖湿沙3～5 cm,上覆盖塑料薄膜,以便保温保湿,促使种子萌动,约经20天种子开始发芽,待种子有20％～30％发芽即可播种。用低床条播,条距35 cm,播幅宽10 cm,深2～3 cm,每亩播种量13～15 kg。播后覆土压实,喷洒土面增温剂或覆盖草,保持土壤湿润。

(十一)合欢(*Albizzia julibrissin*)

1. 形态特征与分布

豆科合欢属。落叶乔木。二回偶数羽状复叶,小叶镰刀形。头状花序,雄蕊多数,长25～40 cm,绒缨状,粉红色。是我国黄河流域常见树种,华北与华南、西南均有分布。树冠开展,适宜用做庭阴树和行道树。

2. 生物学特性

阴性树,具有一定的耐寒性,幼树易发生冻害;对土壤要求不严,耐干旱、瘠薄,不耐涝。根系较浅,具能固氮的根瘤。

3. 繁殖方法与技术要点

在播种前10天左右用80℃的温水浸种,待冷凉后换清水再浸24 h,然后混湿沙置背风向阳处,经常检查并保持种沙的湿度,当种子有30％左右微露胚根时便可播种。垄播时,垄距可为70 cm左右,在垄面上开沟条播,覆土厚度为1 cm,每亩播种量约为5 kg。

(十二)元宝枫(*Acer truncatum*)

1. 形态特征与分布

槭树科槭树属。落叶乔木。主要分布在华北地区,辽宁、江苏、安徽等省也有分布。

2. 生物学特性

喜侧方阴,幼树耐阴性较强;喜温凉气候,在-25℃环境条件下能正常生长。根系发达,具深根性。耐旱,抗风,适生于深厚、肥沃的酸性至微碱性的沙壤土。寿命较长,耐烟尘及有害气体,能适应城市环境。

3. 繁殖方法与技术要点

播种前一个月左右,用40℃的温水浸种,待自然冷凉后,换清水再浸24 h,然后混湿沙催芽,当有30％左右的种子裂嘴时播种。

圃地宜选土层深厚、疏松的沙壤土,多行春季垄播繁殖,少量繁殖也可行床播。每亩播种量为15～20 kg,覆土厚度2 cm左右。

出苗后,苗高5～8 cm时进行间苗、定苗工作。垄距为70 cm时,株距可为10 cm左右。6～8月份幼苗生长旺期,可追施化肥2～3次;9月份生长速率显著下降,要控制水肥。促进木质化准备越冬。当年苗高可达80～100 cm。

(十三)白蜡树(*Fraxinus velutina*)

1. 形态特征与分布

木犀科木犀属。落叶乔木。原产北美,天津栽种较多,黄河中、下游及长江下游均有引种,内蒙古和辽宁南部近年也有引种栽培。

2. 生物学特性

喜光。属温带树种,较耐寒(-18℃);较耐水湿。对土壤要求不严,在壤土及黏土上均能生长,具有一定的耐盐碱的能力,在含盐量为 0.3%～0.5%的土壤上仍能生长;但以在土层深厚、肥沃,地下水位低,盐渍化程度轻的壤土上生长最好。耐二氧化硫和烟尘,能适应城市环境。

3. 繁殖方法与技术要点

(1)播种繁殖　一般多行春季垄播或床播,最好选肥沃的沙壤土。播种前 30～40 天,种子用40～50℃温水浸种后,混湿沙催芽,部分种子裂嘴时,4 月上旬即可播种。每亩播种量为 30 kg,覆土厚 2～3 cm。

出苗期要注意保墒,定苗株距为 8～10 cm,在正常管理情况下,一年生苗高可达 1.2 m 左右。秋季落叶后假植越冬。第 2 年可按(40～50)cm×(100～120)cm 的株行距进行移栽,培育大苗。

(2)扦插繁殖　白蜡树扦插播繁殖容易成活。

三、常绿灌木类苗木培育

(一)桂花(*Osmanthus fragran*)

1. 形态特征与分布

木犀科木犀属。常绿小乔木。叠生芽。叶革质,椭圆形至椭圆状披针形,全缘或上半部疏生浅锯齿。花序聚伞状,簇生叶腋。花冠橙黄色至白色,深 4 裂。果椭圆形,紫黑色。花期9～10 月份,果翌年 4～5 月份成熟。原产我国西南部,现广泛栽培于黄河流域以南各省区。

2. 生物学特性

喜光,稍耐阴;喜温暖和通风良好的环境,不耐寒;喜湿润排水良好的沙质壤土,忌涝地、碱地和黏重土壤;对二氧化硫、氯气等有中等抵抗力。

3. 繁殖方法与技术要点

(1)扦插繁殖　扦插在春季发芽以前或梅雨季节进行,插条长 10 cm,留上部 2～3 片叶,插入苗床,其上加遮阴设备,气温在 25～27℃时,有利于生根,并保持湿度。亦可在夏季新梢生长停止后,剪取当年嫩枝扦插。

(2)嫁接繁殖　砧木多用小叶女贞、小蜡、水蜡、女贞等树木,在春季萌发前,用切接法进行。小叶女贞作砧木成活率较高,生长快,但寿命短。用水蜡作砧木,生长较慢,但寿命较长。嫁接时,要接近根部处切断,不仅成活容易,而且接穗部分接活后容易生根。北方城市可用流苏树作砧木,优点是成活后生长速度快,且能增强桂花的抗寒能力。

(二)石楠(*Photinia serrulata*)

1. 形态特征与分布

蔷薇科石楠属。常绿小乔木,枝浓叶茂,树冠球形。叶革质,长椭圆形,先端尾尖,基部圆形或宽楔形。新叶红色,后渐为深绿色,光亮。4～5 月份开白色小花,密生,复伞房花序顶生。梨果球形,紫红色,11 月份成熟时呈紫褐色。产我国中部及南部,现北京以南各城市有栽培。

2. 生物学特性

暖地树种,耐阴亦较耐寒。喜温暖湿润,常生于山坡、谷地杂木林中或散生于丘陵地。对土壤要求不严,以肥沃的酸性土最适宜,在瘠薄干燥地生长发育不良。萌芽力强,耐修剪整形。

3. 繁殖方法与技术要点

(1)播种繁殖 2~3月份播种,宽幅条播,行距15 cm,沟宽5~6 cm,覆泥盖草,约1个月发芽出土,分次揭草,苗期加强管理,当年苗高约15 cm,分栽或留床培育大苗。

(2)扦插繁殖 6月份,选当年粗壮的半成熟枝条,剪成10~12 cm长,带踵,上部留叶2~3片,每叶剪去2/3,插后遮阴,充分浇水。

(三)红花檵木(*Loropetalum chinense*)

1. 形态特征与分布

金缕梅科檵木属。常绿灌木或小乔木,高4~9(12)m。小枝、嫩叶及花萼均有锈色星状短柔毛。叶卵形或椭圆形,长2~5 cm,基部歪圆形,先端锐尖,全缘,背面密生星状柔毛。花瓣带状线形,浅黄白色,长1~2 cm,苞片线形;花3~8朵簇生于小枝端。蒴果褐色,近卵形,长约1 cm,有星状毛。花期5月份;果8月份成熟。产长江中下游及其以南地区。现黄河流域以南各省有栽培。

2. 生物学特性

耐半阴,喜温暖气候,适应性较强。要求排水良好而肥沃的酸性土壤,耐修剪。

3. 繁殖方法与技术要点

种子于10月份采收,11月即可播种,或将种子密闭贮藏,到翌年春季播种,经繁殖2年即可出圃定植。

(四)珊瑚树(*Viburnum awabuki*)

1. 形态特征与分布

忍冬科荚蒾属。又名法国冬青。常绿灌木或小乔木,树冠倒卵形。枝干挺直,叶长椭圆形,具波状钝齿,表面暗绿色光亮,背面淡绿色,终年苍翠。圆锥状花序顶生,6月间开白色钟状小花,芳香。核果椭圆状,初为红色,似珊瑚,后渐变至黑色,10月份成熟。产华南、华东、西南等省区,北京以南各省市有栽培。

2. 生物学特性

久经栽培,喜温暖湿润气候,在潮湿肥沃的中性壤土上生长迅速而旺盛,酸性土、微碱性土亦能适应。喜光亦耐阴;根系发达,萌芽力强,耐修剪,易整形。

3. 繁殖方法与技术要点

以扦插繁殖为主。

6月中旬使用半成熟枝扦插,成活率高。插穗尽可能选择粗壮的上部枝。插穗长12~15 cm,具2~3节,带踵扦插最好,留上部平展的一对叶,随剪随插,插入土中3/5,插后充分浇水,搭棚遮阴。插后20天开始发根,40天叶芽伸长展开,逐渐增加光照。入冬注意防寒保暖。

四、落叶灌木类苗木培育

(一)蜡梅(*Chimonanthus praecox*)

1. 形态特征与分布

蜡梅科,蜡梅属。落叶丛生灌木,在暖地叶半常绿,高达3 m。小枝近方形。叶半革质,椭圆状卵形至卵状披针形,长7~15 cm,叶端渐尖,叶基圆形或广楔形,叶表有硬毛,叶背光滑。花单生,径约2.5 cm;花被外轮蜡黄色,中轮有紫色条纹,有浓香。果托坛状;小瘦果种子状,栗褐色,有光泽。花期12~3月份,远在叶前开放;果8月份成熟。产湖北、河南、陕西等省,现各地有栽培。河南省鄢陵县姚家花园为蜡梅苗木生产中心之一。

2. 生物学特性

喜光亦略耐阴,较耐寒。耐干旱,忌水湿,花农有"旱不死的蜡梅"的经验,但仍以湿润土壤为好,最宜选深厚肥沃排水良好的沙质壤土。

3. 繁殖方法与技术要点

(1)嫁接繁殖 以切接法为主,多在3~4月份进行,接前1个月,从壮龄母树上选粗壮而又较长的一年生枝,截去顶梢。接穗长6~7 cm,砧木切口可略长,扎缚后的切口要涂以泥浆,并壅土覆盖。

(2)播种繁殖 春播于2月下旬至3月中旬进行,条播行距20~25 cm,亩播种量15~20 kg,覆土厚约2 cm,播后20~30天出土,初期适当遮阴。

(二)梅花(*Prunus mume*)

1. 形态特征与分布

蔷薇科,梅属。树干褐紫色,有纵驳纹;小枝细而无毛,多为绿色。叶广卵形至卵形,长4~10 cm,先端渐长尖或尾尖,基部广楔形或近圆形,锯齿细尖,多仅叶背脉上有毛。花多每节1~2朵,具短梗,淡粉或白色,有芳香,在冬季或早春叶前开放,花瓣5枚,常近圆形;萼片5枚,多呈绛紫色;雄蕊多数,离生;子房密被柔毛,上位,花柱长。果球形,绿黄色,密被细毛,径2~3 cm,核面有凹点甚多,果肉粘核,味酸。果熟期5~6月份。分布于西南山区,黄河流域以南地区可露地安全越冬。

2. 生物学特性

喜阳光,性喜温暖而略潮湿的气候,有一定耐寒力,在江南花木中,以梅较为耐寒,且开花较早,梅花一般不能抵抗−20~−15℃以下的低温。对土壤要求不严格,较耐瘠薄土壤,亦能在轻碱性土中正常生长。根据江南经验,栽植在砾质黏土及砾质壤土等下层土质紧密的土壤上,梅之枝条充实,开花结实繁盛,而生长在疏松的沙壤或沙质土上的枝条常不够充实。

3. 繁殖方法与技术要点

最常用的是嫁接法,其次为扦插、压条法,最少用的是播种法。

(三)金丝桃(*Hypericum chinense*)

1. 形态特征与分布

藤黄科金丝桃属。常绿、半常绿或落叶灌木,高0.6~1 m。小枝圆柱形,红褐色,光滑无毛。叶无柄,长椭圆形,长4~8 cm,先端钝,基部渐狭而稍抱茎,表面绿色,背面粉绿色。花鲜黄色,径3~5 cm,单生或3~7朵成聚伞花序;萼生5,卵状矩圆形,顶端微纯;花瓣5,宽倒卵形;雄蕊多数,5束,较花瓣长;花柱细长,顶端5裂。蒴果卵圆形。花期6～7月份;果熟期8～9月份。黄河流域及以南地区均有栽培。

2. 生物学特性

性喜光,略耐阴,喜生于湿润的河谷或半阴坡地沙壤土上;耐寒性不强;忌积水。

3. 繁殖方法与技术要点

(1)分株繁殖　分株期2～3月份,容易成活。

(2)扦插繁殖　插繁殖在梅雨季节进行,最好带踵扦插,用当年生粗状枝,剪10～15 cm长,顶端留2～3片叶,插入1/2,插后须阴蔽,但不宜过湿,翌年可移植。

(3)播种繁殖　在3月下旬至4月上旬进行。种子细小,覆土宜薄,注意保湿,实生苗第二年即可开花。

(四)月季(*Rosa* spp.)

1. 形态特征与分布

蔷薇科蔷薇属。常绿或半常绿直立灌木,通常具钩状皮刺。小叶3～5,广卵至卵状椭圆形,长2.5～6 cm,先端尖,缘有锐锯齿,两面无毛,表面有光泽;叶柄和叶轴散生皮刺和短腺毛,托叶大部附生在叶柄上,边缘有具腺纤毛,花常数朵簇生,罕单生,径约5 cm,深红、粉红至近白色,微香;萼片常羽裂,缘有腺毛;花梗多细长,有腺毛。果卵形至球形,长1.5～2 cm,红色。花期4月下旬至10月份;果熟期9～11月份。原产于长江流域及其以南地区,现全国各地普遍栽培。

2. 生物学特性

月季对环境适应性颇强,我国南北各地均有栽培,北京在小气候条件良好处可露地越冬;对土壤要求不严,但以富含有机质、排水良好而微酸性(pH 6～6.5)土壤最好。喜光,但过于强烈的阳光照射又对花蕾发育不利,花瓣易焦枯。喜温暖,一般气温在22～25℃最为适宜,夏季的高温对开花不利。因此,月季虽能在生长季中开花不绝,但以春、秋两季开花最多最好。

3. 繁殖方法与技术要点

(1)嫁接繁殖　芽接、切接、根接均可,以9～10月上旬较适。

(2)扦插繁殖　可分春、秋及梅雨季的夏插等,较易成活。

(五)棣棠(*Kerria japonica*)

1. 形态特征与分布

蔷薇科棣棠属。落叶小灌木,高1 m多。小枝绿色,光滑无毛。单叶互生。卵形至卵状披针形,顶端渐尖,边缘有锐重锯齿。花金黄色,5瓣,直径3～4.5 cm。瘦果黑色,扁球形。产黄河流域以南各省区。

2. 生物学特性

产于我国和日本。长江流域及秦岭山区乔木林下多野生。喜温暖,耐阴,也较耐湿。耐寒性较差,华北露地栽培冬季需培土,防止枯梢。

3月中旬萌芽,3月下旬展叶,新梢上开花。重瓣棣棠花期以4月中旬至5月中旬比较集中,以后也陆续有少量花开,一直延至9月份。绿色叶子能保持到11月下旬。根蘖萌发力强,能自然更新植株,不会形成粗壮的枝干。

3. 繁殖方法与技术要点

(1)分株繁殖　在春季发芽前将母株掘起分出分栽,成活甚易。

(2)扦插繁殖　3月份选取一年生健壮枝的中下段作插穗,长 10~12 cm,插入土中 2/3,扦实后充分浇水,经常保持土壤湿润,4月下旬搭棚遮阴,9月中下旬停止庇阴;6月份半熟枝扦插:用当年生粗壮枝作插穗,长 10 cm 左右,留 2 叶片,插后及时遮阴、浇水,约 20 天发根,成活率较高。

(六)樱花(*Prunus* spp.)

1. 形态特征与分布

蔷薇科梅属。落叶乔木,高可达 25 m。树皮带紫褐色,平滑具横纹,老时变为灰褐色而粗糙。叶片多卵形,边缘加重呈芒状,单或重锯齿。花白或粉红,也有黄色,花柄、萼筒及心皮无毛,花瓣顶端常内凹,伞房状总状花序。核果较小。紫褐色或近黑色。樱花是著名的春季花木,我国栽培较多,日本更为普遍。

2. 生物学特性

产我国长江流域和云南。日本、朝鲜也有。耐寒、喜阳,适应性较强。但根系较浅,不耐湿,不耐淹害。要求土壤酸性,pH 5.5~6.5 为好。枝干和根部受伤后易腐朽干枯,栽培时需注意。

花期 3 月下旬至 4 月中旬。单瓣品种花期较短,一株树的盛花期仅为 7 天左右。由于品种及植株不同,花期能拉得长些。

3. 繁殖方法与技术要点

(1)扦插繁殖　扦插在春季用硬枝扦或夏季用嫩枝插。

(2)嫁接繁殖　嫁接可用当地适应性强的单瓣樱花或樱花作砧木,切接、腹接或芽接均可。

(七)牡丹(*Paeonia suffruticosa*)

1. 形态特征与分布

毛茛科芍药属。落叶小灌木。一般茎高 1~2 m,高者可达 3 m。枝多挺生。叶片宽大,互生,2 回 3 出羽状复叶,具长柄。顶生小叶,卵圆形至倒卵圆形,先端 3~5 裂,基部全缘,侧生小叶为长卵圆形,表面绿色,具白粉,平滑无毛或有短柔毛。花期洛阳、上海为 4 月中、下旬,菏泽 4 月下旬,北京 5 月上旬、中旬,兰州 5 月中、下旬。原产于我国西部及北部,秦岭伏牛山有野生。河南洛阳、山东菏泽栽培历史悠久,享有盛誉。

2. 生物学特性

耐寒、耐旱,忌炎热多湿、喜背风、半阴、排水良好的带酸性沙壤土。干热的地方,生长不良。夏秋雨水过多,叶片早落,易发生秋季开花现象。种子有幼芽休眠习性。植株生长缓慢,每年新梢枯萎,还有"退枝"现象,故有"牡丹长一尺,退八寸"之说。实生苗一般 5~6 年开花。南京地区,3 月上旬萌动,4 月上旬现蕾,4 月中下旬开花,花期约 10 天,果熟期 8 月份。

3. 繁殖方法与技术要点

一般以分株繁殖为主。

分株在秋季 10 月间进行,如为采收丹皮而结合分株时,可提早在 8 月下旬开始。分株时顺自然已分离之处分开或在容易分离处劈开。

(八)连翘(*Forsythia suspense*)

1. 形态特征与分布

木犀科连翘属。落叶灌木,小枝中空。单叶对生。花黄色,钟形,早春先叶开放。主产于华北、东北、华中、西南等各省(区)。

2. 生物学特性

喜光,较耐寒,适生于肥沃疏松排水良好的壤土,也能耐适度的干旱和瘠薄,怕涝。

3. 繁殖方法与技术要点

播种繁殖。连翘幼苗怕涝,种子先用40℃的温水浸种,然后混湿沙催芽,经常翻倒,并补充水分,待有部分种子裂嘴时即可播种。也可温水浸种后,再用清水浸24~48 h,待种子充分吸水后进行播种,只是出苗期较前一做法略晚,当时间紧而又临近播种期时,可采用后一种做法。

播种覆土宜薄,一般为1 cm左右,覆草。出苗后逐步撤除覆草,苗高3~5 cm时间苗、定苗。当行距为25~30 cm时,株距可定为7~12 cm。在北京地区,当年苗高可达50 cm左右。

(九)紫荆(*Cercis chinensis*)

1. 形态特征与分布

豆科紫荆属。落叶小乔木或灌木。单叶互生,叶心形。花紫红色,假蝶形,着生于老枝上。原产我国,现除东北寒冷地区外,均广为栽培。

2. 生物学特性

喜光。具有一定的耐寒性,在北京地区可安全越冬。耐修剪,萌蘖性强。怕涝。适生于肥沃而排水良好的壤土。

3. 繁殖方法与技术要点

(1)播种前的种子处理 种子应行催芽处理。播种前40天左右,先用80℃的温水浸种,然后混湿沙催芽。如播种前仅用80℃的温水浸种,不行沙藏。播种效果也大大优于直接播种干藏的种子。

(2)播种方法 一般多采用春季床内条播的方式繁殖,圃地应选肥沃、疏松的壤土。

(3)苗期管理 春季床内播种行间的距离为30 cm,覆土厚度为1.0~1.5 cm。幼苗高3~5 cm进行间苗、定苗,最后的株距为10~15 cm。在一般的管理条件下,当年秋季株高可达50~80 cm。紫荆幼苗需防寒,一年生播种苗可假植越冬,翌年春季进行移植,二年生苗可用风障防寒。

五、绿篱类苗木的培育

(一)海桐(*Pittosporum tobira*)

1. 形态特征与分布

海桐科海桐属。常绿灌木。又名山矾,原产我国华东、华南各省,现在长江以南各地庭园常见栽培。枝叶茂密,叶色浓绿而有光泽,花有香气,果为红色。能自然形成疏松的球形。海桐是园林中优良的基础树种,常孤植或修剪成球形,也可作绿篱。产长江流域及以南地区,现黄河流域以南各地有栽培。

2. 生物学特性

海桐喜光而又略耐阴;喜温暖湿润气候,不耐寒;喜肥沃、湿润土壤,适应性较强;分枝力强,耐修剪;能抗二氧化硫等有毒气体。

3. 繁殖方法与技术要点

(1)播种繁殖 10~11月份果实成熟,蒴果开裂,露出红色种子,及时采收。种子藏于红色黏质瓤内,可用草木灰相拌后立即播种。条播,行距 20 cm 左右,条幅 5 cm,覆土约 1 cm,并覆草防寒,第二年春季即萌发出苗。也可将种子阴干后贮藏,第二年春季播种。

(2)扦插繁殖　扦插常在梅雨季节进行,采取当年生半成熟枝除顶部,插穗长 8～10 cm,保留上部 3～5 叶,插入土中,深至最下一叶为止。保持一定湿度,并搭棚遮阴,成活率高。

(二)大叶黄杨(*Euonymus japonicus*)

1. 形态特征与分布

卫矛科卫矛属。常绿灌木或小乔木。又名正木、四季青。其叶色浓绿而有光泽,四季常青,并有各种色斑变种,是美丽的观叶树种。园林中常作绿篱或丛植以及作盆栽。原产日本南部,我国南北各省均有栽培。

2. 生物学特性

性喜光,但亦能耐阴;喜温暖气候及肥沃湿润的土壤;耐寒性较差,温度低达-17℃时即受冻害。多在黄河流域以南露地种植。盆栽容易,耐修剪,寿命长。

3. 繁殖方法与技术要点

扦插:硬枝插在春、秋两季进行;嫩枝插在夏季进行。梅雨季节在阴棚内用当年生枝条带踵扦插,株行距(4～6) cm×(8～10) cm。插穗选择当年生枝条,剪成长 10～15 cm,插穗上端留 2 枚叶片,在整好的床面上,按株行距 10 cm×20 cm 进行干插或湿插。湿插法即苗床先灌透水,将插穗插入土中约 2/3,插后再灌一次大水,使插穗与土壤密接。

扦插后要立即遮阴,一般 40 天左右即可生根。如秋季扦插的,也需遮阴 20 天左右。成活率可达 90% 以上,亩产 25 000 株左右。

移栽:株行距 20 cm×40 cm,再经 2～3 年培育,当冠幅达 80～120 cm 时即可出圃。也可在苗圃单株或丛状定植后,定向培养成各种不同形状的商品苗供应市场。

此外,也可用丝棉木作砧木,培养具有一定粗度和高度的大规格苗。在 3 月份枝接大叶黄杨(一般多头枝接)以培养高干黄杨球。

(三)紫叶小檗(*Berberis thunbergii* var. *atropurpurea*)

1. 形态特征与分布

小檗科小檗属。又名紫叶日本小檗。多枝丛生灌木,枝条紫红至灰褐色,枝条木质部为金黄色,枝上有棘刺,单生,由叶芽变型而成,叶互生或在短枝上簇生,叶片光滑,全缘,叶色随阳光强弱而略有变化,春、秋鲜红,盛夏紫红。浆果鲜红,经冬始落。原产我国及日本,目前各地广为栽培。

2. 生物学特性

紫叶小檗适应性强,喜凉爽湿润的气候,喜阳光,但也耐半阴、耐旱、耐寒。对土壤要求不严,但在肥沃、排水良好的土壤中生长旺盛。萌蘖性强,耐修剪。

3. 繁殖方法与技术要点

扦插繁殖在 6～7 月份雨季最好,插条选择一、二年生芽眼饱满、生长健壮的枝条,忌用徒长枝。插穗剪成 10～12 cm 枝段,用 0.1% 的高锰酸钾溶液浸泡基部 16 h,见有大量的黄色沉淀物出现,再用 200～300 mg/L 的吲哚丁酸浸渍处理 2 h,插穗上部叶片保留,下部叶片去掉,密插于插床,扦插深度为 7～8 cm,然后遮阴,经常进行叶面喷水,保持土壤和空气湿润。

(四)水蜡树(*Ligustrum obtusifolium*)

1. 形态特征与分布

木犀科女贞属。落叶或半常绿灌木。枝条开展,呈倒卵形树冠。树皮灰色,平滑。叶对生,革质,卵形或卵状椭圆形,全缘,表面深绿色,有光泽,背面有毛。圆锥花序顶生,下垂;小花密集,白色,有芳香。原产我国,广布长江流域及南方各省,华北与西北地区也有栽培。

2. 生物学特性

深根性。喜阳光,也耐阴。在湿润、肥沃的微酸性土壤生长快速,中性、微碱性土壤亦能适应。根系发达,萌蘖、萌芽能力强,耐修剪整形。

3. 繁殖方法与技术要点

种子采收后即播,发芽率高。也可搓擦果皮,将种子洗净阴干,有湿沙层积,翌年春播。为要培养高干植株,在移植头两年要密植,并做好苗期修剪整形。大苗移植要带土球。

六、藤本类苗木培育

(一)木香(*Rosa banksiae*)

1. 形态特征与分布

蔷薇科,蔷薇属。半常绿攀缘灌木。枝蔓长达 10 m 左右,为园林中著名藤本花木,尤以花香闻名。适作垂直绿化外,亦可作盆栽或作切花用。原产我国西南部,黄河以南各城市广泛栽培。

2. 生物学特性

性喜阳光,喜温暖气候;较耐寒、耐旱;怕涝,喜排水良好之土壤。

3. 繁殖方法与技术要点

(1)嫁接繁殖　用野蔷薇或刺玫作砧木,进行切接、芽接或靠接均可。

(2)扦插繁殖　8～9月份,选生长充实的当年生枝条,剪取枝条的中下部作插穗。

(3)压条繁殖　一般在2～3月间进行压条。当枝条发芽时,选二年生枝,压下的部位可用刀刻伤,也可用刀劈裂。压入土内 5～6 cm 深,覆土砸实,使枝条不能弹起。

(二)紫藤(*Wisteria sinensis*)

1. 形态特征与分布

豆科,紫藤属。大型木质藤木。其枝叶繁茂,花穗大,花色鲜艳而芳香,是园林中垂直绿化的好材料,也可作盆景材料。原产我国,北起辽宁南部,遍布全国各地,国内外都有栽培。

2. 生物学特性

性喜光,略耐阴;较耐寒,并能耐一25℃的低温;喜深厚、肥沃而排水良好的土壤,但亦有一定的耐旱、耐瘠薄和水湿能力;主根深、侧根少,不耐移栽,生长快,寿命长。

3. 繁殖方法与技术要点

(1)播种繁殖　播前用 40～50℃ 温水浸种 1～2 天,然后放到温暖处催芽,每天用清水冲洗,当种子有 1/3 破皮露芽时,即可播种。常采用大垄穴播,播种深度 3～4 cm,每穴播入 2～3 粒种子。

(2)扦插繁殖　在 2 月下旬至 3 月下旬,选择一年生充实的藤条,插穗剪成长 15 cm 左右,粗 1～2 cm,将插穗下部用清水泡 3～5 天,每天换清水一次。扦插入土深 2/3。

(3)埋根繁殖　2月下旬至3月中旬由紫藤大苗出圃地或大母株周围,挖取1~2 cm的粗根,剪成长8~10 cm根段,按株行距35 cm×75 cm埋入苗床,直埋斜埋均可,上部入土同地平。

(三)爬山虎(*Parthenocissus tricuspidata*)

1. 形态特征与分布

葡萄科,爬山虎属。落叶藤本。又名三叶地锦、爬墙虎。我国分布很广,北起吉林、南至广东均有分布。

2. 生物学特性

性喜阴、耐寒,适应性很强,且生长快,是一种良好的攀缘植物,能借助吸盘爬上墙壁或山石,是垂直绿化的良好材料。

3. 繁殖方法与技术要点

(1)扦插繁殖　爬山虎扦插繁殖易成活,软枝、硬枝插均可,春夏秋三季都能进行。春、夏扦插在干旱地区可设阴棚进行床插,管理比较粗放。

①插条的选取:嫩枝扦插于每年6~7月份采集半木质化嫩枝,剪成10~15 cm长的插穗,上剪口距芽1 cm左右平剪,下剪口距芽0.5 cm斜剪;硬枝扦插则于每年落叶后土壤结冻前,选取直径0.5 cm左右、长10~15 cm的休眠枝,剪穗方法同嫩枝扦插。

②插条处理:扦插前,插穗用ABT 1号生根粉溶液进行预处理。嫩枝插穗的处理浓度为50 mg/L,浸泡时间为0.5~1 h;硬枝插穗处理浓度为100 mg/L,浸泡时间为1~2 h。浸泡深度为距插条下剪口3~4 cm。

③扦插:以河沙或河沙与土的混合物(土:沙＝1:1)为扦插基质,充分整平。处理后的插条直插入基质3~4 cm,压实,及时喷、灌水以保持基质和插条湿润。扦插后20~25天便可生根,生根后即可移植。

(2)压条繁殖　压条繁殖生根较快,成活率高,多在雨季前进行,秋季即可断离母体,成为新的植株,即可挖苗栽植;或假植,至翌春栽植。

(3)播种繁殖

①种子沙藏和催芽:每年9月份采摘爬山虎蓝黑色的成熟浆果,经清洗、阴干后用0.05%的多菌灵溶液进行表面消毒,沥干后进行湿沙层积。翌年3月上旬,取出沙藏的种子,筛除沙子,用45℃的温水浸泡2天,每天换水3~4次。浸种后按照种子与湿沙2:1的比例混合拌匀,放置于向阳避风处进行催芽,厚度为3~5 cm,上面加盖草帘并经常喷淋清水保持湿润。经常检查,经过15~20天,有20%的种子发芽露白时便可播种。种子也可不经沙藏,直接倒入盛有45~55 ℃热水的容器中浸泡,边倒种子边搅拌,两昼夜后种子裂嘴后捞出播种。如种子没有裂嘴,则需继续浸泡,直至裂嘴为止(有时种子需浸泡2周以上才裂嘴)。

②播种:育苗容器采用育苗盘、木箱或砖砌育苗池等,深度不超过20 cm;基质为沙质土壤、细沙或人工配置的复合基质,要求持水能力较强且排水良好、并有一定的养分供应(必要时需添加腐熟的农家肥或复合肥);基质用0.067%的高锰酸钾溶液或敌百虫晶体溶液消毒;采用穴播,每穴1~2粒,穴距10 cm。10天左右发芽出苗。为保持湿度,苗床上可以搭建覆盖塑料薄膜的小拱棚。

③幼苗的管理:当幼苗有两片真叶时,要有充足的光照,以保证幼苗的正常生长并避免徒长。常见虫害有步甲、蝼蛄等食叶、食根害虫,可用敌百虫10 g加1 kg麦麸配成毒饵撒于行间

诱杀。保持土壤湿润,并经常向叶面喷水。

④定植、移栽:当爬山虎幼苗长出 3 片真叶并逐渐长高长壮时,标志着幼苗已经进入了自养阶段,此时可以进行移栽和定植。选择阴天或傍晚进行移栽,密度一般为株距 30～40 cm。移栽后幼苗怕旱,但忌渍水,因此幼苗应经常浇水,但不能存有明水,至幼苗长出吸盘或卷须时可适当减少浇水次数。为获得壮苗,可适时补充磷钾肥和有机肥料。移栽后 2个月,爬山虎苗的藤茎一般可长至 40～50 cm,此时可进行数次摘心以促壮苗和防止藤茎相互缠绕遮光。经过 5～6 个月,爬山虎实生苗基部直径一般可达到 0.5 cm,长度也可达到80～100 cm。

(四)凌霄(*Campsis grandiflora*)

1. 形态特征与分布

紫葳科凌霄属。落叶藤本。又名紫葳、女葳花。原产我国长江流域至华北一带,北京以南普遍栽培。凌霄攀缘他物可高达数十米,花大色艳,花期长,为庭园中垂直绿化的好材料,也可作盆栽观赏。

2. 生物学特性

性喜光,略耐阴;喜温暖湿润气候,不甚耐寒。

3. 繁殖方法与技术要点

(1)播种繁殖　春天播种前用清水浸种 2～3 天,播种 7 天左右陆续发芽。穴播,每穴播种2～3 粒,株行距 15 cm×40 cm。

(2)扦插繁殖

①硬枝扦插:插穗采 1～2 年生粗壮枝条,2～3 节为一段,3 月中旬取出进行扦插,株行距20 cm×40 cm,深为插穗长的 2/3。

②根插:在 3 月中、下旬挖取粗壮的 1～2 年生根系,截取长 8～10 cm,进行直埋或斜埋。上端与地面平,株行距 15 cm×40 cm。

(3)压条繁殖　春季 2～3 月份,在母株周围,将 1～2 年生枝条每隔 3～4 节埋入土中一节,深 4～5 cm,经 20～30 天即可生根。

(五)扶芳藤(*Euonymus fortunei*)

1. 形态特征与分布

卫矛科卫矛属。又名爬行卫矛。常绿匍匐或攀缘灌木,茎枝随处生根;单叶对生,革质,卵形至椭圆卵形,缘具粗钝锯齿;花两性,聚伞花序腋生,小花绿白色;蒴果,近球形,黄红色,种子棕红色,假种皮橘红色。花期 6～7 月份;10 月份果熟。分布于我国黄河流域中下游及长江流域各省。

2. 生物学特性

耐阴,喜温暖,耐干旱瘠薄。

3. 繁殖方法与技术要点

主要繁殖方以扦插繁殖为主,亦可播种。

移栽以春季为宜,小苗可裸根,大苗须带泥球,也可在定植穴内直接扦插,极易成苗。

七、竹类苗木培育

(一)毛竹(*Phyllostachys pubescens*)

1. 形态特征与分布

禾本科刚竹属。又名楠竹,是我国长江以南各地分布最为广泛的竹种。毛竹为一大型散生竹类,竿高一般 8~14(20) m,胸径一般在 8~12(20) cm。一年生嫩竹,竿上着生具有光泽的白色细软毛,竹竿青绿色。

2. 生物学特性

好光而喜凉爽,要求温暖湿润气候。年平均温度不低于 15℃,年降雨量不低于 800 mm地区都能生长。

3. 繁殖方法与技术要点

(1)播种繁殖 播种前用 0.3% 的高锰酸钾溶液浸种消毒 2~4 h,再用清水浸泡 24 h。也可进行催芽,待种子开始露白时播种,多用穴播,播后覆一层细土,盖草或盖塑料薄膜,并洒水保墒。

(2)分株繁殖 每年立春前后,将一年生实生苗,成丛挖起,用小剪刀将成丛幼苗的蔸部单株或双株分离,并剪去 1/3 的枝叶,立即用黄泥浆根,单株或双株移植。

(3)埋鞭繁殖 在立春前后,将挖掘一年生分植苗和留床苗时所截下的幼嫩竹鞭(径粗约0.6 cm),截成 16 cm 左右为一段,进行埋鞭繁殖。

(二)刚竹(*Phyllostachys viridis*)

1. 形态特征与分布

禾本科刚竹属。竿高 16 m 左右,幼竿鲜绿色,老竿转为黄绿色。竿环和箨环均隆起,笋黑褐色。竿箨黄褐色,密被近黑色的斑点,疏生直立硬毛,两侧或一侧有箨耳,黄绿色。箨舌微隆起,先端有纤毛。箨叶带状至三角形,橘红色,边缘绿色,平直或微皱,下垂。叶带状披针形。刚竹冬夏常青,是园林绿化的重要植物。分布于黄河流域至长江流域以南广大地区。

2. 生物学特性

常生于山地和冲积平原,好光而喜凉爽,要求温暖湿润气候。年平均温度不低于 15℃,年降雨量不低于 800 mm 地区都能生长。喜酸性土,在 pH 8.5 左右的碱土和含盐 0.1% 的土壤亦能生长。能耐 −18℃ 低温。

3. 繁殖方法与技术要点

分株繁殖选一、二年生的竹苗作母株。提前 2~3 天浇透水。一般每丛母竹应有 3~10 条根。竹蔸带土的直径不可小于 40 cm,以便能将竹鞭包在土内。要做到鞭不脱土。保留下部四五层分枝。栽植时先去掉包扎物,将母竹小心地放入种植坑内,注意使竹蔸、竹鞭下部与土壤密接,保证鞭根舒展。分层填土,分层踩实。栽竹的深度,可比母竹原来土痕稍深 1~2 cm。栽后应立即立支柱并浇透水,并培土保墒。

(三)孝顺竹(*Bambusa multilper*)

1. 形态特征与分布

禾本科簕竹属。丛生,竿高 2~7 m,直径 2~4 cm 或更粗,箨鞘硬脆,厚纸质,绿色无毛,箨耳极小,箨叶直立,长三角形。分枝低,成束状,每小枝通常有 5~10 枚叶,叶质薄,披针形,长 4～14 cm,宽 5～20 mm,表面深绿色,背面具细毛。出笋期 6～9 月份。我国华南、西南至长江流域各地都有分布。

2. 生物学特性

孝顺竹为暖地竹种,是丛生竹类中耐寒力最强竹种之一。性喜温暖湿润、土层深厚的环境,在一般年份南京地区小气候好的地段能安全越冬。

3. 繁殖方法与技术要点

分株繁殖 3 月间连蔸带土 3～5 株成丛挖起,栽植密度应比散生竹要大,栽前穴底先填细土,施腐烂的厩肥,与表土拌匀,将母竹放下,分层盖土压衬,务使鞭根与土壤密接,浇定根水,覆土比母竹原土痕略深 2～3 cm。也可移蔸栽植,即削去竹竿,只栽竹蔸。

(四)菲白竹(*Arundinaria pygmaea*)

1. 形态特征与分布

禾本科青篱竹属。小型竹,竿矮小,高 0.2～1.5 m,直径 0.2～0.3 cm,节间圆桶形,竿环平。笋绿色;竿箨宿存,竿箨无毛;无箨耳;箨舌不明显;叶小,披针形,外展。每节具 1 分枝,竿上部节 3 分枝,每小节有 4～7 叶,叶鞘无毛;无叶耳,鞘口具白色肩毛;叶舌不明显,叶片小,披针形,叶两面具白色柔毛,背面较密,叶片绿色,具明显的白色或淡黄色纵条纹。笋期 5 月份。原产日本,我国有引种栽培。

2. 生物学特性

性喜温暖湿润、土层深厚的环境。

3. 繁殖方法与技术要点

(1)分株繁殖 立春前后,将一年生实生苗,成丛挖起,剪去 1/3 的枝叶,用黄泥浆根,按株行距 20 cm×26 cm,单株或双株移植。

(2)埋鞭繁殖 在立春前后,将挖掘一年生分植苗和留床苗时所截下的多余幼嫩竹鞭(径粗约 0.6 cm),截成 16 cm 左右为一段,进行埋鞭繁殖。

附录2 常见盆栽花卉生产技术简介

一、观花类

(一)四季海棠栽培

四季海棠(*Begonia semperflorens*)。别名:秋海棠、虎耳海棠、瓜子海棠。秋海棠科秋海棠属,原产巴西,多年生草本植物。

1. 形态特征

多年生常绿草本,茎直立,稍肉质,高 25~40 cm,有发达的须根;叶卵圆至广卵圆形,基部斜生,绿色或紫红色;雌雄同株异花,聚伞花序腋生,花色有红、粉红和白等色,单瓣或重瓣,品种甚多。

2. 生态习性

四季海棠性喜阳光,稍耐阴,怕寒冷,喜温暖、稍阴湿的环境和湿润的土壤,但怕热及水涝,夏天注意遮阴,通风排水。

3. 繁殖方法

(1)播种繁殖 四季海棠易收到大量种子,而且发芽力很强,一般多采用种子繁殖。种子采收后,随即播种,一般 8~9 月份播于浅盆中,注意表土宜细,因种子细小,发芽力又强,播时不要太密。播后不覆土,将盆土浸湿,盖上玻璃,置半阴处,保持一定湿润,1 周后可出苗。

(2)扦插繁殖 在 8~12 月份进行。8 月份扦插,约 20 天可生根。移栽一次后,约 40 天后定植。一般每 10 天施一次稀薄液肥,浇水要充足,保持土壤湿润。如果想使株丛较大,开花繁茂,应多次摘心,一般留两个节,把新梢摘去,促进分枝而开花多。盆栽的 6 月下旬就要开始遮阴避暑,并防止盆内积水,否则易烂根死亡。

4. 栽培要点

光、水、温度、摘心是种好四季海棠的关键。定植后的四季海棠,在初春可直射阳光,随着日照的增强,须适当遮阴。同时应注意水分的管理,水分过多易发生烂根、烂芽、烂枝的现象;高温高湿易产生各种疾病。定植缓苗后,每隔 10 天追施一次液体肥料。及时修剪长枝、老枝而促发新的侧枝,加强修剪有利于株形的美观。栽培的土壤条件,要求富含腐殖质、排水良好的中性或微酸性土壤,既怕干旱,又怕水渍。

(二)何氏凤仙栽培

何氏凤仙(*Impatiens holstii* Engler et Warb)。别名:玻璃翠。凤仙花科凤仙花属。原产非洲热带,现广泛栽培于世界各地。

1. 形态特征

多年生常绿草本。本种的特点为花瓣平展,不同于其他凤仙花。株高 20~40 cm,茎稍多汁;叶翠绿色;花大,直径可达 4~5 cm,只要温度适宜可全年开花。花色有白、粉红、洋红、玫瑰红、紫红、朱红及复色。

2. 生态习性

喜冬季温暖、夏季凉爽通风的环境,不耐寒,越冬温度为 5℃左右,喜半阴,适宜生长的温度为 13～16℃,喜排水良好的腐殖土,种子寿命可达 6 年,2～3 年发芽力不减。

3. 繁殖方法

常用扦插法繁殖,也可用播种繁殖。扦插繁殖全年均可进行,但以春、秋季为最好,一般选取 8～10 cm 带顶梢的枝条,插于沙床内,保持湿润,约 3 周即可生根,也可进行水插,播种繁殖于 4～5 月份在室内进行盆播,保持室温 20℃,约 1 周即可生根,苗高 3 cm 左右时即可上盆。

4. 栽培要点

幼苗经 2～3 次摘心,促其分枝,使株形更丰满、优美。喜充足的阳光和温暖的环境。适于中小盆栽植,生长时期每 1～2 周施一次追肥。越冬温度在 16℃ 以上可以开花;低于 12℃ 叶片变黄,下部脱落。冬季应放在向阳的窗边,5～10 月份可移至室外阳光下栽培。

(三)天竺葵栽培

天竺葵(*Pelargonium hortorum*)。别名:洋绣球、入蜡红、石蜡红、日烂红、洋葵。牻牛儿苗科 、天竺葵属。原产南非,多年生的草本花卉。

1. 形态特征

株高 30～60 cm,全株被细毛和腺毛,具异味。茎肉质。叶互生,圆形至肾形,通常叶缘内有马蹄纹。伞形花序顶生,总梗长,花有白、粉、肉红、淡红、大红等色,有单瓣、重瓣之分,还有叶面具白、黄、紫色斑纹的彩叶品种。花期 5～6 月份,除盛夏休眠,如环境适宜可不断开花。喜冷凉,但也不耐寒。忌高温,喜阳光充足,喜排水良好的肥沃壤土;不耐水湿,湿度过大易徒长,稍耐干旱。生长适温为白天 15℃ 左右,夜间不低于 5℃。夏季休眠或半休眠,应置半阴处,并控制水分。

2. 生态习性

天竺葵原产非洲南部。喜温暖、湿润和阳光充足环境。耐寒性差,怕水湿和高温。生长适温 3～9 月份为 13～19℃,冬季温度为 10～12℃。6～7 月间呈半休眠状态,应严格控制浇水。宜肥沃、疏松和排水良好的沙质壤土。冬季温度不低于 10℃,短时间能耐 5℃ 低温。单瓣品种需人工授粉,才能提高结实率。花后约 40～50 天种子成熟。

3. 繁殖方法

扦插繁殖:除 6～7 月份植株处于半休眠状态外,均可扦插。以春、秋季为好。夏季高温,插条易发黑腐烂。选用插条长 10 cm,以顶端部最好,生长势旺,生根快。剪取插条后,让切口干燥数日,形成薄膜后再插于沙床或膨胀珍珠岩和泥炭的混合基质中,注意勿伤插条茎皮,否则伤口易腐烂。插后放半阴处,保持室温 13～18℃,插后 14～21 天生根,根长 3～4 cm 时可盆栽。扦插过程中用 0.01% 吲哚丁酸液浸泡插条基部 2 s,可提高扦插成活率和生根率。一般扦插苗培育 6 个月开花,即 1 月份扦插,6 月份开花;10 月份扦插,翌年 2～3 月份开花。

4. 栽培要点

天竺葵每年 8 月份在休眠期换盆,用加肥培养土并垫蹄角片或粪干作底肥。喜旱怕涝,在春、秋生长期内掌握见干浇水,雨季及时排水的原则。

(四)鹤望兰栽培

鹤望兰(*Strelitzia reginae* Aiton)。别名:极乐鸟花、天堂鸟、鹤望兰。旅人蕉科鹤望兰属。原产非洲南部,常绿宿根草本。

1. 形态特征

常绿宿根草本。高达 1～2 m,根粗壮肉质。茎不明显。叶对生,两侧排列,革质,长椭圆形或长椭圆状卵形,长约 40 cm,宽 15 cm。叶柄比叶片长 2～3 倍,中央有纵槽沟。花梗与叶近等长。花序外有总佛焰苞片,长约 15 cm,绿色,边缘晕红,着花 6～8 朵,顺次开放。外花被片 3 个、橙黄色,内花被片 3 个、舌状、天蓝色。花形奇特,色彩夺目,宛如仙鹤翘首远望。秋冬开花,花期长达 100 天以上。

2. 生态习性

鹤望兰喜温暖、湿润气候,怕霜雪。南方可露地栽培,长江流域作大棚或日光温室栽培。生长适温,3 月份至 10 月份为 18～24℃,10 月份至翌年 3 月份为 13～18℃。白天 20～22℃、晚间 10～13℃,对生长更为有利。冬季温度不低于 5℃。

3. 繁殖方法

(1)播种繁殖　经人工授粉,需 80～100 天种子才能成熟。成熟种子应立即播种,发芽率高。

(2)分株繁殖　于早春换盆时进行。将植株从盆内托出,用利刀从根茎空隙处劈开,伤口涂以草木灰以防腐烂。

4. 栽培要点

鹤望兰的生长需要肥沃的微酸性土壤,需重肥。可种植在富含腐殖质的沙质土壤,也可用粗沙、腐叶、泥炭、园土各一份混匀而成。假如土壤较贫瘠,种植时在坑中放入腐熟的肥料或缓释性的肥料。种植后 7～10 天追肥一次,每平方米用复合肥 0.05 kg,进入开花龄后,在产花季节的前 2 个月应每月补充 1 次 0.02％磷酸二氢钾土施,或减半根外追肥。

(五)大岩桐栽培

大岩桐(*Sinningia speciosa* Benth)。别名:六雪尼,落雪泥。苦苣苔科大岩桐属。原产巴西,现广泛栽培,一般作温室培养。

1. 形态特征

多年生草本,块茎扁球形,地上茎极短,株高 15～25 cm,全株密被白色绒毛。叶对生,肥厚而大,卵圆形或长椭圆形,有锯齿;叶脉间隆起,自叶间长出花梗。花顶生或腋生,花冠钟状,先端浑圆,5～6 浅裂,色彩丰富,有粉红、红、紫蓝、白、复色等色,大而美丽。蒴果,花后 1 个月种子成熟;种子褐色,细小而多。

2. 生态习性

生长期喜温暖、潮湿,忌阳光直射,有一定的抗炎热能力,但夏季宜保持凉爽,23℃左右有利开花,1～10 月份温度保持在 18～23℃;10 月份至翌年 1 月份(休眠期)需要 10～12℃,块茎在 5℃左右的温度中,也可以安全过冬。生长期要求空气湿度大,不喜大水,避免雨水侵入;冬季休眠期则需保持干燥,如湿度过大或温度过低,块茎易腐烂。喜肥沃疏松的微酸性土壤。

3. 繁殖方法

大岩桐可用播种、叶插、枝插和分球茎等方法来进行繁殖。

4. 栽培要点

①适宜的温度。大岩桐生长适温 1～10 月份为 18～22℃,10 月份至翌年 1 月份为 10～12℃。

②适当遮光。大岩桐为半阳性植物,喜半阴环境。故生长期间要注意避免强烈的日光照射。

③适当施肥。大岩桐较喜肥,从叶片伸展后到开花前,每隔 10～15 天应施稀薄的饼肥水

一次。

④花期要注意避免雨淋,温度不宜过高,可延长观花期。

⑤土壤:盆栽大岩桐,常用腐叶土、粗沙和蛭石的混合基质。

(六)八仙花栽培

八仙花(*Largeleaf hydrangea*)。别名:绣球、斗球、草绣球、紫绣球、紫阳花。虎耳草科八仙花属。原产中国和日本。

1. 形态特征

落叶灌木,高 3～4 m;小枝光滑,老枝粗壮,有很大的叶迹和皮孔。八仙花的叶大而对生,浅绿色,有光泽,呈椭圆形或倒卵形,边缘具钝锯齿。八仙花花球硕大,顶生,伞房花序,球状,有总梗。每一簇花,中央为可孕的两性花,呈扁平状;外缘为不孕花,每朵具有扩大的萼片 4枚,呈花瓣状。八仙花初开为青白色,渐转粉红色,再转紫红色,花色美艳。八仙花花期 6～7月份,每簇花可开 2 个月之久,花期长,是一种既适宜庭院栽培,又适合盆栽观赏的理想花木。八仙花原产我国长江流域,现全国各地均有栽培。常见栽培的变种品种有大八仙花、圆锥八仙花、紫茎八仙花、齿瓣八仙花、蓝边八仙花、银边八仙花、蔓性八仙花。

2. 生态习性

八仙花原产我国和日本。喜温暖、湿润和半阴环境。八仙花的生长适温为 18～28℃,冬季温度不低于 5℃。花芽分化需 5～7℃条件下 6～8 周,20℃温度可促进开花,见花后维持16℃,能延长观花期。但高温使花朵褪色快。八仙花盆土要保持湿润,但浇水不宜过多,特别雨季要注意排水,防止受涝引起烂根。冬季室内盆栽八仙花以稍干燥为好。过于潮湿则叶片易腐烂。八仙花为短日照植物,每天黑暗处理 10 h 以上,约 45～50 天形成花芽。平时栽培要避开烈日照射,以 60%～70%遮阴最为理想。

3. 繁殖方法

(1)分株繁殖　宜在早春萌芽前进行。将已生根的枝条与母株分离,直接盆栽,浇水不宜过多,在半阴处养护,待萌发新芽后再转入正常养护。

(2)压条繁殖　在芽萌动时进行,30 天后可生长,翌年春季与母株切断,带土移植,当年可开花。

(3)扦插繁殖　在梅雨季节进行。剪取顶端嫩枝,长 20 cm 左右,摘去下部叶片,扦插适温为 13～18℃,插后 15 天生根。

(4)组培繁殖　可用组织培养方式繁殖。

4. 栽培要点

盆栽八仙花常用 15～20 cm 盆。盆栽植株在春季萌芽后注意充分浇水,保证叶片不凋萎。6～7 月份花期,肥水要充足,每半月施肥 1 次或用"卉友"21-7-7 酸肥。盛夏光照过强时,适当遮阴,可延长观花期。花后摘除花茎,促使产生新枝。花色受土壤酸碱度影响,酸性土花呈蓝色,碱性土花为红色。每年春季换盆一次。适当修剪,保持株形优美。

(七)朱顶红栽培

朱顶红(*Hippeastrum rutilum*)。别名:百枝莲、柱顶红、朱顶兰。石蒜科朱顶红属。原产秘鲁和巴西一带。现广泛栽培。

1. 形态特征

多年生草本植物,鳞茎肥大,近球形,直径 5～7 cm,外皮淡绿色或黄褐色。叶片两侧对生,带状,先端渐尖,6～8枚,叶片多于花后生出。总花梗中空,被有白粉,顶端着花2～4朵,花喇叭形,花期由冬至春,甚至更晚。现代栽培的多为杂种,花朵硕大,花色艳丽,有大红、玫红、橙红、淡红、白等色。花径大者可达20 cm以上,而且有重瓣品种。

2. 生态习性

喜温暖湿润气候,生长适温为18～25℃,忌酷热,阳光不宜过于强烈,应置阴棚下养护。怕水涝。冬季休眠期,要求冷凉的气候,以10～12℃为宜,不得低于5℃。喜富含腐殖质、排水良好的沙壤土。

3. 繁殖方法

繁殖采用播种法或分离小鳞茎方法。种子成熟后,即可播种,在18～20℃情况下,发芽较快;幼苗移栽时,注意防止伤根,播种留经二次移植后,便可上入小盆,当年冬天须在冷床或低温温室越冬,次年春天换盆栽种,第3年便可开花。一般多用分离小鳞茎的方法繁殖,将着生在母球周围的小鳞茎分离,进行培养,第二年就可开花。

4. 栽培要点

(1)换盆　朱顶红生长快,经1年生长,应换上适应的花盆。

(2)换土　朱顶红盆土经1年或2年种植,盆土肥分缺乏,为促进新一年生长和开花,应换上新土。

(3)分株　朱顶红生长快,经1年或2年生长,头部生长小鳞茎很多,因此在换盆、换土同时进行分株,把大株的合种为一盆,中株的合种为一盆,小株的合种为一盆。

(4)施肥　朱顶红在换盆、换土、种植同时要施底肥,上盆后每月施磷肥一次,施肥原则是薄施勤施,以促进花芽分化和开花。

(5)修剪　叶长又密,应在换盆、换土同时把败叶、枯根、病虫害根叶剪去,留下旺盛叶片。

(6)防治病虫害　每月喷洒花药一次。

二、观叶类

(一)绿萝栽培

绿萝(*Scindapsus aureun*)。别名:黄金葛、魔鬼藤、石柑子。天南星科、绿萝属。原产印度尼西亚群岛,大型常绿藤本植物。

1. 形态特征

大型常绿藤本植物。原产所罗门群岛,热带地区常攀缘生长在鱼林的岩石和树干上,可长成巨大的藤本植物。绿色的叶片上有黄色的斑块。其缠绕性强,气根发达,既可让其攀附于用棕扎成的圆柱上,摆于门厅、宾馆,也可培养成悬垂状置于书房、窗台,是一种较适合室内摆放的花卉。绿萝藤长数米,节间有气根,随生长年龄的增加,茎增粗,叶片亦越来越大。叶互生,绿色,少数叶片也会略带黄色斑驳,全缘,心形。

2. 生态习性

性喜温暖、潮湿环境,要求土壤疏松、肥沃、排水良好。盆栽绿萝应选用肥沃、疏松、排水性好的腐叶土,以偏酸性为好。绿萝极耐阴,在室内向阳处即可四季摆放,在光线较暗的室内,应每半月移至光线强的环境中恢复一段时间,否则易使节间增长,叶片变小。绿萝喜湿热的环境,越冬温度不应低于15℃,盆土要保持湿润,应经常向叶面喷水,提高空气湿度,以利于气生根的生长。旺盛生长期可每月浇一遍液肥。长期在室内观赏的植株,其茎干基部的叶片容易脱落,降低观赏价值,可在气温转暖的 5～6 月份,结合扦插进行修剪更新,促使基部茎干萌发新芽。

3. 繁殖方法

绿萝主要用扦插法繁殖,春末夏初剪取 15～30 cm 的枝条,将基部 1～2 节的叶片去掉,用培养土直接盆栽,每盆 3～5 根,浇透水,植于阴凉通风处,保持盆土湿润,1 个月左右即可生根发芽,当年就能长成具有观赏价值的植株。春夏季用枝条扦插容易生根;作图腾柱的必须用带大叶片的顶尖扦插,这样成型比较快。绿萝还可水栽,但与土栽相比植株较小。

4. 栽培要点

绿萝生长较快,栽培管理粗放。在管理过程中,夏季应多向植物喷水,每 10 天进行 1 次根外追肥,保持叶片青翠。

(二)绿巨人栽培

绿巨人(*Spathiphyllum floribundum*)。别名:一帆风顺、巨叶大百掌。天南星科苞叶芋属。原产南美洲热带地区,主要分布于哥伦比亚,为欧美最流行的室内观叶植物之一。

1. 形态特征

常绿多年生草本。株形形似白鹤芋,但较硕大,高可达 1.2 m,且常单茎生长,不易长侧芽。叶墨绿色,有光泽,宽厚挺拔,叶长 40～50 cm,宽 20～25 cm。品种有圆叶、尖叶之分,以圆叶种为佳。种植 1.5～2 年后开花、花的白色苞叶大型,宽 10～12 cm,长 30～35 cm,花期可达 2 个月余。

2. 生态习性

喜温暖湿润气候,最适宜的生长温度为 20～25℃,相对湿度要求在 50% 以上。喜半阴,且十分耐阴,在 200 lx 的弱光下仍能正常生长。喜富含有机质且通透性良好的壤土。绿巨人喜高温,越冬温度应保持在 8℃ 以上,应该注意冬季的保暖。

3. 繁殖方法

常单株生长,不易生长侧芽,主要采用组织培养法繁殖。

4. 栽培要点

忌暴晒,光照过烈会引起日灼现象,只需 1～2 天的日光暴晒就会使叶片变黄,时间稍长还会引起焦叶,在 5～9 月份应将盆株移入半阴处,空气干燥会引起新生的叶片变小、发黄、焦边,应经常向叶面及周围环境喷洒水分。绿巨人生长迅速,叶片又大,对水分与养分的需求量较多,除在生长期间充分浇水外,应每 10 天左右施 1 次以氮为主的肥料。但需防止积水。

(三)花叶竹芋栽培

花叶竹芋(*Maranta bicolor*)。别名:麦伦脱。竹芋科竹芋属。原产南美巴西。在我国的南北地区均作盆栽观赏。

1. 形态特征

高约 25 cm,茎较短,从膨大的茎基部生出分枝。叶片披针状,椭圆形,长约 15 cm,宽 10 cm 左右,表面光亮,呈深绿色,沿主脉为浅绿纹带,在主脉之间有紫红色的斑纹,十分绚丽悦目。花小,不显著,白色、不甚美丽。但叶形叶色很好看,深受人们的喜爱。

2. 生态习性

喜阴,喜疏松、肥沃、排水性能良好的微酸性沙质壤土。盆栽用土可用腐叶土 3 份、草炭土3份、河沙1份、细煤渣粒1份、腐熟的有机肥末2份混合配制,盆栽时再在盆底部适量放些牲畜蹄角片作基肥,会使其生长健壮,叶色绚丽。盆栽花叶竹芋在每年的春季发芽前进行换土换盆一次。换盆时应将根部的陈土抖去一部分,换上新的营养丰富的培养土,可使其生长更好。

3. 繁殖方法

花叶竹芋通常用分株和扦插法繁殖。4月中旬结合春季换土换盆,将换盆的栽培两年以上的植株从盆中磕出,将根部的土全部抖掉,根据植株大小,可以分成2至数丛,使每丛带有新芽,分别栽植,即成为新的植株。生长健壮的花叶竹芋每年从基部生出许多新枝,待新枝生长成熟后可以截取其上部枝条作插穗,扦插在温度为25~30℃的苗床上,保持较高的空气湿度,3~4周可以生根成活,另移栽其他盆中成新的植株。

4. 栽培要点

栽培花叶竹芋用腐叶土、泥炭及沙配制的培养土,生长期每周施肥1次,夏季少施肥,每月2次,生长季节要注意每天给1次水,宜多喷水,保温。冬季盆土宜保持较干燥,不宜过湿。夏季遮阴,冬季需阳光充足。

(四)冷水花栽培

冷水花(*Pilea cadierei*)。别名:透明草,花叶荨麻,白雪草。荨麻科冷水花属。原产越南,多分布于热带地区。

1. 形态特征

多年生常绿草本,株高15~40 cm。叶对生,椭圆形,长4~8 cm。地上茎丛生,细弱、肉质,半透明,上面有棱,节部膨大,幼茎白绿色,老茎淡褐色。叶对生,两枚稍不等大;叶缘有波状钝齿。叶片狭卵形或卵形,先端渐尖或长渐尖,基部圆形或宽楔形,基出脉3条,3条主脉之间有灰白至银白色的斑纹,叶脉部分略下凹。叶面底色为绿色,叶背绿色。雌雄异株,雄花序长达4 cm,雌花序较短而密。

2. 生态习性

冷水花比较耐寒,冬季室温不低于6℃不会受冻,14℃以上开始生长。喜温暖湿润的气候条件,怕阳光暴晒,在疏阴环境下叶色白绿分明,节间短而紧凑,叶面透亮并有光泽。在全部蔽荫的环境下常常徒长,节间变长,茅秆柔软,容易倒伏,株形松散。对土壤要求不严,能耐弱碱,较耐水湿,不耐旱。

3. 繁殖方法

一般采用扦插法繁殖,也可用分株繁殖。

4. 栽培要点

(1)水 喜湿润,夏季要保持盆土湿润,每天应给叶面喷雾和淋水,保持叶色鲜亮。

(2)肥 4~9月份,每半个月施肥1次。

(3)土 喜疏松、排水良好的土壤,可用壤土、河沙、腐叶土混合配制。

(4)温 喜温暖,生长适温15~25℃。冬季室内越冬,温度在5℃左右。

(5)光 较耐阴,忌烈日,喜散射光。

(五)五彩凤梨栽培

五彩凤梨(*Neoregelia carolinae*)。别名:贞凤梨。凤梨科彩叶凤梨属。原产于南美热带地区。

1. 形态特征

植株高 25～30 cm,茎短。叶呈莲座状互生,长带状,长 20～30 cm,宽 3.5～4.5 cm,顶端圆顿,叶革质,有光泽,橄榄绿色,叶中央具黄白色条纹,叶缘具细锯齿。成苗临近开花时花心叶变成猩红色,甚美丽。穗状花序,顶生,与叶筒持平,花小,蓝紫色。

2. 生态习性

五彩凤梨原产于巴西。其性喜温暖、半阴蔽的气候环境,在疏松、肥沃、富含腐殖质的土壤中生长最好。花后老植株萌蘖芽后死亡。五彩凤梨耐荫蔽和干旱,怕涝,不耐高温,生长适温为 18～25℃。

3. 繁殖方法

主要用分株繁殖。花期后从母株旁萌发出蘖芽,待蘖芽长成 10 cm 高小株时,剥取另行栽植。

4. 栽培要点

五彩凤梨夏季应在半荫蔽条件下养护,防雨水过多,防止因高温、高湿而诱发的心腐病,尤其是幼苗。

(六)变叶木栽培

变叶木(*Codiaeum variegatum*)。别名:洒金榕。大戟科变叶木属。原产东南亚和太平洋群岛的热带地区。

1. 形态特征

常绿灌木或小乔木。高 1～2 m。单叶互生,厚革质;叶形和叶色依品种不同而有很大差异,叶片形状有线形、披针形至椭圆形,边缘全缘或者分裂,波浪状或螺旋状扭曲,甚为奇特,叶片上常具有白、紫、黄、红色的斑块和纹路,全株有乳状液体。总状花序生于上部叶腋,花白色不显眼。

2. 生态习性

变叶木原产印度尼西亚的爪哇至澳大利亚。喜高温、湿润和阳光充足的环境,不耐寒。

3. 繁殖方法

常用扦插、压条和播种繁殖。

常于春末秋初用当年生的枝条进行嫩枝扦插,或于早春用去年生的枝条进行老枝扦插。

4. 栽培要点

(1)水 喜水湿。

(2)肥 生长期一般每月施 1 次液肥或缓释性肥料。

(3)土 喜肥沃、黏重而保水性好的土壤。

(4)温 变叶木属热带植物,生长适温 20～35℃,冬季不得低于 15℃。

(5)光 喜阳光充足,不耐阴。

(七)印度橡皮树栽培

印度橡皮树(*Ficus elastica*)。别名:印度榕树。桑科榕属。原产印度及马来西亚,中国各地多有栽培。

1. 形态特征

常绿大乔木植物,高达 30 m。树冠开展,树皮有乳汁。叶厚革质,有光泽,长椭圆形或矩圆形,长 5～30 cm,宽 7～9 cm。托叶单生,淡红色。花序托成对着生于叶腋,矩圆形,成熟时黄色。雄花、雌花和瘿花生于同一花序托中。

2. 生态习性

印度橡皮树在北方温室越冬。性喜暖湿,不耐寒,喜光,亦能耐阴。要求肥沃土壤,宜湿润,亦稍耐干燥,其生长适温为 20～25℃。

3. 繁殖方法

以扦插为主,也可用压条繁殖。

4. 栽培要点

幼苗盆栽需用肥沃疏松,富含腐殖质的沙壤土或腐叶土,刚栽后需放在半阴处。生长期,盛夏每天需浇水外,还要喷叶面水数次,秋冬季应减少浇水。在天气较寒的地区,冬季应移入温室内。施肥在生长旺盛期,每 2 周施 1 次腐熟饼肥水。越冬温度达到 3℃即可,黄边及斑叶品种,越冬温度要适当高些。

三、木本花卉

(一)米兰栽培

米兰(*Aglaia odorata*)。别名:珠兰、米仔兰、树兰、鱼仔兰等。楝科米仔兰属的常绿灌木,小乔木。原产中国福建、广东、广西、云南等省,东南亚也有分布,是一种常见的芬芳类观赏植物。

1. 形态特征

常绿灌木或小乔木。多分枝。幼枝顶部具星状锈色鳞片,后脱落。奇数羽状复叶,互生,叶轴有窄翅,小叶 3～5,对生,倒卵形至长椭圆形,先端钝,基部楔形,两面无毛,全缘,叶脉明显。圆锥花序腋生。花黄色,极香。花萼 5 裂,裂片圆形。花冠 5 瓣,长圆形或近圆形,比萼长。雄蕊花丝结合成筒,比花瓣短。雌蕊子房卵形,密生黄色粗毛。浆果,卵形或球形,有星状鳞片。种子具肉质假种皮。花期7～8月份,或四季开花。

2. 生态习性

喜温暖湿润和阳光充足环境,不耐寒,稍耐阴,土壤以疏松、肥沃的微酸性土壤为最好,冬季温度不低于 10℃。

3. 繁殖方法

常用压条和扦插繁殖。压条,以高空压条为主,在梅雨季节选用一年生木质化枝条,于基部 20 cm 处作环状剥皮 1 cm 宽,用苔藓或泥炭敷于环剥部位,再用薄膜上下扎紧,2～3 个月可以生根。扦插,于 6～8 月份剪取顶端嫩枝 10 cm 左右,插入泥炭中,2 个月后开始生根。

4. 栽培要点

盆栽米兰幼苗注意遮阴,切忌强光暴晒,待幼苗长出新叶后,每 2 周施肥 1 次,但浇水量必须控制,不宜过湿。除盛夏中午遮阴以外,应多见阳光,这样米兰不仅开花次数多,而有香味浓郁。长江以北地区冬季必须搬入室内养护。

(二)白兰花栽培

白兰花(*Michelia alba*)。别名:缅桂花。木兰科含笑属。原产于华南、西南及东南亚地区。

1. 形态特征

落叶乔木,高达 17~20 m,盆栽通常 3~4 m 高,也有小型植株。树皮灰白,幼枝常绿,叶片长圆,单叶互生,青绿色,革质有光泽,长椭圆形。其花蕾好像毛笔的笔头,瓣有 8 枚,白如皑雪,生于叶腋之间。花白色或略带黄色,花瓣肥厚,长披针形,有浓香,花期长,6~10 月份开花不断。如冬季温度适宜,会有花持续不断开放,只是香气不如夏花浓郁。这些花含有芳樟醇、苯乙醇、甲基丁香酚等成分,经收集后可供作熏茶、酿酒或提炼香精。现在好些表现白兰香型的香水、润肤霜、雪花膏都常用白兰花为配料。

2. 生态习性

喜光照充足、暖热湿润和通风良好的环境,不耐寒,不耐阴,也怕高温和强光,宜排水良好、疏松、肥沃的微酸性土壤,最忌烟气、台风和积水。

3. 繁殖方法

白兰花的繁殖可采用嫁接、压条、扦插、播种等方法,但最常用的是嫁接和压条两种。

4. 栽培要点

喜排水良好、富含腐殖质、疏松、微酸性沙质土壤。通常 2~3 年换盆 1 次,在谷雨过后换盆较好,并增添疏松肥土。不耐寒,除华南地区以外,其他地区均要在冬季进房养护,最低室温应保持 5℃以上,出房时间在清明至谷雨为宜。

(三)瑞香栽培

瑞香(*Daphne odora* Thunb)。别名:睡香、蓬莱紫、毛瑞香、千里香。瑞香科瑞香属。原产于中国。

1. 形态特征

瑞香植株高 1.5~2 m,枝细长,光滑无毛。单叶互生,长椭圆形,长 5~8 cm,深绿、质厚,有光泽。花簇生于枝顶端,头状花序有总梗,花被筒状,上端四裂,花径 1.5 cm,白色,或紫或黄,具浓香有"夺花香"、"花贼"之称呼,若与其他花放置在一起,其他花有淡然失香之感。瑞香花期在 2~3 月份,长达 40 天左右。

2. 生态习性

性喜半阴和通风环境,惧暴晒,不耐积旱。

3. 繁殖方法

瑞香的繁殖以扦插为主,也可压条,嫁接或播种。

4. 栽培要点

(1)浇水　生长期适当浇水,以不受干旱为度,盛夏每天浇水两次,谨防阵雨淋浇,否则发生炭疽病而死亡。入冬后减少浇水,可以使挂果期延长。

(2)肥　适量施肥,不可过多,以免徒长。

(3)土　要求土壤排水良好。

(4)温　冬季最低温度应保持 2℃以上室温。生长适温 10~25℃。

(5)光　喜阳光,不需遮阴。

(四)茉莉花栽培

茉莉花[*Jasminum sambac*(Linn.)Aiton]。别名:香魂、莫利花、抹厉、木梨花。木犀科素馨属。

1. 形态特征

茉莉花,常绿小灌木或藤本状灌木,性喜温暖,不耐霜冻。高可达 1 m。小枝有棱角,有时有毛。单叶对生,宽卵形或椭圆形,叶脉明显,叶面微皱,叶柄短而向上弯曲,有短柔毛。初夏由叶腋抽出新梢,顶生聚伞花序,通常 3 朵花,有时多,花白色,有芳香,花期甚长,由初夏至晚秋开花不绝。

2. 生态习性

性喜温暖湿润,在通风良好、半阴环境生长最好。土壤以含有大量腐殖质的微酸性沙质壤土为最适合。大多数品种畏寒、畏旱,不耐霜冻、湿涝和碱土,冬季气温低于 3℃ 时,枝叶易遭受冻害,如持续时间长就会死亡。

3. 繁殖方法

茉莉花繁殖多用扦插,也可压条或分株。

4. 栽培要点

盆栽茉莉花,盛夏季每天要早、晚浇水,如空气干燥,需补充喷水;冬季休眠期,要控制浇水量,如盆土过湿,会引起烂根或落叶。生长期间需每周施稀薄饼肥一次。春季换盆后,要经常摘心整形,盛花期后,要重剪,以利萌发新枝,使植株整齐健壮,开花旺盛。

(五)含笑栽培

含笑(*Michelia figo*)。别名:香蕉花、含笑梅、笑梅。木兰科白兰花属/含笑属。原产我国广东、福建及广西东南部。

1. 形态特征

常绿灌木或小乔木。分枝多而紧密组成圆形树冠,树皮和叶上均密被褐色绒毛。单叶互生,叶椭圆形,绿色,光亮,厚革质,全缘。花单生叶腋,花形小,呈圆形,花瓣 6 枚,肉质淡黄色,边缘常带紫晕,花香袭人,有香蕉气味,花常不开全,有如含笑之美人,花期 3～4 月份。果卵圆形,9 月份果熟。

2. 生态习性

含笑为暖地木本花灌木,性喜温湿,不甚耐寒,长江以南背风向阳处能露地越冬。夏季炎热时宜半阴环境,不耐烈日暴晒。其他时间最好置于阳光充足的地方。不耐干燥瘠薄,但也怕积水,要求排水良好、肥沃的微酸性壤土,中性土壤也能适应。含笑花性喜暖热湿润,不耐寒,适半阴,宜酸性及排水良好的土质,因而环境不宜之地均行盆栽,秋末前移入温室,在 10℃ 左右温度下越冬。含笑的地径和苗高生长规律基本相同,即从生长缓慢→生长中速→生长快速→生长停止。一般 4～6 月份生长较慢,7 月份生长中等,8～10 月份期间生长最快,11～12 月份生长较慢并停止生长。

3. 繁殖方法

扦插繁殖为主,也可压条、嫁接、播种繁殖。

4. 栽培要点

栽培含笑的泥土,需通气,排水良好,要疏松肥沃富含腐殖质,否则会造成植株生长不良,根部腐烂,甚至发病而亡。栽植时适当施基肥。一般园土可用河沙、腐叶土及腐熟的厩肥等适量调配。

(六)叶子花栽培

叶子花(*Bougainvillea spectabilis* Wind)。别名:九重葛、三叶梅、贺春红、毛宝巾、肋杜鹃等。紫茉莉科叶子花属。原产巴西,中国各地均有栽培。

1. 形态特征

为常绿攀缘状灌木。枝具刺、拱形下垂。单叶互生,卵形全缘或卵状披针形,被厚绒毛,顶端圆钝。花顶生,花很细小,黄绿色,其貌并不惊人,不为人注意,常3朵簇生于3枚较大的苞片内,花梗与苞片中脉合生,苞片卵圆形,为主要观赏部位。苞片时状,有鲜红色、橙黄色、紫红色、乳白色等;从叶子又可分花叶和普通两类;苞片则有单瓣、重瓣之分。苞片形似艳丽的花瓣,故名叶子花、三角花。冬春之际,姹紫嫣红的苞片展现,给人以奔放、热烈的感受,因此又得名贺春红。

2. 生态习性

喜温暖湿润气候,不耐寒,在3℃以上才可安全越冬,15℃以上方可开花。喜充足光照。对土壤要求不严,在排水良好、含矿物质丰富的黏重壤土中生长良好,耐贫瘠,耐碱,耐干旱,忌积水,耐修剪。叶子花原产南美洲的巴西,大约在19世纪30年代才传到欧洲栽培,现在我国各地均有栽培。我国除南方地区可露地栽培越冬,其他地区都需盆栽和温室栽培。土壤以排水良好的沙质壤土最为适宜。

3. 繁殖方法

多采用扦插、高压和嫁接法繁殖。

4. 栽培要点

叶子花对土壤要求不严,但怕积水,不耐涝,因此,必须选择疏松、排水良好的培养土。一般可选用腐殖土4份、园土4份、沙2份配制的培养土,也可使用晒干塘泥掺些煤饼渣作盆土。

四、观果花卉

(一)金橘栽培

金橘[*Fortunella margarita* (Lour.)Swingle]。别名:牛奶橘、金枣、金弹、金丹、金柑、马水橘、金橘。芸香科金橘属。原产中国。

1. 形态特征

常绿小乔木,也常长成灌木样,盆栽株高50～150 cm。枝杈细弱、密生,先端常下垂,节间短,节部无刺。叶互生,小型革质,阔披针形至长椭圆形,顶端具不明显的波状齿,中脉两侧向上略翻,叶柄上无翼叶。花单生或数朵簇生于叶腋间,多着生在枝梢部位,花被五瓣裂,乳白色,雄蕊多数。果小,长约3 cm,倒卵形或椭圆形,先端钝圆,基部稍狭,果皮光滑,初期为青绿色,成熟后为金黄到橙黄色,密生油点,有香味。夏末开花,秋冬果熟。

2. 生态习性

金橘原产于我国南方暖温带和亚热带地区,性喜温暖湿润和日照充足的环境条件,稍耐寒,不耐旱,南北各地均作盆栽。要求富含腐殖质、疏松肥沃和排水良好的中性培养土。

3. 繁殖方法

通常嫁接繁殖,用其他柑橘类植物的实生苗作砧木,选择一年生粗壮的春梢作接穗。随采随用,剪去叶片保留叶柄。在4～5月份间用切接法,芽接在6～9月份操作,靠接在4月间。嫁接方法和代代、香圆相同,注意去除砧木苗发出的根蘖,经45～60天愈合。

4. 栽培要点

金橘容易形成花芽,但开花量多时,坐果率低,因而保果很重要。开花时,应适当疏花,每枝留花蕾 2 个至 3 个,同一叶腋内,如抽生 2~3 个花芽,可选留 1 个。花期和坐果初期,浇水要比平时偏少。水大、水小或施大肥都会引起落花、落果。花期不可淋水,可在午前、傍晚在周围环境洒水防尘,保持空气清新湿润。待幼果长到黄豆粒大坐稳后,才可增加浇水量和适度追肥,以磷钾肥为主。发现抽生新梢,要及时摘除。除华南地区外,在入冬前应及时移入低温或中温温室养护。观果期室温不宜偏高,盆土不可太干或太湿,保持空气清新湿润,可延长观赏时日。

(二)代代栽培

代代(*Citrus aurantium*)。别名:回青橙、回春橙、臭橙、酸橙、玳玳。芸香科柑橘属。

1. 形态特征

常绿灌木。高 2~5 m。树干和叶均为绿色,叶椭圆形至卵状椭圆形,革质互生。总状花序,白色,浓香,一朵或几朵簇生枝端叶腋,1 年开花多次,春花最旺,5~6 月份开花,花期长 1 个月左右。果实橙黄色,扁圆形,果熟期 12 月份。

2. 生态习性

原产我国东南部,喜温暖、湿润气候,喜光,喜肥,宜生于肥沃、疏松而富含有机质的沙质壤土。稍耐寒,冬季放入室内,阳光充足,温度在 0℃以上,即可安全越冬。

3. 繁殖方法

嫁接、扦插繁殖。嫁接,4 月下旬至 5 月上旬,用 2~3 年生枸橘作砧木,切接、靠接,成活 3 年后开花结果。扦插,6 月至 7 月上旬,取 1~2 年生健壮枝条,介质用 60%壤土和 40%沙混合,要求遮阴、遮风,保持湿润约 2 个月可生根,至翌春出房后分栽,3 年后开花结果。

(三)佛手栽培

佛手(*C. m.* var. *sarcodactylis*)。别名:佛手柑、五指柑、佛手香橼。芸香科柑橘属。

1. 形态特征

佛手是枸橼的一个变种,为常绿小乔木,有时长成灌木状,株高可达 2 m,老干灰褐色,幼枝绿色带刺,叶互生,椭圆形,呈薄革质,先端钝圆,边缘有波纹状锯齿,花单生或簇生于叶腋,花瓣 5 枚、质厚、白色、红色和紫色,具芳香。果实卵状或长圆形,果顶开裂呈瓣状,果皮发皱,上有较大的油胞突出,外形不整齐,淡黄至黄褐色,有浓郁的香味,老熟后呈古铜色,果肉坚硬而木质化。果熟 10~11 月份。性喜温暖而湿润的气候,不耐寒,除华南数省外,均作盆栽。

2. 生态习性

佛手喜暖畏寒,喜潮忌湿,喜阳怕阴;耐寒性较弱,低于 0℃易受冻害,低于－8℃易死亡;耐旱性也不及柑橘类的其他品种。一般栽后第 3 年挂果,一年开花结果 3 次,丰产性尚可,抗病性较好。佛手果留树时间长,特耐贮藏。

3. 繁殖方法

佛手可用嫁接、扦插和压条等方法进行繁殖。

4. 栽培要点

盆子以灰褐色的瓦盆为好,盆土要采用疏松、肥沃的沙壤土。最好采用 80%的红沙土再加上 20%焦泥灰混合而成,也可用 70%清水沙、25%肥沃的园土和 5%腐熟干燥的鸡粪混合而成。合理整形修剪。金佛手树体主要采用自然开心形整形。结果树的修剪主要有春剪和夏剪 2 种。春剪一般在春天发芽前进行。夏剪泛指生长季的修剪,主要是剪去枯枝、交叉枝、徒长枝和病虫枝,并应及时做好摘心。

(四)石榴栽培

石榴(*Punica granatum* Linn)。别名:安石榴、若榴、丹若、金罂、金庞、涂林。石榴科石榴属。

1. 形态特征

石榴树为落叶灌木或小乔木,高 2～7 m;小枝圆形,或略带角状,顶端刺状,光滑无毛。叶对生或簇生,长倒卵形至长圆形,或椭圆状披针形,长 2～8 cm,宽 1～2 cm,顶端尖,表面有光泽,背面中脉凸起;有短叶柄。花 1 朵至数朵,生于枝顶或腋生,有短柄;花萼钟形,橘红色,质厚,长 2～3 cm,顶端 5～7 裂,裂片外面有乳头状突起;花瓣与萼片同数,互生,生于萼筒内,倒卵形,稍高出花萼裂片,通常红色,也有白、黄或深红色的,花瓣皱缩。

2. 生态习性

喜光、有一定的耐寒能力、喜湿润肥沃的石灰质土壤、花期 5～7 月份。重瓣的多难结实,以观花为主;单瓣的易结实,以观果为主。萼革质,浆果近球形,秋季成熟。

3. 繁殖方法

石榴繁殖以扦插、分株、压条为主,嫁接、直播亦可。

4. 栽培要点

石榴是喜阳较耐高温的植物,因此,庭院或阳台盆栽石榴,不需遮阴,生长季节应置于阳光充足处;夏季可以放在烈日下直晒,越晒花越艳,果越多。

(五)冬珊瑚栽培

冬珊瑚(*Solanum pseudo-capsccicum*)。别名:珊瑚樱、吉庆果、珊瑚子、珊瑚豆、玉珊瑚。茄科茄属。原产欧亚热带,中国华东、华南地区有野生分布。

1. 形态特征

直立小灌木,多分枝成丛生状,作 1～2 年生栽培。株高 30～60 cm。叶互生,狭长圆形至倒披针形。夏秋开花,花小,白色,腋生。浆果,深橙红色,圆球形,直径 1～1.5 cm。花后结果,经久不落,可在枝头留存到春节以后。目前栽培有矮生种,株形矮多分枝。浆果,种子小,果形为广椭圆球形,前端尖。

2. 生态习性

原产南美巴西等。喜温暖和光线充足的环境,要求排水良好的土壤。

3. 繁殖方法

播种繁殖。果实成熟时,采集红色浆果,洗出种子后晒干贮藏。春季在室内盆播,发芽迅速整齐,播种苗移植 1 次,待 6～7 片叶时,可定植花盆中。

4. 栽培要点

(1)水　生长期适当浇水,以不受干旱为度,盛夏每天浇水两次,谨防阵雨淋浇,否则发生炭疽病而死亡。入冬后减少浇水,可以使挂果期延长。

(2)肥　适量施肥,不可过多,以免徒长。

(3)土　要求土壤排水良好。

(4)温　冬季最低温度应保持 2℃以上室温。生长适温 10～25℃。

(5)光　喜阳光,不需遮阴。

(六)南天竹栽培

南天竹(*Nandina domestica*)。别名:天竺、南天竺、竺竹、南竹叶、红杷子、蓝天竹。小檗科南天竹属。

1. 形态特征

株高约 2 m。直立,少分枝。老茎浅褐色,幼枝红色。叶对生,2～3 回复叶。圆锥花序顶生;花小,白色;浆果球形,鲜红色,宿存至翌年 2 月份。常绿灌木,高约 200 cm。茎直立,少分枝,幼枝常为红色。叶互生,常集于叶鞘;小叶 3～5 片,椭圆披针形,长 3～10 cm。夏季开白色花,大形圆锥花序顶生。浆果球形,熟时鲜红色,偶有黄色,直径 0.6～0.7 cm,含种子 2 粒,种子扁圆形。花期 5～6 月份,果熟期 10～11 月份。

2. 生态习性

为常绿灌木。多生于湿润的沟谷旁、疏林下或灌丛中,为钙质土壤指示植物。喜温暖多湿及通风良好的半阴环境。较耐寒。能耐微碱性土壤。花期 5～7 月份。适宜含腐殖质的沙壤土生长。

3. 繁殖方法

繁殖以播种、分株为主,也可扦插。

4. 栽培要点

南天竹适宜用微酸性土壤,可按沙质土 5 份、腐叶土 4 份、粪土 1 份的比例调制。栽前,先将盆底排水小孔用碎瓦片盖好,加层木炭更好,有利于排水和杀菌。一般植株根部都带有泥土,如有断根、撕碎根、发黑根或多余根应剪去,按常规法加土栽好植株,浇足水后放在阴凉处,约 15 天后,可见阳光。每隔 1～2 年换盆一次,通常将植株从盆中扣出,去掉旧的培养土,剪除大部分根系,去掉细弱过矮的枝干定干造型,留 3～5 株为宜,用培养土栽入盆内,蔽荫管护,半个月后正常管理。

(七)火棘栽培

火棘(*Pyracantha fortuneana*)。别名:火把果、救军粮。蔷薇科火棘属常绿灌木。

1. 形态特征

侧枝短刺状;叶倒卵形,长 1.6～6 cm,复伞房花序,有花 10～22 朵,花直径1 cm,白色;花期 3～4 月份;果近球形,直径 8～10 mm,呈穗状,每穗有果 10～20 余个,橘红色至深红色,受人们喜爱。9 月底开始变红,一直可保持到春节。是一种极好的春季看花、冬季观果植物。适作中小盆栽培,或在园林中丛植、孤植草地边缘。

2. 生态习性

喜强光,耐贫瘠,抗干旱;黄河以南露地种植,华北需盆栽,塑料棚或低温温室越冬,温度可低至 0～5℃或更低。

3. 繁殖方法

(1)播种繁殖　播种开花较晚。播种于果熟后采收,随采随播,亦可将种子阴干沙藏至翌年春季再播。

(2)扦插繁殖　可于春季 2～3 月份选用健壮的 1～2 年生枝条,剪成 10～15 cm长的插穗,随剪随插;或在梅雨季节进行嫩枝扦插,易于成活。

4. 栽培要点

盆栽火棘的盆可用瓦盆、陶盆、塑料盆等。口径、盆体大小适宜。盆体如较大,火棘植株生长量也大,花果就多。营养土可用1/2豆科植物秸秆堆肥土+1/4园土+1/4沙土配制,营养土中适当加一些25%氮磷钾复合肥。

五、多浆花卉

(一)仙人掌栽培

仙人掌(*Opuntia stricta*)。别名:仙巴掌、霸王树、火焰、火掌、玉芙蓉。仙人掌科仙人掌属。原产于北美和南美。

1. 形态特征

多年生常绿肉质植物,茎直立,扁平多枝,形状因种而异,扁平枝密生刺窝,刺的颜色、长短、形状、数量、排列方式因种而异,花色鲜艳,颜色也因种而异,花期4～6月份。肉质浆果,成熟时暗红色。

2. 生态习性

喜温暖和阳光充足的环境,不耐寒,冬季需保持干燥,忌水涝,要求排水良好的沙质土壤。

3. 繁殖方法

常用扦插繁殖,一年四季均可进行,以春、夏季最好,选取母株上成熟的茎节的一部分,用利刀割下,切口涂少量硫磺粉或草木灰,并让插穗稍晾1～2天后插入湿润的沙中,不使盆土过湿,很容易活。也可用嫁接,播种繁殖,由于扦插繁殖简易,成活率高,所以嫁接、播种不常使用。

4. 栽培要点

盆栽用土,要求排水透气良好、含石灰质的沙土或沙壤土。新栽植的仙人掌先不要浇水,也不要暴晒,每天喷雾几次即可,半个月后才可少量浇水,1个月后新根长出才能正常浇水。冬季气温低,植株进入休眠时,要节制浇水。开春后随着气温的升高,植株休眠逐渐解除,浇水可逐步增加。每10天到半个月施一次腐熟的稀薄液肥,冬季则不要施肥。

(二)昙花栽培

昙花(*Epiphyllum oxypetalum*)。别名:月下美人、琼花。仙人掌科昙花属。原产墨西哥。

1. 形态特征

多年生常绿灌木,茎直立,有分枝,主茎圆柱形,新枝扁平,为叶状,绿色,长阔椭圆形,中肋坚厚而边缘呈波缘状,上有节,叶褪化,花着生于节处,较大,花冠筒很大,上有许多附属物,为紫红色,开放时花筒下垂,花朵翘起,花纯白色,谢时显淡紫红色,花具香味。花期6～10月份。

2. 生态习性

喜温暖、湿润及半阴的环境,不耐霜冻,冬季室内温度不得低于0℃,喜强光暴晒,喜肥,对土壤的适应性较强,但最好是栽植于排水良好的沙质壤土中。

3. 繁殖方法

以扦插繁殖为主,也可用播种方法繁殖。扦插繁殖时间为春、秋季,选用生长健壮肥厚的叶状枝,长20～30 cm插入沙床。保持室温18～24℃,3周后生根,用主茎扦插当年可开花,侧茎插则需2～3年才能开花。播种繁殖常用于杂交育种,从播种到开花需4～5年时间。

4. 栽培要点

盆栽常用排水良好,肥沃的腐叶土,盆土不宜太湿,夏季保持较高的空气湿度。避免阵雨冲淋,以免浸泡烂根。生长期每半月施肥 1 次,初夏现蕾开花期,增施磷肥 1 次。肥水施用合理,能延长花期,肥水过多,过度荫蔽,易造成茎节徒长,相反,影响开花。盆栽昙花由于叶状茎柔弱,应设立支柱。

(三)量天尺栽培

量天尺(*Hylocere usundatus*)。别名:霸王花、三棱箭、三角柱、剑花。仙人掌科量天尺属。原产于美洲热带和亚热带地区,其他热带和亚热带地区多有栽培。

1. 形态特征

攀缘状灌木,株高 3～6 cm,茎三棱柱形,多分枝,边缘具波浪状,长成后呈角形,具小凹陷,长 1～3 枚不明显的小刺,具气生根。花大型,萼片基部连合成长管状、有线状披针形大鳞片,花外围黄绿色,内有白色,花期夏季,晚间开放,时间极短,具香味。

2. 生态习性

喜温暖湿润和半阴环境,能耐干旱,怕低温霜冻,冬季越冬温度不得低于 7℃,否则易受冻害,土壤以富含腐殖质丰富的沙质壤土为好。

3. 繁殖方法

常用扦插繁殖。在温室内一年四季均可进行,但以春、夏季为最好,播后约 1 个月生根。

4. 栽培要点

量天尺栽培容易,春、夏季生长期必须充分浇水和喷水。每半个月施肥 1 次,冬季控制浇水并停止施肥。盆栽很难开花,地栽株高 3～4 m 时才能孕蕾开花。南方露地作攀缘性围篱绿化时,需经常修剪,以利茎节分布均匀,花开更盛。栽培过程中过于阴蔽,会引起叶状茎徒长,并影响开花。

(四)芦荟栽培

芦荟(*Aloe vera*)。别名:有龙角、油葱、狼牙掌、草芦荟等。百合科芦荟属。

原产非洲南部、地中海、印度。我国云南元江有野生芦荟分布,是库拉索芦荟的一个变种,俗称元江芦荟。

1. 形态特征

芦荟是一种肉多生常绿多肉质草本植物。历史悠久,早在古埃及时代,其药效便被人们接受、认可,称其为"神秘的植物"。芦荟是百合科植物。叶簇生,呈座状或生于茎顶,叶常披针形或叶短宽,边缘有尖齿状刺。花序为伞形、总状、穗状、圆锥形等,色呈红、黄或具赤色斑点,花瓣 6 片,雌蕊 6 枚。花被基部多连合成筒状。

2. 生态习性

原产印度。喜温暖干燥和阳光充足环境。不耐寒,耐干旱和耐半阴。喜欢肥沃排水良好的沙壤土。冬季温度不低于 5℃。

3. 繁殖方法

(1)分株法 于 3 月下旬至 4 月上旬,将芦荟四周分蘖的新株,连根挖取,并与母株的地下茎切断,即可栽植在花盆中。

(2)扦插法 从母株上切下的插枝,长约 13 cm,先置阴凉地方,夏季 4～5 h,冬季 1～2 天,使插枝的切口稍行干燥,然后扦插在花盆内,待成活后再移栽。

4. 栽培要点

芦荟栽培容易,空气净化能力强,不怕阳光暴晒,直射,如果过度叶片会变成灰褐色,无光泽,严重时叶片也会灼伤,但不会死,此外还较耐阴,对环条件要求不严,非常适合家庭栽培观赏;浇水宁少勿多,保持盆土湿润即可,不能积水;盛夏季节要适当遮阴;喜肥但耐贫瘠,若要使多长新叶,叶色碧绿有光泽,生长期每半个月到1个月可施1次肥,加强光照,如果能创造闷热的环境条件,长势将更理想。

(五)虎尾兰栽培

虎尾兰(*Sansevieria trifasciata*)。别名:虎皮兰、千岁兰、虎尾掌、锦兰等。龙舌兰科虎尾兰属。原产于巴西热带雨林地区。

1. 形态特征

地下茎无枝,叶簇生,下部筒形,中上部扁平,剑叶刚直立,株高 50 cm 至 1 m,叶宽 3～5 cm,叶全缘,表面乳白、淡黄、深绿相间,呈横带斑纹。金边虎尾兰叶缘金黄色,宽 1～1.6 cm。银脉虎尾兰,表面具纵向银白色条纹。家庭盆栽管理得好,全株叶片高 1.2 m 以上。花从根茎单生抽出,总状花序,花淡白、浅绿色,3～5 朵一束,着生在花序轴上。

2. 生态习性

多年生草本植物,有 60 余种,原产于非洲、亚洲热带。植株高度因品种而异,从数十厘米到 1 m 不等。叶肉质状,有圆筒形、剑形、广披针形等,簇生于地下根茎,叶面有各种不同形态的斑纹变化。成株每年均能开花,具香味,但以观叶为主。此类植物耐旱、耐湿、耐阴,能适应各种恶劣的环境,适合庭园美化或盆栽,为高级的花材室内植物。

3. 繁殖方法

可用扦插和分株法繁殖。

4. 栽培要点

一般放置于阴处或半阴处,但也较喜阳光,但光线太强时,叶色会变暗、发白。喜欢温暖的气温。浇水要适中,不可过湿。虎尾兰为沙漠植物,能耐恶劣环境和久旱条件。浇水太勤,叶片变白,斑纹色泽也变淡。由春至秋生长旺盛,应充分浇水。冬季休眠期要控制浇水,保持土壤干燥,浇水要避免浇入叶簇内。用塑料盆或其他排水性差的装饰性花盆时,要切忌积水,以免造成腐烂而使叶片以下折倒。施肥不应过量。对土壤要求不严,在很小的土壤体积内也能正常生长,喜疏松的沙土和腐殖土,耐干旱和瘠薄。生长很健壮,即使布满了盆也不抑制其生长。一般两年换一次盆,春季进行,可在换盆时使用标准的堆肥。

(六)景天栽培

景天(*Sedum*)。别名:玉树。景天科景天属。

1. 形态特征

多年生肉质草木,盆栽高 40～50 cm。有节,微被白粉,茎柱形粗壮,呈淡绿色。叶灰绿色,卵形或卵圆形,扁平肉质,叶上缘有时微具波状齿。

2. 生态习性

喜日光充足、温暖、干燥通风环境,忌水湿,对土壤要求不严格。性较耐寒、耐旱。

3. 繁殖方法

可用扦插、分株或播种繁殖。

4. 栽培要点

景天类虽对土壤要求不严,但一般盆土宜用园土、粗沙和腐殖土混合配制,保证土壤的透气性。盆栽可置于光照充足处,保持叶色浓绿。生长季节浇水不可过多,掌握"间干间湿"和"宁干勿湿"的原则。宜在盆土表层完全干燥后再浇水,忌盆内和水,否则易引发根腐烂和病害;空气湿度大的雨季(7~8月份),应严格控制浇水。一般不予以追肥,但在生长期内可适当施以液肥,保持植株旺盛生长。在栽培过程中,注意通风,防止病虫害发生。生长适温是:3~9月份为13~20℃,9月份至翌年3月份为10~15℃。盆栽可2~3年换盆一次。

附录3 常见露地花卉生产技术简介

一、一、二年生花卉

1. 凤仙花

学名 *Impatiens balsamina* Linn。

别名 指甲草、透骨草、金凤花、洒金花、急性子、小桃红。

科属 凤仙花科凤仙花属。

原产地与分布 原产中国、印度和马来西亚,现各地广泛栽培。

形态特征 凤仙花高 20~80 cm,茎直立,肥厚多汁、近光滑、有分枝、浅绿或晕红褐色,与花色有关;单叶互生,披针形,缘有锯齿叶柄两侧具有腺体;花两性,单朵或数朵具短柄,生于上部密集叶腋,两侧对称呈总状花序。花茎 2.5~5 cm,花色有白、黄、粉、紫深红等色或有斑点,花型有单瓣、复瓣、重瓣,蔷薇型及茶花型等。萼片 3,特大一片膨大,中空向后弯曲为距。花瓣 5、雄蕊 5,花丝扁,花柱短,柱头 5 裂。蒴果尖卵形。种子球形、褐色,千粒重约 8.47 g。

生态习性 喜欢温暖,不耐寒冷。喜欢阳光充足,长日照环境。喜欢湿润排水量良好的土壤,耐干性较差。对土壤要求不严。

繁殖方法 播种繁殖,育苗播种或直播。

栽培要点 苗期间苗 1~2 次,3~4 片真叶定植。注意排涝,薄肥勤施,可以摘心,果皮发白进行采种。

园林用途 宜植于花坛、花境,也可栽植于花丛和花群,矮性品种亦可进行盆栽。

2. 鸡冠花

学名 *Flos celosiae* Cristatae。

别名 鸡髻花、老来红、红鸡冠、鸡冠海棠。

科属 苋科青葙属。

原产地与分布 原产非洲,美洲热带和印度,现世界各地广为栽培。

形态特征 一年生草本,株高 20~150 cm,茎直立粗壮少分枝,叶互生有叶柄,长卵形或卵状披针形,全缘或有缺刻,穗状花序肉质顶生,具丝绒般光泽,花序上部退化成丝状,中下部成干膜质状,花序呈扇形、肾形、扁球形等,小花两性,细小不显著。整个花序有深红、鲜红、橙黄、黄、白色等。叶色和花色常有关系。胞果卵形,种子细小,亮黑色,千粒重约 1.00 g。

生态习性 喜光、炎热、干燥的气候,不耐寒、不耐涝。

繁殖方法 播种繁殖。

栽培要点 苗期不宜过湿过肥,适时抹去侧芽。

园林用途 适用于布置花坛、花丛和花境,也可盆栽,还可作切花或制成干花。

3. 万寿菊

学名 *Tagetes erecta*。

别名 臭芙蓉、万盏灯、臭菊花。

科属 菊科万寿菊属。

原产地与分布　原产墨西哥及中美洲地区,现各地广泛栽培。

形态特征　株高 20～90 cm,茎直立粗壮多分枝,叶对生或互生,羽状全裂。裂片披针形或长矩圆形,有锯齿,叶缘背面具油腺点,有强臭味。头状花序顶生。舌状花具长爪,边缘皱曲。花序梗上部膨大,花色有乳白、黄、橙至橘红乃至复色等深浅不一。花期 6～10 月份。瘦果黑色,有光泽。种子千粒重 2.56～3.50 g。

生态习性　喜光、温暖湿润的环境条件,不耐寒,不择土壤。

繁殖方法　播种扦插繁殖。

栽培要点　过旱浇水,可以多次摘心。

园林用途　宜植于花坛,花境,花丛或作切花。矮生品种作盆栽。

4. 一串红

学名　*Salvia splendens* Ker-Gawl。

别名　墙下红、爆竹红、西洋红。

科属　唇形科鼠尾草属。

原产地与分布　原产南美巴西,现世界各地广泛栽培。

形态特征　茎直立,光滑多分枝有四棱,高 30～80 cm。叶对生,卵形至心脏形,叶柄长 6～12 cm,先端渐尖,叶缘有锯齿。顶生总状花序,有时分枝达 5～8 cm,花 2～6 朵轮生,花瓣唇型,苞片红色,萼钟状 2 唇、宿存,与花冠同色;花冠唇形有长筒伸出萼外。花有鲜红、粉、红、紫、淡紫、白等色。花期 7～10 月份,种子生于萼筒基部,成熟种子为卵型浅褐色,种子千粒重约 2.8 g。

生态习性　喜温暖和阳光充足环境,不耐寒,耐半阴,忌霜雪和高温,怕积水和碱性土壤,喜向阳疏松肥沃土壤。

繁殖方法　繁殖方法 常用播种和扦插繁殖。

①播种繁殖的播种期以开花期而定,在 3 月下旬至 6 月均可进行,北京地区"五一"用花需温室秋播;"十一"用花可早春 2 月下旬或 3 月上旬在温室或阳畦中播种。1 g 种子 260～280 粒。种子发芽喜弱光,覆土不要过厚,发芽适温为 21～23℃,播后 10 天发芽。

②扦插繁殖以 5～8 月份为好,可结合摘心剪取枝条先端 5～6 cm 的枝段进行嫩枝扦插,保持株距 4～5 cm,温度 20℃左右,蔽荫养护,10 天左右发根,20 天后分苗上盆,正常生长 30～40 天即可开花。

栽培要点

①播种苗具 2 片真叶或叶腋间长出新叶的扦插苗应及时盆栽。传统栽培中用摘心来控制花期、株高和增加开花数。

②幼苗移栽后,待 4 片真叶时进行第一次摘心,促使分枝。生长过程中需进行 2～3 次摘心,使植株矮壮,茎叶密集,花序增多。但最后一次摘心必须在盆花上市前 25 天结束。盆栽一串红,盆内要施足基肥,用马掌、羊蹄甲比较好。生长前期不宜多浇水,可两天浇一次,以免叶片发黄、脱落。进入生长旺期,可适当增加浇水量,开始追肥,每月施 2 次,见花蕾后增施 2 次磷钾肥,可使花开茂盛,延长花期。每次摘心后应施肥,用稀释 1 500 倍的硫铵,以改变叶色,效果好。

③地栽一串红时,株行距要保持 30 cm。夏初开花后的植株可做强修剪,9 月上旬又可长成新枝再次开花。在生长旺季除防止干旱及时浇水外,应每隔 15 天左右追施 1 次有机液肥。

如果保留母株作多年培养,应在 10 月上旬进行重剪,然后移入高温温室。

④一串红种子成熟变黑后会自然脱落,因此应在花冠开始退色时把整串花枝轻轻剪取下来,晾晒,种子晒干后要妥善保管,防止鼠害。

栽培中常见叶斑病和霜霉病危害,可用 65% 代森锌可湿性粉剂 500 倍液喷洒。虫害常见银纹夜蛾、短额负蝗、粉虱和蚜虫等危害,可用 10% 二氯苯醚菊酯乳油 2 000 倍液喷杀。

园林用途　宜植于花坛,花境,也可作盆栽。

5. 半支莲

学名　*Portulaca grandiflora* Hook。

别名　太阳花、洋马齿苋、龙须牡丹、松叶牡丹。

科属　唇形科马齿苋属。

原产地与分布　原产南美巴西、阿根廷等地,现世界各地广泛栽培。

形态特征　一年生草本。株高约 10~30 cm。茎下垂或匍匐生长,叶圆柱形互生。花长2.5 cm,有时成对或簇生。花色有紫红、鲜红、粉红、橙黄、黄、白等色,单生或数朵簇生枝顶花径 2~3 cm,单瓣或重瓣,花期 6~10 月份。蒴果,成熟时盖裂,种子细小、银灰色,千粒重约0.1 g。

生态习性　喜欢温暖阳光充足,不耐寒冷,喜疏松的沙质土,耐贫瘠与干旱。

繁殖方法　播种与扦插繁殖。

栽培要点　间苗除草、管理粗放。

园林用途　适宜布置花坛、花境,也可作盆栽。

6. 矮牵牛

学名　*Petunia hybrida*。

别名　碧冬茄、草牡丹、灵芝牡丹。

科属　茄科碧冬茄属。

原产地与分布　原产南美,现各地区广为栽培。

形态特征　矮牵牛为一年生或多年生草本。株高 10~60 cm,全株被腺毛,茎稍直立或倾卧,叶片卵形,全缘,近无柄,互生,嫩叶略对生。花单生于叶腋或枝端。花萼五裂,裂片披针形,花冠漏斗形,花瓣有单瓣、重瓣、半重瓣。瓣缘皱褶或呈不规则锯齿。花径 5~8 cm,花色丰富有白、红、粉、紫及中间各种花色,还有许多镶边品种等。蒴果尖卵形,二瓣裂,种子细小,千粒重 0.16 g。

生态习性　性喜阳光充足、温暖、湿润的气候条件,和通风良好的环境条件,喜疏松肥沃的微酸性土壤,不耐高温、干旱,忌荫蔽,忌涝,生长适温为 18~28℃。

繁殖方法　以播种繁殖为主,也可扦插育苗。

播种繁殖可春播也可秋播。播种时间因气候及开花日期而有变化。北方地区以冬、春季节在温室播种为主,如 5 月份需花,应于 1 月份温室播种;10 月份用花,需在 7 月份播种。矮牵牛种子细小,每克种子在 9 000~10 000 粒,播后不需覆土,轻压一下即行,发芽适温为 20~22℃,10 天左右发芽。当出现真叶时,室温以 13~15℃ 为宜。南方地区则以夏末初秋播种,冬春开花应用。

对于不易收到种子的品种可用扦插繁殖,扦插育苗 5~6 月份和 8~9 月份成活率高。适宜用母株剪掉老枝后根际新萌的嫩枝作插穗。

栽培要点

①一般当播种苗出苗后,有 2～4 片真叶时需移植一次,有 6～8 片真叶时即可上盆,用 10～14 cm 直径盆。需摘心的品种,在苗高 10 cm 时进行。促使侧枝萌发,增加着花量。露地定植株距 30～40 cm。

②上盆初期,气温保持在 18～20℃,随后可以降至 12～16℃。温度低有利于植株的养分积累,使其基部分枝增多。生长初期可以适当多给水分,但在出圃前 1 周左右宜保持干燥,防止徒长。矮牵牛需要在长日照条件下开花,短日照会抑制花芽分化,可提供 13 h 的日照长度。当光照较弱、日照较短时,补充光照会有利于开花。

③为使植株根系健壮和枝叶茂盛,应注意适量施肥。生长季节应每 15～20 天施 1 次稀薄的饼肥水。开花期间需多施含磷钾的液肥,使之开花不断。

④矮牵牛在夏季高温多湿条件下,植株易倒伏,注意修剪整枝,摘除残花,达到花繁叶茂。

⑤在栽培中常见病毒引起的花叶病和细菌性的青枯病。防治上出现病株立即拔除并用 10％抗菌剂 401 醋酸溶液1 000倍液喷洒防治。虫害有蚜虫、斑潜蝇危害,可用 10％二氯苯醚菊酯乳油2 000～3 000倍液喷杀蚜虫;在斑潜蝇幼虫化蛹高峰期后 8～10 天喷洒 48％乐斯本乳油1 000倍液或 1.8％爱福丁乳油1 000倍药剂防治。

⑥矮牵牛在市场调运过程中,要防止风吹,以免造成茎叶脱水、花朵吹裂,影响盆花质量。集装箱运输时,在装箱前除盆内浇足水外,在上市前 15 天喷洒 0.2～0.5 mmol/L 硫代硫酸银,可抑制盆栽植物乙烯产生,减少花朵脱落。

园林用途 适宜布置花坛,也可用于盆栽或做切花。

7. 紫茉莉

学名 *Mirabilis jalapa* Linn。

别名 草茉莉、胭脂花、地雷花、夜娇娇。

科属 紫茉莉科紫茉莉属。

原产地与分布 原产于美洲热带地区,现各地均有栽培。

形态特征 高可达 1 m,块根植物,主茎直立,圆柱形,多分枝,无毛或疏生细柔毛,节部膨大。单叶对生,叶片卵形或卵状三角形。全缘,两面均无毛,脉隆起。花数朵顶生,总苞萼状,宿存;花萼花瓣状,漏斗形,缘有波状 5 浅裂。花色有白、黄、红、粉、紫并有条纹或斑点状复色。

生态习性 喜欢温暖湿润的气候,不耐寒,要求疏松而肥沃的土壤,怕暑热。

繁殖方法 坚果直播。

栽培要点 定植的株行距要大。

园林用途 可用于自然丛植。

8. 三色堇

学名 *Viola tricolor* Linn。

别名 人面花、猫脸花、阳蝶花、蝴蝶花、鬼脸花。

科属 堇菜科堇菜属

原产地与分布 原产欧洲,现世界各地均有栽培。

形态特征 三色堇为多年生草本,作二年生栽培,北方常作一年花卉栽培。植株高 10～30 cm,茎光滑,分多枝。叶互生,茎生叶,披针形,具钝圆状锯齿,基生叶卵形,有叶柄,叶基部羽状深裂,托叶宿存。花大、腋生、下垂、花瓣 5 枚。花冠呈蝴蝶状,花色通常为黄、白、紫三色,或单色还有纯白、浓黄、紫堇、蓝、青、古铜色等。花型美,花色鲜艳,花期3~8月份。蒴果椭圆形,呈三瓣裂,种子倒卵形,果熟期5~7月份,种子千粒重1.16 g。

生态习性　喜欢比较凉爽的气候,较耐寒,不耐暑热。要求有适度的阳光照晒,能耐半阴,要求肥沃疏松的沙质壤土。

繁殖方法　通常秋天播种。

栽培要点　喜肥,生长期间薄肥勤施,注意排水防涝。

园林用途　宜植于花坛、花境、花池,也可盆栽或作切花。

9. 羽衣甘蓝

学名　*Brassica oleracea* var. *acephala*。

别名　叶牡丹、花包菜。

科属　十字花科甘蓝属。

原产地与分布　原产西欧,现各地普遍栽培。

形态特征　二年生草本植物,无分枝,株高可达30~60 cm,叶平滑无毛,呈宽大匙形,且被有白粉,外部叶片呈粉、蓝、绿色,边缘呈细波状皱褶,内叶的叶色极为丰富,通常有白、粉红、紫红、乳黄、黄绿等颜色。叶柄比较粗壮且有翼。总状花序着生茎顶,花葶比较长,有小花20~40朵。花期4月份。长角果,细圆柱形,种子球形,千粒重1.6 g。

生态习性　喜冷凉温和气候,耐寒,苗期较耐高温,冬季耐寒、耐冻;喜阳光充足;极喜肥,生长期间必须有充足的肥料才能生长良好。对土壤适应性强,以耕层深厚、土质疏松肥沃、有机质丰富的壤土为好。气温低,叶片更好看,只有经过低温春化的羽衣甘蓝才能结球良好,次年抽薹开花。

繁殖方法　羽衣甘蓝常用播种繁殖,不同种类可春播和秋播。北方春播1~4月份在温室播种,南方8月份秋播。覆土要薄,以盖住种子为度。种子发芽的适宜温度为20~25℃,4~6天可发芽,播后3个月即可观赏。

栽培要点　苗床播种苗一般在长出4~5片真叶时分苗一次,6~8片真叶时可定植或上盆。花坛定植株行距为30 cm×30 cm,定植后要充分给水。不耐涝,雨季应注意排水。叶片生长过密可适当剥离外叶。

羽衣甘蓝生长期间主要虫害有蚜虫、卷叶虫、菜青虫等。在蚜虫刚发生时,可喷乐果1 000~1 500倍液,或辛硫磷乳剂1 000~1 500倍液。当大量发生虫害时,可喷50%杀螟松或80%敌敌畏乳油,或50%辛硫磷乳剂1 000~1 500倍液。对于菜青虫,少时可人工捕捉幼虫。数量较多时,应及时喷80%敌敌畏或辛硫磷或杀螟松1 000~1 500倍液,用40%氧化乐果1 500~2 000倍液也有一定效果。

园林用途　宜植于花坛,花境,也可用做盆栽。

10. 虞美人

学名　*Papaver rhoeas* L.。

别名　丽春花、赛牡丹、小种罂粟花。

科属　罂粟科罂粟属。

原产地与分布　原产于欧洲中部及亚洲东北部,现各地广为栽培。

形态特征　一、二年生草本具白色乳汁。虞美人株高30~80 cm,茎枝细弱,全株被糙毛。叶互生,羽状深裂,裂片线状披针形,叶缘具粗锯齿。叶片主要着生于分枝基部,花单生于茎顶,有长梗,未开放时下垂,花瓣 4 枚,近圆形花冠,边缘呈浅波状,花径约 5～6 cm,花色丰富,有红、深红、紫红、粉、白和复色。蒴果杯形,种子倒卵形、褐色,千粒重 0.33 g,寿命 3～5 年。

生态习性 喜欢温凉气候,较耐寒而怕暑热,伏天枯死,喜欢阳光充足,要求排水里良好、疏松肥沃的土壤。

繁殖方法 播种繁殖。

栽培要点 细心间苗,不宜连作,肥水管理要细心,不要大肥大水,避免湿热。

园林用途 宜植于花坛、花境,也可盆栽或作切花用。

11. 福禄考

学名 *Phlox drummondii*。

别名 草夹竹桃、小洋花、洋梅花。

科属 花葱科福禄考属。

原产地与分布 原产美国南部,现各地广泛栽培。

形态特征 茎直立,被短柔毛,成长后茎多分枝。株高 15～45 cm,叶互生,长椭圆形,上部叶抱茎。顶生聚伞花序,花冠五浅裂,圆形,花径约 2.5 cm,花色以红色和玫瑰红色为主,尚有白、蓝、紫、粉等不同花色的品种,蒴果圆形,种子倒卵形或椭圆形。千粒重 1.55 g。

生态习性 喜春秋温暖夏季凉爽的气候,怕暑热。有一定的耐寒力,喜阳光充足,排水良好疏松肥沃的土壤,忌水涝。

繁殖方法 秋季播种。

栽培要点 施足基肥,排水保湿,排涝防滞水。

园林用途 宜植于花坛,也可盆栽。

12. 茑萝

学名 *Quamoclit pennata* Bojer。

别名 羽叶茑萝,绕龙草、游龙草。

科属 旋花科茑萝属。

原产地与分布 原产美洲热带地区,现各地广为栽培。

形态特征 一年生缠绕草本,茎细长光滑,长达 6 m,叶互生,羽状细裂,裂片条形,长 4～7 cm,基部二裂片再次二裂;聚伞花序腋生,具花数朵,高出叶面花冠高角碟状,檐部呈五角星状,深红色还有白及粉红色等品种。花期 8～11 月份;蒴果卵圆形,种子黑色,千粒重约14.88 g。

生态习性 喜阳光充足及温暖的环境而不耐寒,对土壤要求不严,但在肥沃的沙质土壤中生长旺盛,直根性。

繁殖方法 用播种法,一般在 4 月份进行,发芽不整齐,10 余天可出苗,长到 3～4 片叶时移栽。直播或小盆点播效果好。种子有自播的习性,成熟期不一致,故应注意随时收集种子,储藏备用。

栽培要点 幼苗生长慢,露地栽植可在 4 枚真叶后定植于背、风向阳、排水良好的地方,株距 30～60 cm,一定要浇透水。地栽茑萝开花前追肥一次。盆栽的上盆时盆底放少量蹄片作底肥,以后每个月追施液肥一次,并要经常保持盆土湿润。适当疏蔓疏叶,既有利于通风透光,又能使株形优美。花谢后应及时摘去残花防结实,使养分集中供新枝开花,延长花期。茑萝生命力强,适应性好,一般没有什么病虫害。

园林用途　适于篱垣、花墙和小型棚架,还可供盆栽或用作地被。

13. 翠菊

学名　*Callistephus chinensis*（Linn.）Nees。

别名　江西腊、七月菊、蓝菊。

科属　菊科翠菊属。

原产地与分布　原产中国,现世界各地均有栽培。

形态特征　一年生草本。茎被白色、糙毛、粗壮直立。上部多分枝,高 20～100 cm,叶互生,上部叶无柄匙形,下部叶有柄,阔卵形或三角卵形。头状花序单生枝顶,花径 5～8 cm,栽培品种花径 3～15 cm,野生原种舌状花 1～2 轮,呈浅紫至蓝紫色,花色丰富有白、黄、橙、红、紫等色。瘦果楔形,浅褐色,千粒重约 2.0 g。

生态习性　喜凉爽气候,但不耐寒,怕高温,白天最适宜生长温度 20～23℃,夜间 14～17℃;要求光照充足;喜适度肥沃、潮湿而又疏松的土壤;不宜连作。

繁殖方法　播种繁殖,出苗容易,春、秋均可播种,可于温室播种,也可 4～5 月份露地直播,播种不宜过密。在 18～21℃温度下,3～6 天发芽,通常 1 g 种子可得苗 150～200 株。

栽培要点

①出苗后应及时间苗。经一次移栽后,苗高 10 cm 时定植。翠菊定植的株行距依栽培目的及品种类型而异。园林布置用的矮生种(20～30) cm×(20～30) cm,高生种(30～40) cm×(30～40) cm;若作切花栽培株行距可适当加大。

②根系浅,即不耐表土干燥又怕涝,露地栽培要保持土壤适当湿润。喜肥,栽植地要施足基肥,生长期半月施肥一次。矮型品种对栽培条件要求严,显蕾后应停止浇水以抑制主茎伸长,侧枝长至 3 cm 时可灌水 1 次。这样有助于形成较好的株型,使开花繁密。

③秋播切花用的翠菊,必须采用长日照处理,以促进花茎的伸长和开花。

④翠菊常见的病有锈病、黑斑病、病毒病、立枯病等,可以通过种子消毒、苗期施药和轮作等方法防治。

园林用途　宜植于花坛、花境,也可盆栽或作切花。

14. 金鱼草

学名　*Antirrhinum majus* L.。

别名　龙头花、龙口花、洋彩雀。

科属　玄参科金鱼草属。

原产地与分布　原产于地中海地区,现世界各地广为栽培。

形态特征　多年生草本作一、二年生栽培。株高 15～120 cm,茎直立,微有绒毛,基部木质化。叶对生上部螺旋状互生,短圆状披针形或披针形全缘光滑。总状花序顶生,长达 25～60 cm,花具短梗花冠筒状唇形,外被绒毛,花基部膨大呈囊状,花色有深红、玫红、粉、黄、橙、栗色、淡紫、白等色。蒴果卵形,千粒重 0.16 g。

生态习性　喜凉爽气候,较耐寒,不耐热,喜阳光,也耐半阴,对光照长短反应不敏感。生长适温,9 月份至翌年 3 月份为 7～10℃,3～9 月份为 13～16℃,幼苗在 5℃条件下通过春化阶段。开花适温为 15～16℃。土壤宜用肥沃、疏松和排水良好的微酸性沙质壤土,稍耐石灰质土壤。

繁殖方法　播种繁殖为主,也可扦插繁殖。

①一般自播种至开花约 12 周。华东地区秋播,露地越冬,可于 4～5 月份开花;早春播于温室,9～10 月份开花。种子细小,稍用细土覆盖,保持湿润,但勿太湿。发芽适温 15～20℃,1～2 周后出苗。春播苗生长旺期正值夏季高温,生长不良,且易发生病虫害。冬季做切花用,常于夏末播种,露地培育,秋凉后移入温室,秋冬白天保持 22℃,夜间 10℃以上,可元旦开花。

②扦插繁殖用于重瓣品种或保持品种特性,在 6、7、9 月份进行,半阴处 2 周可生根。

栽培要点

①播种苗当真叶出现时以 4 cm×4 cm 的间隔移植。主茎 4～5 节时可摘心促进分枝,苗高 10～12 cm 时为定植适期。对植株较高的品种应设支柱,以防倒伏。生长期施 1～2 次完全肥料,注意灌水。在适宜条件下花后保持 15 cm,剪除地上部,加强肥水管理,可使下一季度继续开花。施用 0.02% 的赤霉素有促进花芽形成和开花的作用。

②盆栽金鱼草常用 10 cm 盆,播种出苗后 6 周即可移栽上盆。生长期保持温度 16℃,盆土湿润和阳光充足。有些矮生种播种后 60～70 天可开花。金鱼草对水分比较敏感,盆土必须保持湿润,排水性要好。

③金鱼草为喜光性草本,阳光充足条件下,植株矮生,丛状紧凑,生长整齐,高度一致,开花整齐,花色鲜艳;半阴条件下,植株生长偏高,花序伸长,花色较淡。

④进行切花栽培时,需要摘心及搭网。在定植后,苗高达 20 cm 时进行摘心,摘去顶端 3 对叶片,通常保留 4 个健壮侧枝,其余较细弱的侧枝应尽早除去。摘心植株花期比不摘心的晚 15～20 天。金鱼草萌芽力特别强,不论摘心或独本植株,均需及时摘除这些侧芽。植株高 15～20 cm 时搭第一层网,30～40 cm 时搭第二层网,随植株增高,网位也逐渐提高。

⑤立枯病是金鱼草苗期发生的主要病害,可用克菌丹浇灌。叶枯病、细菌性斑点病、炭疽病等侵染叶、茎,可用波尔多波 400 倍液防治。菌核病可用甲基托布津 1 000 倍液喷洒。对于蚜虫和夜盗虫,可用 40% 氧化乐果乳油 1 000 倍液防治。

园林用途　宜植于花坛、花境,也可做切花。

15. 百日草

学名　*Zinnia el egans*。

别名　百日菊、对叶菊、步步登高。

科属　菊科百日草属。

原产地与分布　原产南美墨西哥高原,目前世界各地均有分布。

形态特征　一年生草本植物,茎直立粗壮,全株被毛,株高 15～120 cm。叶对生无柄,叶基部抱茎。叶为卵形至长椭圆形,叶全缘。头状花序单生枝端。花径 4～15 cm,舌状花多轮花瓣呈倒卵形,有白、绿、黄、粉、红、橙等色,管状花集中在花盘中央黄橙色,边缘分裂,瘦果扁平,种子千粒重 4.67～9.35 g。

生态习性　适应性强,根系较深,茎秆坚硬不易倒伏。喜阳光,喜温暖,不耐寒,耐贫瘠,耐干旱,忌连作,怕湿热。

繁殖方法

①百日草以播种繁殖为主。发芽的适温在 18～22℃,5～7 天便可出苗。播种时间根据所需开花时间而定。一般提前 2～3 个月于温室播种。露地直播宜在早春严寒过后,否则幼苗发育不良;如秋季花坛使用,宜在夏季播种。百日草种子为嫌光性种子,播种后覆土要严密,以提高发芽率。

②也可扦插繁殖,插穗选嫩枝,于夏季进行扦插,注意遮阴。

栽培要点

①播种苗长出 1 片真叶后,移栽一次,苗高 5~10 cm 时取苗定植。当苗高 10 cm 时,留 2 对叶摘心,促使其萌发侧枝。当侧枝长至 2~3 对叶时,第二次摘心,促使株型饱满、花朵繁茂。地栽在肥沃和土层深厚的条件下生长良好,盆栽时以含腐殖质、疏松肥沃、排水良好的沙质培养土为佳。露地定植株行距约 30 cm×40 cm。

②盆栽百日草宜选矮性系的新类型和矮性大花品种,可于 2 月上旬在温室盆播,3 月中旬分苗移入内径在 10 cm 的盆内,每盆一株,4 月上旬换入内径在 18 cm 的盆中定植。在室温平稳、光照充足、空气流通、水肥适度的条件下,百日草在"五一"节即可开花展出。

园林用途 用于花坛、花境或花带,也常用于盆栽。

16. 雏菊

学名 *Bellis perennis* Linn。

别名 春菊、地洋菊、延命菊、太阳菊。

科属 菊科雏菊属。

原产地与分布 原产欧洲西部,地中海沿岸,北非和西亚,现世界各地广为栽培。

形态特征 多年生草本植物,常作一、二年生栽培。植株矮小,茎叶光滑或具绒毛,株高 7~20 cm。叶基部簇生,长匙形或倒长卵形。边缘具皱齿,花茎自叶丛中央抽出。头状花序单生,高出叶面,花径 3.5~5 cm,舌状花一轮或多轮,有白、粉、红等色;筒状花黄色。瘦果扁平,千粒重约 0.17 g。

生态习性 喜冷凉、湿润气候,较耐寒,忌炎热。在 3~4℃ 的条件下可露地越冬,要求富含腐殖质、肥沃、排水良好的沙质壤土。生长健壮,可带着花蕾贮藏越冬,喜肥水充足。发芽适温:15~20℃,生长适温 5~25℃。

繁殖方法 除种子播种繁殖外也可扦插分株。适宜秋季 8~9 月份播种繁殖,将种子均匀地播于备好的苗床中,浇水,盖草保持土壤湿润。约 5 天后出苗。

栽培要点

①苗期管理:幼苗出齐,撤去帘子,生长 4~5 片真叶时移植,株距 15~20 cm。裸根不带宿土,畦地土壤需湿润,适时浇水,松土保墒蹲苗。待幼苗生出 3~4 片真叶时,带土坨移植一两次,可促发大量侧根,防止徒长。

②中耕除草、浇水、施肥:定植缓苗后,应进行中耕除草,增强土壤通透性,定植后,宜每7~10 天浇水一次。施肥不必过勤,每隔 2~3 周施一次稀薄粪水,每月中耕 1 次,待开花后,停止施肥。

③在花蕾期喷施花朵壮蒂灵,可促使花蕾强壮、花瓣肥大、花色艳丽、花香浓郁、花期延长。花期 3~6 个月。雏菊开花主要在晚春和初夏,夏季高温可将整个植株掘起,放在凉爽处越夏,至秋季仍能重新开花。

园林用途 雏菊生长势强,花期长,耐寒能力强,是早春地被花卉的常选种类。可与金盏菊、三色堇、杜鹃、红叶小檗等配植,景观效果好。适用于园林景观、盆栽、花坛镶边和庭院栽培等。

17. 石竹

学名 *Dianthus chinensis* L.。

别名 中华石竹、中国沼竹、石竹子花、十样景花、洛阳花、洛阳石竹、石菊、绣竹。

科属　石竹科石竹属。

原产地与分布　原产地中海地区,在中国东北,华北、长江流域山野均有分布。

形态特征　株高 15～75 cm。茎直立,有节,单叶对生,灰绿色线状披针形。花单朵或数朵簇生于茎顶,形成聚伞花序,先端锯齿状。蒴果、种子扁圆形,黑褐色。

生态习性　耐寒性较强;喜光;不耐酷暑,在高温高湿处生长较弱,适于偏碱性的土壤;忌潮湿水涝,耐干旱瘠薄。

繁殖方法　现用于规模化生产的石竹,几乎均采用播种繁殖,但也可通过分株和扦插繁殖。

①石竹种子每克一般在 800～1 200 粒,在长江中下游地区一般采用保护地栽培,9～11 月份秋播,覆盖以不见种子为度,发芽适温 20～22℃,播后 5 天可发芽,苗期生长适温 10～20℃,可供应春节和"五一"花坛应用。

②扦插繁殖:将枝条剪成 6 cm 左右的小段,插于沙床,遮光保温保湿。

栽培要点

①床播的在 5～6 片真叶时可直接上盆。根据石竹规模化生产要求及本身的特性,一般采用 12 cm×13 cm 的营养钵上盆,可一次到位,不用再进行换盆。常规育苗的,移植时间选择在傍晚或阴天进行,起苗时尽量多带坨,以提高成活率。定植株距 20～30 cm。

②在保护地设施条件下生产,石竹的生长速度相当快。日常养护须注意水肥的控制,浇水要适度,过湿容易造成茎部腐烂,过干容易造成植株萎蔫;施肥应掌握勤施薄肥,生长期可 0.2% 尿素和复合肥间隔施用。定植后摘心 2～3 次,促进分枝。也可通过修剪来控制花期。

③石竹的病虫害主要有锈病和红蜘蛛,锈病可用 50% 萎锈灵可湿性粉剂 1 500 倍液喷洒,红蜘蛛用 40% 氧化乐果乳油 1 500 倍液喷杀。

园林用途　可与其他草花一起配置于花坛、花境、花台,也可盆栽,或做切花。

18. 美女樱

学名　*Verbena hybrida*。

别名　铺地马鞭草、铺地锦、美人樱。

科属　马鞭草科马鞭草属。

原产地与分布　原产巴西、秘鲁、乌拉圭等南美洲热带地区,现世界各地广泛栽培。

形态特征　为多年生草本植物,常作一、二年生栽培。茎四棱、横展,低矮粗壮,丛生而铺覆地面,全株具灰色柔毛,长 30～50 cm。叶对生有短柄,长圆形、或披针状三角形,边缘具缺刻状粗齿或整齐的圆钝锯齿,叶基部常有裂刻,穗状花序顶生,多数小花密集排列呈伞房状。苞片近披针形花萼细长筒状,花冠漏斗状,花色多,有白、粉红、深红、紫、蓝等不同颜色,略具芬芳。蒴果,果熟期 9～10 月份,种子寿命 2 年。

生态习性　喜阳光、不耐阴,不耐旱、较耐寒,北方多作一年生草花栽培,在炎热夏季能正常开花。对土壤要求不严,但以疏松肥沃、较湿润的中性土壤为宜。

繁殖方法　繁殖主要用扦插、压条,亦可分株或播种。播种可在春季或秋季进行,常以春播为主。

栽培要点　地植的苗株不要过大,以免横生侧枝脱叶,株距一般 40 cm 左右。早摘心促二次枝。花后剪掉花头,夏季常浇水,同时追施 1～2 次液肥。

盆栽当幼苗长到 10 cm 高时需摘心,以促使侧枝萌发,株型紧密。同时,为了开花不绝,在每次花后要及时剪除残花,加强水肥管理,以便再发新枝与开花。

园林用途　宜植于花坛、花境,也可作盆栽进行大面积置景。

19. 藿香蓟

学名　*Agerarum houstonianum*。

别名　胜红蓟、蓝翠球。

科属　菊科藿香蓟属。

原产地与分布　原产美洲热带,现世界各地广泛栽培。

形态特征　多年生草本,常作一、二年生栽培,高 15～60 cm,全株被毛。叶对生或上部叶互生,叶片卵形。头状花序,小花全部为管状花,花色有淡蓝色、蓝色粉色、白色等。瘦果,褐黄色,果熟期 9 月份。

生态习性　喜温暖气候,不耐寒,怕酷热。要求充足的阳光。对土壤要求不严,耐修剪。

繁殖方法

①播种繁殖以春播为主,种子发芽适温 22℃,因种子细小,发芽整齐,播种不要过密。及时间苗和移植。经一次移植后定植于园地。小苗也可以上盆,逐渐翻到 9 寸盆。

②扦插繁殖一般在冬春,在温室内进行,10℃容易生根。靠近地面的枝易生不定根,可进行压条繁殖。

栽培要点　性喜温暖和阳光充足的环境,栽培中应保持每天不少于 4 h 的直射光。高温酷暑或土壤过湿则生长不良。耐修剪,修剪后能迅速开花。苗可在晚霜过后定于露地,株行距为 15 cm×30 cm。藿香蓟的花期控制可通过播种期和扦插时间来调控。一般藿香蓟播种到开花需 60 天左右,可根据需要调整播种期。1～2 月份扦插供春季花坛,5～6 月份扦插供夏秋花坛。

园林用途　宜植于花坛、花境、花带,也可作盆栽或做切花。

20. 千日红

学名　*Gomphrema globosa* L.。

别名　火球花、红光球、千年红、千日草。

科属　苋科千日红属。

原产地与分布　原产亚洲热带,现世界各地广为栽培。

形态特征　一年生草本,高 30～80 cm,全株有灰色长毛。茎直立,上部多分权。叶对生;椭圆形至倒卵形,长 3～10 cm,宽 2～5 cm,全缘,先端尖,基部渐狭成叶柄,两面有细长白柔毛。头状花序圆球形,1～3 个着生于枝顶,有长总花梗,花小密生,主要观赏其膜质苞片。基部有叶状苞片,紫红膜质,有光泽,干后不落,色泽不褪。胞果卵圆形,内有棕色细小种子 1 粒。花期 7～10 月份。

生态习性　喜炎热干燥气候,不耐寒,耐阳光,性强健,适生于疏松肥沃排水良好的土壤中。

繁殖方法

①以播种繁殖为主,种子较大,每克约 400 粒。春播,6 月份定植。千日红幼苗生长缓慢,春季 3 月份播于温室或 4 月初播于露地苗床。播种后,适温在 20℃以上,则发芽较好,10 天可以出苗。因种子满布毛绒,因此出苗迟缓,为促使其尽快出苗,播种前要进行催芽处理。播前先用温水浸种 12 h 或凉水浸种 24 h,然后挤出水分,稍干,拌以草木灰或细沙,使其松散便于

播种。一旦出苗后,马上移至露天环境,有利于壮苗。但同时也要防止烈日直射。

②扦插繁殖可于6～7月份剪取健壮枝梢,长约10 cm,插入沙床中,保持湿润,1周即可生根。

栽培要点

①小苗比较健壮,播种时较密的育苗盘,可以经一次移植后再上盆,也可以直播穴盘,出苗后4～6周上盆。采用10～14 cm直径的盆。出苗后9～10周开花,定植株距30 cm千日红生长势强盛,对肥水、土壤要求不严,管理简便,一般苗期施1～2次氮液肥,生长期间不宜过多浇水施肥。在温热的季节,施肥不宜多。一般8～10天施一次薄肥,与浇水同时进行。植株进入生长后期可以增加磷和钾的含量,生长期间要适时灌水及中耕,以保持土壤湿润。雨季应及时排涝。花期再追施富含磷、钾的液肥2～3次,则花繁叶茂,灿烂多姿。残花谢后,可进行整形修剪,仍能萌发新枝,于晚秋再次开花。

②苗期摘心可促使植株低矮,分枝及花朵的增多。小苗较易吸引蚜虫,应及时喷药防治。

园林用途 宜植于花坛、花境,也可做切片或干花。

21. 瓜叶菊

学名 *Senecio hybridus*。

别名 千日莲。

科属 菊花科叶菊属。

原产地与分布 原产北非大西洋上的加那利群岛,现世界各地广为栽培。

形态特征 全株被毛,茎直立。叶大,具长柄,单叶互生,叶片心脏状卵形,叶面皱缩,叶缘波状有锯齿,掌状脉;叶柄长,基部呈耳状。头状花序簇生成伞房状生于茎顶,舌状花,花色丰富。瘦果纺锤形具白色冠毛。

生态习性 喜凉爽,耐低温,要求阳光充足,通风良好,适当干燥,越夏困难,畏惧烈日高温,怕雨水,避免阳光直射。

繁殖方法 播种繁殖。

栽培要点 覆土宜薄,一年分三批播种,避免阳光直射,注意防涝切忌施肥,摘心促进开花。

园林用途 宜植于花坛、花境。

22. 彩叶草

学名 *Coleus blumri*。

别名 锦紫苏、洋紫苏、老来少。

科属 唇形科锦紫苏属。

原产地与分布 原产于印度尼西亚,现世界各地均有栽培。

形态特征 少分枝,茎四棱形,基部木质化。叶对生,菱状卵形,有粗锯齿,两面有软毛,叶具多种色彩。顶生总状花序,花小,蓝色或淡紫色。小坚果平滑,种子千粒重0.15 g。

生态习性 喜高温、湿润、阳光充足的环境,耐半阴;土壤要求疏松肥沃,忌干旱;耐寒力弱,适宜生长温度为15～35℃,10℃以下叶面易枯黄脱落,5℃以下枯死。

繁殖方法 播种通常在3～4月份进行,播种后保持温度25～30℃,1周左右出苗。

扦插育苗可在生长季选取不太老的枝条2～3节,剪去部分叶片,插于沙或蛭石中,保持一定的湿度,18℃条件下,20天左右即可生根。

栽培要点

①播种的小苗长到2~4片叶时,需移植一次,移植时用竹签将小苗连根掘起,移植到营养钵中。经过两次移栽可定植,若作为花坛栽植,用口径7~12 cm盆培养。盆栽观赏应视植株大小,逐渐换大盆,盆土用普通培养土即可。

②为了得到理想的株形,一般需要经过一次或两次摘心。第一次在3~4对真叶时;第二次,新枝留1~2对真叶。花序抽出要及时摘去。

③彩叶草喜肥,每次摘心后都要施一次饼肥水或人粪尿,入秋后,气温适宜,生长加快,应淡肥勤施,必要时可用0.1%尿素进行叶面喷施。但氮肥不宜过多,应多施磷肥,保持叶色鲜艳。

④整个生长季要保持土壤湿润偏干,经常向叶面喷水,使叶面清新、色彩鲜艳,防止因旱脱叶。浇水量要控制,不使叶片凋萎为度。彩叶草在全日照下,叶色更鲜艳,所以一般不作遮阴,盛夏高温期,可于每天中午遮蔽阳光。

⑤彩叶草的病害主要有苗期猝倒病,生长期多见叶斑病、灰霉病、茎腐病,可用普力克水剂或甲基托布津防治。虫害主要有蚜虫、蝗虫等。

园林用途 花坛、花境,盆栽观赏。

23. 金盏菊

学名 *Calendula officinalis*。

别名 金盏花、长生菊。

科属 菊科金盏菊属。

原产地与分布 原产地中海地区和中欧、加拿利群岛至伊朗一带,现世界各地广为栽培。

形态特征 株高30~60 cm,全株被毛。叶互生,长圆形至长圆状倒卵形,全缘或有不明显锯齿,基部抱茎。头状花序单生,花梗粗壮,舌状花有黄、橙、白等色,也有重瓣、卷瓣、绿心、深紫色花心等栽培品种。苞片线状披针形。瘦果弯曲,种子千粒重9.35 g。

生态习性 性强健,喜阳光充足,耐寒,适应性强,小苗能抗−9℃的低温,大苗易受冻害。对土壤要求不严,但略含石灰质的土壤效果好。栽培容易,可自繁。

繁殖方法 金盏菊主要用播种繁殖。常秋播或早春温室播种,华北地区可秋播于冷床,东北地区多于春季4月份播于冷床或温室内。每克种子100~125粒,发芽率在60%以上。在20~22℃条件下,播种后7~10天发芽,16~18周开花。此外,也可用插芽法繁殖,但须精细管理,应用较少。

栽培要点

①幼苗3片真叶时移苗一次,待苗5~6片真叶时定植于10~12 cm盆。定植后7~10天,摘心促使侧枝发育,控制植株高度,定植时株行距20~30 cm。生长快,枝叶肥大,早春及时分株并注意通风;每半个月施肥1次,肥料充足,金盏菊开花多而大;肥料不足,花朵明显变小且多为单瓣。生长期间不宜浇水过多,保持土壤湿润即可。花谢后及时剪除,有利花枝萌发,多开花,延长观花期。

②金盏菊如室内栽培,因通风差、湿度大,常发生枯萎病和霜霉病危害,可用65%代森锌可湿性粉剂500倍液喷洒防治。初夏气温升高时,金盏菊叶片常发现锈病危害,用50%萎锈灵可湿性粉剂2 000倍液喷洒。早春花期易遭受红蜘蛛和蚜虫危害,可用40%氧化乐果乳油1 000倍液喷杀。

园林用途 宜植于花坛、花境,也可做切花。

二、宿根花卉

1. 芍药

学名 *Paeonia lactiflora*(*P. albiflora*)。

别名 将离、婪尾春、余容、犁食、没骨花。

科属 芍药科芍药属。

原产地与分布 原产中国北部、日本及西伯利亚,现世界各地广为栽培。

形态特征 多年生宿根草本,茎丛生高 60~120 cm。具粗壮肉质纺锤形的块根,并于地下茎产生新芽,新芽于早春抽出地面。初出叶红色,茎基部常有鳞片状变形叶,基下部为二回三出羽状复叶,枝梢部分成单叶状,小叶通常三深裂、椭圆形、狭卵形至披针形,全缘,单花着生枝端或顶部 2~3 叶腋处。有长花梗及叶苞片、苞片三出,花瓣白、粉、红、紫等色,花期 4~5 月份。菁葖果,种子多数,球形黑色。

生态习性 适应性强,耐寒健壮,我国各地均可露地越冬。忌夏季炎热酷暑,喜阳光充足,也耐半阴;要求土层深厚、肥沃而又排水良好的沙壤土。北京地区 3 月底到 4 月初萌芽,4 月上旬现蕾,10 月底至 11 月初地上部枯死,在地下茎的根颈处形成芽,芽以休眠状态越冬,次年春回大地即出土开花。

繁殖方法 芍药可通过分株、扦插及播种繁殖,通常以分株繁殖为主。

①分株常于 9 月初至 10 月下旬进行,不能在春季分株,我国花农有"春分分芍药,到老不开花"的谚语。分株时先将根丛掘起,阴干 1~2 天再顺纹理切开,每株丛需带 2~5 个芽,在伤口处涂以草木灰,放背阴处稍阴干待栽。切花或花坛应用时 6~7 年分株一次。

②根插可将根分成 5~10 cm 切段,种于苗圃,覆土 5~10 cm,注意上下不能颠倒,浇透水,次年萌发新株;枝插是在春季花前 2 周,选成熟新枝,取中部充实的部分剪段,每段带两个芽,沙藏于沙床中,保湿遮阴,一般 30~45 天可生根,第二年春萌芽后定植。

③播种繁殖常用于培育新品种,种子成熟后随采随播,也可短期沙藏。当年秋播,翌年春出土,精心培育可 4~5 年开花。

栽培要点

①定植宜选阳光充足、土壤疏松、土层深厚、富含有机质、排水通畅的场地。定植前深耕,花坛种植株行距为 70 cm×90 cm,田间栽培株行距 50 cm×60 cm,注意根系舒展,覆土时应适当压实。

②芍药喜肥,每年追肥 2~3 次。第一次在展叶现蕾期;第二次于花后;第三次在地上枝叶枯黄前后。开花前将侧蕾摘除,花后应立即剪去残枝,高型品种做切花栽培易倒伏,需设支架或拉网支撑。

③芍药促成栽培可于冬季和早春开花,抑制栽培可于夏、秋开花。肉质根株丛,应于秋季休眠期挖起,贮藏在 0~2℃冷库中,用潮湿的泥炭或其他吸湿材料包裹保护,适期定植。切花在花蕾未开放时剪切,水养在 0℃条件下可贮藏 2~6 周。

园林用途 常布置专类园,配置花境,也可做切花。

2. 荷包牡丹

学名 *Dicentra spectabilis*。

别名 铃儿草、兔儿牡丹。

科属 罂粟科荷包牡丹属。

原产地与分布 原产我国北部及日本,现我国各地广泛栽培。

形态特征 多年生宿根草本,地下茎稍肉质,株高 30～60 cm,茎带红紫色丛生。叶对生,一至数回三出羽状复叶,全裂具长柄,绿色常有白粉,总状花序顶生,下垂,花瓣 4 枚,外两瓣较大联合呈心脏形囊状物,粉红色,先端向两侧反卷内两片细长,先端突出白色。花期 4～5 月份。蒴果长形,种子细小有冠毛。

生态习性 耐寒性强,忌暑热。喜侧方遮阴,忌烈日直射,要求肥沃湿润的土壤。

繁殖方法 分株繁殖为主,也可以扦插和播种繁殖。

栽培要点 施大量的有机肥,分株在秋季进行,入夏剪掉枯枝。

园林用途 可丛植或做花境、花坛布置,也可盆栽。

3. 鸢尾

学名 *Iris tectorum*。

别名 蓝蝴蝶、扁竹叶。

科属 鸢尾科鸢尾属。

原产地与分布 原产中国中部及日本,现各地广泛栽培。

形态特征 多年生宿根直立草本,高约 30～50 cm。匍匐状根茎,粗而节间短,浅黄色。叶多基生,剑形,质薄,淡绿色,呈二纵列交互排列,基部互相包叠。花茎自叶丛中抽出,单一或二分枝,每枝有花 1～4 朵;花蝶形,花冠蓝紫色或紫白色,外轮裂片较大,倒卵形外折;内轮裂片较小,直立。中央面有一行鸡冠状白色带紫纹突起。花出叶丛,有蓝、紫、黄、白、淡红等色,花型大而美丽。蒴果长椭圆形,具 3～6 角棱。

生态习性 根茎粗壮,适应性广,在光照充足、排水良好、水分充足的条件下生长良好,亦能耐旱。根茎在地下越冬,越冬根茎的顶芽萌发时形成叶片与顶端花茎,顶芽开花后即死亡,但在腋内形成侧芽,侧芽萌发后形成地下茎及新的顶芽。

繁殖方法 茎类鸢尾常用分株、扦插繁殖,也可用种子繁殖。

①分株繁殖常于初冬或早春休眠期进行。将老株挖起,切割根茎,每丛带 2～3 个芽,待切口晾干即可栽种。一般 4～5 年分株一次。

②扦插可分割根茎成段插于沙床,保持温度 20℃,经 2 周后可发芽;也可取花茎上萌发的腋芽进行嫩枝扦插。

③种子繁殖可在采种后立即播种,播种后 2～3 年开花,若播种后冬季可以继续生长,18 个月就可以开花。

栽培要点

①园林栽培以早春或晚秋种植为好,地栽时应深翻土壤,施足基肥,株行距 30 cm×50 cm,每年追肥 1～2 次,生长季保持土壤水分。

②切花栽培时常进行促成栽培或抑制栽培,供应冬季、早春或秋季切花市场。促成栽培可于 10 月底进行,夜间保持 10℃ 以上,如补充光照,1～2 月份即可开花。延迟开花可挖起株丛,在早春萌芽前保湿贮藏在 3～4℃ 中抑制萌芽,在计划开花前 50～60 天,先将库温升到 8～12℃,3～4 天后种植,可于夏秋季开花。

③鸢尾常见病虫害有射干钻心虫,严重者植物自茎基部被咬断,引起地下根状茎腐烂。幼

虫期用50％磷胺乳油2 000倍喷雾,或利用雌蛾诱捕成虫;鸢尾类软腐病,多在雨季发生,发现病植株应迅速拔除,并在周围喷洒波尔多液;发现鸢尾花腐病,腐烂病株应及时摘除,并在植株上喷布苯来特、代森锌等杀菌剂。

园林用途 适用于花坛、花境、地被、岩石园及池畔栽种,也可做切花。

4. 蜀葵

学名 *Althaea rosea*。

别名 一丈红、季花、端午锦。

科属 锦葵科蜀葵属。

原产地与分布 原产我国西南部,现世界各地广为栽培。

形态特征 多年生草本。茎直立不分枝,高达2～3 m。全株被毛,叶互生,叶片粗糙而皱圆心脏形具长柄。花大呈总状花序顶生或单叶叶腋单瓣或重瓣,有紫、粉、红、白等色。花期6～8月份。蒴果,种子扁圆,肾脏形,千粒重4.67～9.35 g。

生态习性 蜀葵喜阳光充足,耐半阴,但忌涝。耐盐碱能力强,在含盐0.6％的土壤中仍能生长。耐寒冷,在华北地区可以安全露地越冬。在疏松肥沃,排水良好,富含有机质的沙质土壤中生长良好。

繁殖方法 蜀葵通常采用播种繁殖,也可进行分株和扦插繁殖。分株、扦插多用于优良品种的繁殖。

播种繁殖 春播、秋播均可。依蜀葵种子多少,可播于露地苗床,再育苗移栽,也可露地直播,不再移栽。南方常采用秋播,通常宜在9月份秋播于露地苗床,发芽整齐。北方常以春播为主。

栽培要点 蜀葵栽培管理较为简易,幼苗长出2～3片真叶时,应移植一次,加大株行距。移植后应适时浇水,开花前结合中耕除草施追肥1～2次,追肥以磷、钾肥为好。播种苗经1次移栽后,可于11月份定植。幼苗生长期,施2～3次液肥,以氮肥为主。同时经常松土、除草,以利于植株生长健壮。当蜀葵叶腋形成花芽后,追施1次磷、钾肥。为延长花期,应保持充足的水分。花后及时将地上部分剪掉,还可萌发新芽。

盆栽时,应在早春上盆,保留独本开花。因蜀葵种子成熟后易散落,应及时采收。栽植3～4年后,植株易衰老。因此应及时更新。另外,蜀葵易杂交,为保持品种的纯度,不同品种应保持一定的距离间隔。蜀葵易受卷叶虫、蚜虫、红蜘蛛等危害,老株及干旱天气易生锈病,应及时防治。

园林用途 宜植于花境,也可做切花。

5. 萱草

学名 *Hemerocallis fulva*。

别名 萱花菜、金针菜。

科属 百合科萱草属。

形态特征 多年生草本宿根花卉,具有粗短根状茎和纺锤形块根,叶基生成丛,带状披针形。花葶细长坚挺,高约60～100 cm,着花6～10朵,呈顶生聚伞花序。花葶高1 m左右,排列呈圆锥状,花冠呈漏斗形,花期6月上旬至7月中旬,每花仅放1天。蒴果,背裂,内有亮黑色种子数粒。果实很少能发育,制种时常需人工授粉。

生态习性 性强健,耐寒力强。喜阳光叶耐半阴,对土壤要求不严,耐贫瘠与盐碱,较耐干旱。

繁殖方法 分株繁殖为主,一般在春秋进行。也可以扦插与播种。

栽培要点 栽培容易,管理粗放。

园林用途 园林中多丛植或于花境、路旁栽植。萱草类耐半阴,又可做疏林地被植物。也可做切花。

6. 玉簪

学名 *Hosta plantagimea*。

别名 玉春棒、白鹤花。

科属 百合科玉簪属。

原产地与分布 原产中国及日本,现欧美各国多有栽培。

形态特征 宿根草本植物,株高可达 50～70 cm,叶基生或丛状,具长柄,叶片卵形至心状卵形,基部心形,具弧状脉,顶生总状花序,花葶高出叶片,着花 9～15 朵,每花被 1 苞片,花白色具芳香,管状漏斗形,径约 2.5～3.5 cm,长约 13 cm,裂片 6 枚短于筒部,雄蕊 6 枚,花柱极长,蒴果三棱状圆柱形,花期 6～8 月份。

生态习性 性强健,耐寒而喜阴,忌直射光,植于树下或建筑物北侧生长良好,土壤以肥沃湿润,排水良好为宜。

繁殖方法 繁殖多用分株法,春、秋均可进行。露地栽培的,可在 4 月间将植株挖起,从根部将母株分成 3～5 株,然后再分别进行地栽。播种繁殖 3～4 年开花。用组织培养方法,取叶片、花器做外殖体均能获得幼苗,不仅生长速度快,并可提前开花。

栽培要点

①露地定植应先选好背阳地块,把土翻耕耙松,掺入腐熟的堆肥或厩肥与土充分混合,耙平后作成高畦。定植株距行距为 30 cm×40 cm。栽完后浇水,不要浇太多,雨季还应注意排水;夏季要特别注意遮阴,在生长期中,施腐熟稀薄肥 2～3 次,可生长得健壮旺盛,夏末秋初即可开花。

②玉簪常见锈病,可用波尔多液防治,叶斑病,可用铜素杀菌剂或其他杀菌剂喷雾防止侵染。

园林应用 可配置于林下做地被,或栽于建筑物周围庇荫处;也常用于岩石园中,盆栽观赏或切花、切叶。

三、球根花卉

1. 大丽花

学名 *Dahlia pinnata* Cav.。

别名 大丽菊、天竺牡丹、大理花、西番莲。

科属 菊科大丽花属。

原产地与分布 原产于墨西哥、哥伦比亚、危地马拉等国,现在世界各地广泛栽培。

形态特征 多年生草本,地下部分具粗大纺锤状肉质块根。茎高约为 40～150 cm,中空直立或横卧,光滑,多分枝。叶对生 1～2 回羽状分裂,裂片卵圆形或椭圆形,边缘有粗钝锯齿,表面深绿色,背面灰绿色。头状花序生于枝端具总长柄,外周舌状花中性或雌性,总苞片鳞片状,两轮,外轮小多呈叶状。瘦果黑色,长椭圆形。

生态习性 原产于墨西哥及危地马拉海拔1 500 m以上的山地,喜干燥凉爽、阳光充足、通风良好的环境;不耐严寒与酷暑;忌积水,不耐干旱,以富含腐殖质的沙壤土为最宜。但花期避免阳光过强,生长最适温度为10~25℃,经霜枝叶枯萎,以其根块休眠越冬。春季萌芽生长,夏末秋初气温渐凉花芽分化并开花,秋末经霜后,地上部分凋萎停止生长,冬季进入休眠。

繁殖方法 一般以扦插及分株繁殖为主,亦可进行嫁接和播种繁殖。

①早春扦插最好,将根丛在温室内囤苗催芽,待新芽高至6~7 cm,基部一对叶片展开时,剥取扦插。扦插以沙质壤土加少量腐叶土或泥炭土为宜,保持室温白天20~22℃,夜间15~18℃,2周后生根,便可分栽。

②培育新品种以及矮生系统的花坛品种,多用播种繁殖。

③分株繁殖多在春季3~4月间,取出块根,将每一个块根及附生于根颈上的芽一齐割下,切口处涂草木灰防腐,另行栽植。

栽培要点

①露地栽培宜选通风向阳和干燥地,充分翻耕,施入适量基肥后做成高畦以利排水。生长期应注意整枝,修剪及摘蕾。大丽花喜肥,但忌过量,生长期每7~8天追肥一次,但夏季超过30℃时不宜施用。立秋后生育旺盛,可每周增施肥料1~2次。常用稀释的液态有机肥。

②盆栽宜选用扦插苗,盆土配制以底肥充足、土质松软、排水良好为原则,由腐叶土、园土以及沙土等按比例混合。浇水以"不干不浇、间干间湿"为原则。

③大丽花的主要病害有:根腐病,防治方法是栽前土壤消毒,合理浇水和排水,保持通气通风良好;褐斑病,防治方法是及时摘除并烧掉病叶,也可喷洒杀菌剂或在土壤中施以石灰;花叶病,防治方法是及时注意消灭蚜虫,清除残枝病叶达到防治目的;白粉病,防治方法是及时清除病叶,喷洒杀菌剂。主要虫害有:红蜘蛛、蚜虫、金龟子类。

园林用途 适宜花坛、花境或庭前丛植,也可用于制作切花。

2. 美人蕉

学名 *Canna generalis*。

别名 宽心姜、小芭蕉。

科属 美人蕉科美人蕉属。

原产地与分布 原产热带美洲,现世界各地广为栽培。

形态特征 多年生草本。株高可达80~150 cm,具有肉质根茎,地上茎肉质不分枝;茎叶具白粉,叶片阔椭圆形。绿色或红褐色,互生全缘。总状花序顶生,花单生或双生,花稍小,淡红色至深红色,唇瓣橙黄色上有红色斑点。蒴果,种子黑色。

生态习性 性喜温暖、湿润气候和阳光充足环境,不耐寒,在原产地无休眠现象,周年生长开花。适应性强,生长旺盛,不择土壤,最宜湿润肥沃的深厚土壤,稍耐水湿。生育适温较高,25~30℃为宜。

繁殖方法 三倍体美人蕉不结实,以分株繁殖为主。春季切割分栽根茎,注意分根时每丛需带有2~3个芽眼,直接栽植,当年开花。二倍体美人蕉能结实,可种子繁殖。播种前需将种皮刻伤或用温水浸泡,发芽适温为25℃以上,经2~3周可发芽。

栽培要点 一般春季栽培,暖地宜早,寒地宜晚。选阳光充足的地块,栽前充分施基肥,栽植丛距30~40 cm,覆土约10 cm。生育期间还应多追施液肥,保持土壤湿润。暖地不起球时,冬季齐地重剪,最好每2~3年分株一次,采收后的根茎放于潮湿的沙中或堆放在通风的室内,保持室温 5～7℃可安全过冬。

园林用途　宜植于花坛、花境、花带,也可盆栽。

3. 石蒜

学名　*Lycoris radiata*。

别名　蟑螂花、老鸦蒜、红花石蒜。

科属　石蒜科石蒜属。

原产地与分布　原产我国及日本,现世界各地均有栽培。

形态特征　多年生草本植物,地下鳞茎,广椭圆形,外被紫红色薄膜。叶基生线形,深绿色,中央具一条淡绿色条纹于花期后自基部抽出,花葶直立,呈伞形花序顶生;花鲜红色,花被裂片狭倒被针形,上部向外反卷,边缘波状而皱缩。蒴果。

生态习性　喜温和阴湿环境,适应性强,具一定耐寒力,耐强光和干旱,地下鳞茎可露地越冬,也耐高温多湿和强光干旱。不择土壤,以土层深厚、排水良好并富含腐殖质的壤土或沙质壤土为宜。

繁殖方法　以分球繁殖为主,也可进行播种繁殖。

栽培要点　春、秋两季均可栽植,暖地多秋栽,寒地春栽,株行距 20 cm×30 cm,栽植深度为 8～10 cm,即将鳞茎顶部埋入土面为宜,注意勿浇水过多,以免鳞茎腐烂。花后及时剪除残花,9 月下旬花凋萎前叶片萌发并迅速生长,应追施薄肥一次。石蒜抗性强,几乎没有病虫害。

园林用途　可做林下地被花卉,花境丛植或山石间自然式栽植。也可供盆栽、水养、切花等用。

4. 花毛茛

学名　*Ranunculus asiaticus* L.。

别名　芹菜花、波斯毛茛、陆莲花。

科属　毛茛科花毛茛属。

原产地与分布　原产亚洲西南部至欧洲东南部,现世界各地多有栽培。

形态特征　多年生宿根草本。株高 20～60 cm,地下块根纺锤形,常数个聚生于根颈部;茎单生,或少数分枝,具毛中空;基生叶阔卵形或椭圆形或三出状,缘有齿,具长柄,茎生叶无柄,羽状细裂;花单生或数朵顶生,花径 3～4 cm;花期 4～5 月份。单瓣或重瓣;花瓣 5 枚,倒卵形;品种较多,花色有黄、红、白、粉、橙等色。蒴果。

生态习性　喜凉爽及半阴环境,忌炎热,适宜的生长温度白天 20℃左右,夜间 7～10℃,既怕湿又怕旱,宜种植于排水良好、肥沃疏松的中性或偏碱性土壤。6 月后块根进入休眠期。盆栽要求富含腐殖质、疏松肥沃、通透性能强的沙质培养土。

繁殖方法　分株繁殖,9～10 月间将块根带根茎掰开,以 3～4 根为一株栽植,挖取地栽或脱盆母株,轻轻抖去泥土,覆土不宜过深,埋入块根即可。于秋季露地播种,温度不宜超过 20℃,在 10℃左右约 20 天便可发芽。

栽培要点　花毛茛喜肥,生长期注意追肥,开始时 10 天施一次薄肥,以后随着花苗生长,可逐渐增加用量和浓度,整个施肥过程可通过灌溉进行。

园林用途　园林地栽做花坛、花带,也可盆栽或做切花。

5. 晚香玉

学名　*Polianthes tuberosa*。

别名 夜来香、月下香、玉簪花。

科属 石蒜科晚香玉属。

原产地与分布 原产墨西哥及南美洲。现世界各地广为栽培。

形态特征 冬季休眠球根植物,在原产地为常绿性,球根鳞块茎状(上半部呈鳞茎状,下半部呈块茎状)。基生叶带状披针形,茎生叶较小。总状花序顶生愈向上则呈苞状。花葶直立,花呈对生、白色漏斗状,具浓香,花被筒细长。蒴果卵形,种子黑色,自然结实率低。

生态习性 喜温暖湿润和阳光充足的环境,不耐寒,生长适温 25～30℃;喜光,稍耐半阴;不择土壤,生长期需充足水分,但忌涝。对土壤湿度反映比较敏感,喜肥沃、排水良好、潮湿但不积水的黏壤土。

繁殖方法 常用分球法繁殖,母球自然增殖率较高,通常一个母球能分生 10～25 个子球(当年未开花的母球,分生子球较少)。子球大者,当年栽培当年能开花,否则需培养 2～3 年才能开花,种子繁殖一般只用于育种。

栽培要点

①通常 4～5 月份种植,大球、小球分开种为好。直径 2 cm 左右的块茎,先在 25～30℃下经过 10～15 天的湿处理后在进行栽植。

②定植后浇透水,温度回升后即萌发,但要注意排水良好,以免烂球。晚香玉喜肥,应经常追肥。

③在温室内 11 月份种植 2 月份可开花,2 月份栽种 5～6 月份可开花。温室需保持 20℃以上,采光充足,空气流通,注意养护管理。

④我国北方可将球根晾干后堆放在干燥向阳的地窖中,分层覆盖稻草和土并压紧,埋藏过冬。

园林用途 适植于花境,夜花园、岩石园,也可做切花。

四、木本花卉

1. 桃花

学名 *Prunus persica*。

别名 碧桃。

科属 蔷薇科李属。

原产地与分布 桃花原产于中国中部、北部,现已在世界温带国家及地区广泛种植。

形态特征 落叶小乔木,株高 2～8 m,树冠开张,树干灰褐色,粗糙有孔。小枝红褐色或褐绿色,平滑。花单生,有白、粉红、红等色,重瓣或半重瓣,花期 3 月份。核果近球形,表面密被短绒毛,因品种不同,果熟 6～9 月份。

生态习性 喜光、耐旱,耐寒能力不如果桃。要求土壤肥沃、通风和排水良好。

繁殖方法

①为保持优良品质,必须用嫁接法繁殖,砧木用山毛桃。采用夏季芽接技术,注意芽接时间,南方以 6～7 月中旬为佳,北方以 7～8 月中旬为宜。

②芽接后 10～15 天,叶柄呈黄色脱落,即是成活的象征。成活苗在长出新芽,愈合完全后除去塑料胶布,在芽接处以上 1 cm 处剪砧,萌芽后,要抹除砧发芽,同时结合施肥,一般施复合肥 1～2 次,促使接穗新梢木质化,具备抗寒性能。

栽培要点　生长期要求加强管理,施肥、灌水、除草和防治病虫害。在休眠期要注意加强整形修剪,除去不良枝,春季萌动前要施足基肥,加强浇灌,5月份注意防治蚜虫的发生。

园林用途　适合于湖滨、溪流、道路两侧和公园布置,也适合小庭院点缀和盆栽观赏,还常用于切花和制作盆景。常见的还有垂枝碧桃。

2. 月季

学名　*Rosa chinensis*。

别名　长春花、月月红、蔷薇花。

科属　蔷薇科蔷薇属。

原产地与分布　原产于中国中部的贵州、湖北、四川等地,现遍布世界各地。

形态特征　常绿或落叶灌木,直立,蔓生或攀缘。茎具钩刺或无刺,奇数羽状复叶互生,叶为椭圆形、倒卵形至阔披针形,叶缘有锯齿;托叶与叶柄合生,花单生于枝顶或成伞房、复伞房及圆锥花序,花色甚多,色泽各异。花有微香,花期4～10月份(北方),3～11月份(南方),春季开花最多。肉质蔷薇果,成熟后呈红黄色,顶部裂开,"种子"为瘦果,栗褐色。果卵球形或梨形,长1～2 cm,萼片脱落。栽培品种多为重瓣。

生态习性　适应性强,耐寒耐旱,对土壤要求不严,但以富含有机质、排水良好的微酸性沙壤土最好。喜光,但过多强光直射又对花蕾发育不利,花瓣易焦枯。喜温暖,一般气温在22～25℃最为适宜,夏季高温对开花不利。

繁殖方法　大多采用扦插繁殖法,亦可分株、压条繁殖。扦插一年四季均可进行,但以冬季或秋季的硬枝扦插为宜,也可于夏季进行绿枝扦插。

栽培要点　月季适应性强,露地栽培管理粗放。切花栽培应用较广。

切花栽培要点

①切花月季栽培设施主要有温室和塑料大棚,最好单独栽植在一个棚内,北方冬季要具备加温条件。

②定植应在休眠期进行,最好使用嫁接苗。定植时要将根系舒展开,嫁接部位应高于土表3 cm左右。

③浇水与施肥应掌握见干见湿原则,有条件时使用滴灌法浇水。

④利用栽培设施生产月季切花,在室内温度过高时要及时通风,以降低温度和湿度,减少白粉病等病害的发生。

⑤月季花喜光照充足,但在夏季要适当遮阴,而冬季要有防寒物的保护,阴天和下雪天应采取补光措施,以提高切花品质和单位面积花枝产量。

⑥嫁接苗定植后要利用摘心和整枝来调节和控制生长发育。

⑦夏季修剪的主要作用是降低植株高度,促发新的开花母枝。

⑧冬季在休眠期进行一次重剪,目的是使季植株保持一定的高度,去掉老枝、过弱枝、枯枝等。

园林用途　月季花可盆栽观赏、可露地布置花坛花境,广泛用于公园绿化、庭院绿化、道路绿化等。但经济效益高的是切花栽培。

3. 樱花

学名　*Prunus serrulata*。

别名　山樱桃、福岛樱。

科属 蔷薇科李属。

原产地与分布 原产北半球温带环喜马拉雅山地区,包括日本、印度北部、朝鲜、中国长江流域及台湾地区。在世界各地都有栽培。

形态特征 落叶乔木。高约 5 m。树皮暗栗褐色,光滑而有光泽,具横纹。小枝无毛。叶卵形至卵状椭圆形,边缘具芒半成熟齿,两面无毛。叶表面深绿色,有光泽,背面稍淡。伞房花序,花期 4～5 月份,花白、粉红色。核果球形,黑色,7 月份果熟。

生态习性 喜光、耐寒、抗旱的习性,不耐盐碱,根系浅,对烟及风抗力弱。要求深厚、疏松、肥沃和排水良好的土壤,对土壤 pH 的适应范围为 5.5～6.5,不耐水湿。

繁殖方法 用播种、嫁接、扦插等法繁殖。以播种方式繁殖樱花,注意勿使种胚干燥,应随采随播或湿沙层积后翌年春播。嫁接繁殖一般采用春季枝接,砧木用樱桃,成活率较高。

栽培要点

①定植后苗木易受旱害,除定植时充分灌水外,以后 8～10 天灌水一次,保持土壤潮湿但无积水。灌后及时松土,最好用草将地表薄薄覆盖,减少水分蒸发。

②樱花每年施肥两次,以酸性肥料为好。一次是冬肥,在冬季或早春施用豆饼、鸡粪和腐熟肥料等有机肥;另一次在落花后,施用硫酸铵、硫酸亚铁、过磷酸钙等速效肥料。

③尽量少修剪,采用自然式树形效果较好。

园林用途 樱花为春季重要的观花树种,可以群植成林,也可孤植,常植于山坡、庭院、路边和建筑物前,可做行道树、绿篱等,也可制作盆景。

4. 蜡梅

学名 *Chimonanthus praecox*。

别名 黄梅花、香梅、黄梅。

科属 蜡梅科蜡梅属。

原产地与分布 原产我国中部,现各地都有栽培。

形态特征 落叶灌木花卉,高可达 4～5 m。小枝四棱形,老枝近圆形。单叶对生,椭圆状卵形,表面粗糙。冬末先花后叶,花单生于一年生枝条叶腋,有短柄及杯状花托,花被多片呈螺旋状排列,有单瓣重瓣之分,黄色,带蜡质,花期 12～1 月份,有浓芳香。瘦果多数,椭圆形,栗褐色,有光泽,7～8 月份成熟。

生态习性 性喜阳光,能耐阴、耐寒。冬季气温不低于 -15℃地区,均能露地越冬。耐旱,忌渍水。怕风。喜土层深厚、肥沃、疏松、排水良好的微酸性沙质壤土。不适合种植在过于温暖的地区,因为开花对气温的要求是 0～-10℃的气温持续至少 5 天。

繁殖方法 蜡梅常用嫁接、扦插、压条或分株法繁殖。也可用播种法繁殖,以嫁接法应用较多。

嫁接选 2～3 年生的蜡梅为砧木,于春季用靠接或切接法嫁接,通常多采用靠接法。

栽培要点 选向阳高燥的地方,入土不宜偏深。施基肥,不忘追肥。雨季排水,注意修剪。一般宜在花谢后发叶之前适时修剪,剪除枯枝、过密枝、交叉枝、病虫枝,并将一年生的枝条留基部 2 对至 3 对芽,剪除上部枝条促使萌发分枝。待新枝每长到 2 对至 3 对叶片之后,就要进行摘心,促使萌发短壮花枝,使株型匀称优美。修剪多在 3～6 月份进行,7 月份以后停止修剪。

园林用途 蜡梅花开于寒月早春,花黄如蜡,清香四溢,为冬季观赏佳品,是我国特有的珍贵观赏花木。一般以孤植、对植、丛植、群植配置于园林与建筑物的入口处两侧和厅前、亭周、窗前屋后、墙隅及草坪、水畔、路旁等处,作为盆花桩景和瓶花亦具特色。我国传统上喜欢配植南天竹,冬天时红果、黄花、绿叶交相辉映,可谓色、香、形三者相得益彰。

5. 紫薇

学名 *Lagerstroemia indica*。

别名 百日红、满堂红、怕痒树。

科属 千屈菜科紫薇属。

原产地与分布 原产中国,主要分布于江苏、山东、浙江、安徽、河北、河南、湖北、江西、北京、天津等省市。

形态特征 落叶小乔木花卉。树皮光滑,黄褐色,小枝条略呈四棱形。单叶对生或上部互生,椭圆形或倒卵形。顶生圆锥花序,花冠紫色、红色、粉红色或白色,边缘有不规则缺刻,基部有长爪,花瓣 6 片。花期 6～9 月份。蒴果椭圆状球形,6 瓣裂。种子有翅。果期 10～11 月份。

生态习性 喜光,喜温暖气候,较耐寒。耐旱,怕涝,适宜生于肥沃、湿润、排水良好的地方。

繁殖方法 主要是播种和扦插繁殖。

播种繁殖 10～11 月份剪取成熟果穗,晒干搓碎,取其种子干藏,于翌年 3 月份播种(不需催芽处理)。

扦插繁殖 早春萌芽前,剪取去年生枝扦插,当年能开花;或于 6～7 月份,剪取半木质化枝扦插,2～3 年可以开花。

栽培要点 带土移栽大苗,清明时节最好,植于背风向阳处。保持土壤湿润,早春施基肥,夏季追肥。冬季要修剪。因紫薇花序着生在当年新枝的顶端,修剪时要对一年生枝进行重剪回缩,使养分集中,发枝健壮,要将徒长枝、干枯枝、下垂枝、病虫枝、纤细枝和内生枝剪掉,幼树期还应及时将植株主干下部的侧生枝剪去,以使主干上部能得到充足的养分,形成良好的树冠。主要的病虫害有蚜虫、介壳虫和烟煤病等,要加强综合防治。

园林用途 紫薇作为优秀的观花乔木,在园林绿化中,被广泛用于公园绿化、庭院绿化、道路绿化、街区城市等,在实际应用中可栽植于建筑物前、院落内、池畔、河边、草坪旁及公园中小径两旁均很相宜。也是做盆景的好材料。

6. 扶桑

学名 *Hibiscus rosasinensis*。

别名 朱槿牡丹、朱槿、佛桑。

科属 锦葵科木槿属。

原产地与分布 原产我国和印度,现各地广为栽培。

形态特征 树叶婆娑,分枝多。树冠近圆形,单叶互生,广卵形或狭卵形,边缘有锯齿及缺刻,花单生于上部叶腋处,单瓣花呈漏斗状、重瓣呈非漏斗状。

生态习性 扶桑是强阳性树种,喜水分充足的湿润环境,尤其是高的空气湿度。生长适温在 18～25℃,不耐寒霜、不耐阴,宜在阳光充足、通风的场所生长,对土壤要求不严,但在肥沃、疏松的微酸性土壤中生长最好,冬季温度不低于 5℃。在长江流域及其以北地区,是重要的温室和室内花卉。

繁殖方法

①主要用扦插繁殖。通常结合修剪在早春进行。在室内扦插则在 3～4 月份,室外扦插可在 4 月下旬以后。插条可剪成长 10 cm 左右,切口在节的下部,要求平整光滑。插条保留顶端 2 片叶子,其余均摘去。按 4～5 cm 的间隔插入基质,深度约为插条总长的 1/3。插后随即浇透水,保持 20℃左右,约 1 个月可以生根。

②一些杂交种,尤其是夏威夷扶桑的新品种,性衰弱,需用同属中生长强健的品种做砧木嫁接来繁殖。引入新品种时也常用嫁接法。

栽培要点

①盛夏期每日早晚各浇 1 次水;春、秋季上午如盆土干可补充少量的水,下午普遍浇 1 次水,生长期间还要注意叶面喷水,以提高空气湿度,特别放置阳台更应注意喷水。冬季在温室内越冬,每隔 1～2 天浇水 1 次,在普通室内越冬,则每隔 5～7 天浇水 1 次,水量不宜大。

②生长期追肥,一般以每 15～20 天一次液肥;植株幼小时,肥料宜淡,次数宜勤,成年植株肥料宜较浓,间隔时间可较长。入室越冬时,在盆土表面撒一薄层干肥,肥料用粗粒饼粉、酱渣粉粒均可。

③养护多年后,要及时修剪,不断更新老枝,促进新枝发育。

④扶桑病害不多,常发生的虫害有嫩枝叶上的蚜虫和枝干上的介壳虫。这两种害虫均可采用 40％乐果 1 000 倍液喷杀。发现少量介壳虫时,可用硬毛刷刷除。

园林用途　扶桑鲜艳夺目的花朵,朝开暮萎,姹紫嫣红,在南方多散植于池畔、亭前、道旁和墙边,盆栽扶桑适用于客厅和入口处摆设。

7. 迎春

学名　*Jasminum nudiflorum*。

别名　金腰带、迎春花。

科属　木犀科素馨属。

原产地与分布　产自我国北部、西北、西南各地。广泛分布于全国各地。

形态特征　落叶灌木,高 40～50 cm。枝条细长,呈拱形下垂生长,长可达 2 m 以上。侧枝健壮,四棱形,绿色。三出复叶对生,长 2～3 cm,小叶卵状椭圆形,表面光滑,全缘。花单生于叶腋间,花冠高脚杯状,鲜黄色,顶端 6 裂,或成复瓣。花期 2～4 月份,花黄色,春初先叶开放,可持续 50 天之久。通常不结果。

生态习性　性喜光,稍耐阴,耐寒,喜湿润,也耐干旱,怕涝。要求温暖而湿润的气候,疏松肥沃和排水良好的沙质土。在酸性土中生长旺盛,碱性土中生长不良。根部阴发力很强,枝端着地部分也极易生根。

繁殖方法　扦插、压条与分株均可。

扦插　选 1 年生枝条,剪成 15 cm 长,在整好的苗床内灌透水,水渗后即可扦插。也可干插,即在整好的苗床内扦插后灌透水。扦插可在 10 月中旬至 11 月中旬或春季进行。生根后分栽,亦可分株或压条繁殖。

分株　在春秋进行,方法为将迎春的根、茎基部长出的小分枝与母株相连的地方切断,然后分别栽植。栽植后浇一些定根水,提高成活率。一般多年生的母株可分成 10～20 小丛,栽植后即可开花。

栽培要点　选背风向阳、地势较高处,土壤肥沃、疏松、排水良好的中性土中。冬季施基肥,适当修剪,春夏摘心。上盆迎春的栽种一般在花凋后或 9 月中旬进行。

园林用途　迎春枝条披垂,早春先花后叶,花色金黄,叶丛翠绿,园林中宜配置在湖边、溪畔、桥头、墙隅或在草坪、林缘、坡地。房周围也可栽植,可供早春观花。还可做造型盆景和切花插瓶。

8.贴梗海棠

学名　*Chaenomeles speciosa*。

别名　贴脚海棠。

科属　蔷薇科木瓜属。

原产地与分布　产于我国陕、甘、豫、鲁、皖、苏、浙、赣等省。全国各地均有栽培。

形态特征　落叶灌木花卉。高可达 2 m,枝条开展,有刺无毛。叶卵形至椭圆形,也原有尖锐锯齿,托叶大,花单生或几朵簇生于二年枝条上,花色为红、粉红及白色,直径 3～5 cm。果卵形至球形,径 4～6 cm。花期 3～4 月份,如果光照、湿度条件适宜,1～2 月份即可开花,果熟期 9～10 月份。

生态习性　贴梗海棠性喜阳光,耐瘠薄,对土壤要求不严,喜排水良好的深厚土壤,不宜低洼栽植,有一定的耐寒能力。

繁殖方法　贴梗海棠的繁殖主要用分株、扦插和压条,播种也可以。

分株　贴梗海棠分蘖力较强,可在秋季或早春将母株掘出分割,分成每株 2～3 个枝干,栽后 3 年又可进行分株。一般在秋季分株后假植,以促进伤口愈合,翌年春天即可定植,次年即可开花。

扦插　硬枝扦插与分株时期相同,在生长季中还可进行嫩株扦插,将长 15 cm 左右的株段,插于素沙内或素土中,浇透水并保湿,1 个多月后可发叶。扦插苗 2～3 年即可开花。

播种繁殖可获得大量整齐的苗木,但不易保持原有的品种特性。

栽培要点　适应性强,管理粗放。因其开花以短枝为主,故春季萌发前需将长枝适当短截,整剪成半球形,以刺激多萌发新梢。夏季生长期间,对生长枝还要进行摘心。栽培管理过程中要注意旱季浇水,伏天最好施一次腐熟有机肥,或适量复合肥料(N、P、K 元素)。盆栽催花,可在 9～10 月间掘取合适植株上盆,先放在阴凉通处养护一段时间,待入冬后移入 15～20℃温室,经常在枝上喷水,约 25 天后即可开花,可用作元旦、春节观赏。

园林用途　贴梗海棠是良好的观花、观果花木。多栽培于庭园供绿化用,也供作绿篱的材料,可孤植或与迎春、连翘丛植。也可制作盆景。

五、水生花卉

1.睡莲

学名　*Nymphaea tetragona*。

别名　子午莲、水芹花。

科属　睡莲科睡莲属。

原产地与分布　原产北非和东南亚热带地区,少数产于南非、欧洲和亚洲的温带和寒带地区,日本、朝鲜、印度、前苏联、西伯利亚及欧洲等地。目前,各地均有栽培。

形态特征　多年生水生花卉。地下具块状根茎生于泥中。叶丛生,具细长叶柄,浮于水面,纸质或革质,近圆形或卵状椭圆形,直径 6～11 cm,全缘,无毛,叶面浓绿,幼叶有褐色斑纹,背面暗紫色。花单生于细长的花柄顶端,多白色,漂浮于水,直径2～7.5 cm,萼片4枚,阔披针形或窄卵形。聚合果球形,内含多数椭圆形黑色小坚果。果期7～10月份。

生态习性　睡莲喜高温水湿、强光、通风良好的环境,在富含腐殖质的黏土中生长良好。生长季节池水深度以不超过80 cm为宜。3～4月份萌发长叶,5～8月份陆续开花,每朵花开2～5天,日间开放,晚间闭合,个别能维持1周不谢。花后结实。10～11月份茎叶枯萎。翌年春季又重新萌发。

繁殖方法　用分株和播种繁殖。

栽培要点

①池塘栽培,早春应将池水放尽,将根茎附近的土疏松,施入基肥后再壅泥,然后灌水。

②以后3年左右更新一次,如盆栽,每年春分前后,应结合分株翻盆换泥,并施适量腐熟豆饼做基肥,重新栽种。

③睡莲属浮叶植物,很容易遭受杂草危害,应及时清除杂草。

园林用途　适宜美化水面。

2. 王莲

学名　*Victoria amazonica*。

别名　亚马孙王莲。

科属　睡莲科王莲属。

原产地与分布　原产南美洲亚马孙河流域,现世界各地广为栽培。

形态特征　地下有直立的根状短茎和发达的不定须根,白色;王莲的初生叶呈针状,2～3片叶呈矛状,4～5片叶呈戟形,6～10片叶呈椭圆形至圆形,11片叶后叶缘上翘呈盘状,叶缘直立,叶片圆形,像圆盘浮在水面,直径可达1～2.5 m,叶面光滑,绿色略带微红,有皱褶,背面紫红色,叶柄绿色,叶子背面和叶柄有许多坚硬的刺,叶脉为放射网状;花大,单生,萼片4片,卵状三角形,绿褐色,花瓣多数,倒卵形,第一天白色,第二天花瓣变为淡红色至深红色,第3天闭合并沉入水中。果实呈球形,种子黑色。

生态习性　性喜高水温和高气温、相对湿度80%、光照充足和水体清洁的环境。室温低于20℃便停止生长。喜肥,尤喜有机肥。

繁殖方法　用播种法繁殖。

栽培要点　温室水池栽培,经5～6次换盆后,叶片长至20～30 cm时即可定植。一株王莲需水面面积30～40 m²,池深80～100 cm,池中设立种植槽或台,并设排水管和暖气管,以保证水体清洁和水温适当。定植前要将水池消毒,定植时注意将幼苗生长点露出水面。开始水不宜太深,没过浮叶即可。

园林用途　盘叶和美丽浓香的花朵而著称。观叶期150天,观花期90天,是现代园林水景中必不可少的观赏植物,是城市花卉展览中必备的珍贵花卉,小型水池同样可以配植观赏。

3. 菖蒲

学名　*Acorus calamus*。

别名　愁蒲子、水菖蒲、白菖蒲。

科属　天南星科菖蒲属。

原产地与分布　分布于我国南北各地。

形态特征　多年水生宿根草本植物、挺水花卉。根状茎横走,粗状,稍扁。有芳香。叶二列状着生,剑状线形,端尖,革质具有光泽,中肋隆起,边缘波状。肉穗花序直立或斜向上生长,圆柱形,黄绿色,长 4～9 mm,直径 6～12 cm;花两性,密集生长,花被片 6 枚,条形,长2.5 mm,宽 1 mm;雄蕊 6 枚,稍长于花被,花丝扁平,花药淡黄色;子房长圆柱形,长 3 mm,直径1.2 mm,顶端圆锥状,花柱短,胚珠多数。浆果红色,长圆形,有种子 1～4 粒。花期6～9 月份,果期 8～10 月份。

生态习性　喜欢生于水中,耐寒性不强,生于池塘、湖泊岸边浅水区,沼泽地或泡子中。最适宜生长的温度 20～25℃,10℃以下停止生长。冬季以地下茎潜入泥中越冬。

繁殖方法　春季分株繁殖为主。也可进行种子繁殖。

分株繁殖　在早春(清明前后)或生长期内进行用铁锨将地下茎挖出,洗干净,去除老根、茎及枯叶,再用快刀将地下茎切成若干块,每块保留 3～4 个新芽,进行繁殖。在生长期进行分栽,将植株连根挖起,洗净,去掉 2/3 的根,再分成块状,在分株时要保持好嫩叶及芽、新生根。

种子繁殖　将收集到成熟红色的浆果清洗干净,在室内进行秋播,保持潮湿的土壤或浅水,在 20℃左右的条件下,早春会陆续发芽,后进行分离培养,待苗生长健壮时,可移栽定植。

栽培要点　露地栽培,选择池边低洼地,采用带形、长方形、几何形等栽植方式栽种。栽植的深度以保持主芽接近泥面,同时灌水 1～3 cm。盆栽时,选择不漏水的盆,内茎在 40～50 cm,盆底施足基肥,中间挖穴植入根茎,生长点露出泥土面,加水 1～3 cm。菖蒲在生长季节的适应性较强,可进行粗放管理。在生长期内保持水位或潮湿,施追肥 2～3 次,并结合施肥除草。初期以氮肥为主,抽穗开花前应以施磷肥钾肥为主;每次施肥一定要把肥放入泥中(泥表面 5 cm 以下)。越冬前要清理地上部分的枯枝残叶,集中烧掉或沤肥。露地栽培 2～3 年要更新,盆栽 2 年更换分栽 1 次。

园林应用　菖蒲叶丛翠绿,端庄秀丽,具有香气,适宜水景岸边及水体绿化。也可盆栽观赏或作布景用。叶、花序还可以做插花材料。可栽于浅水中,或作湿地植物。是水景园中主要的观叶植物。菖蒲为有毒植物,其毒性为全株有毒,根茎毒性较大。

4. 凤眼莲

学名　*Eichhornia crassipes* (Mart.) Solms。

别名　水浮莲、水葫芦。

科属　雨久花科凤眼莲属。

原产地与分布　原产南美洲,现我国长江、黄河流域广为引种。

形态特征　根丛生于节上,须根发达,悬垂水中。茎极短缩具匍匐枝。叶丛生而直伸;叶片卵形、倒卵形至肾形,全缘、鲜绿色而有光泽,质厚;叶柄长,中下部膨胀呈葫芦状海绵质气囊,基具鞘状苞叶生于浅水的植株,根扎入泥中,植株挺水生长,叶柄气囊状膨胀不明显。花茎单生,高 20～30 cm,近中部有鞘,端部着生短穗状花序,小花堇紫色,中央具深蓝色块斑,斑中又具鲜黄色眼点,蒴果,卵形。

生态习性　对环境的适应性很强,在池塘、水沟和低洼的渍水田均可生长,但最喜欢在向阳、平静的水面,在日照时间长、温度高的条件下生长较快,受冰冻后叶茎枯黄。控制不住会变成危害生态平衡的害草。凤眼莲在长江中下游每年 8～10 月份开花,花期较长。

繁殖方法　通常用分株繁殖,春天将母株丛分离或切离母株腋生小芽,插入水中即自生根,极易成活,播种繁殖不多用。

栽培要点　栽培可利用房前屋后潮湿的零散地或空闲的沼泽地,在 6、7 月间,将健壮株高偏低的种苗进行移栽,移栽后适当管理,保持土层湿润,加强光照,确保通风。在花芽形成后可移栽到小盆。用偏酸性土或营养液培养,摘除老叶,留 4～5 片嫩叶及花穗,既能延长花期,又可移至案头等地观赏。光照充足、通风良好的环境下,很少发生病害。气温偏低、通风不畅等也会发生菜青虫类的害虫啃食嫩叶,少量可捕捉,普遍的可用乐果乳剂进行杀灭。

园林应用 垂于水上,蘖枝匍匐于水面。花为多棱喇叭状,花色艳丽美观。叶色翠绿偏深。管理粗放,是美化环境、净化水质的良好植物。

5. 慈姑

学名 *Sagittaria sagittifolia*。

别名 燕尾草、欧慈姑。

科属 泽泻科慈姑属。

原产地与分布 原产于亚洲热带和温带地区,现各地广泛栽培。

形态特征 地下具根茎,其先端形成球茎即慈姑。球茎表面具膜质鳞片。叶基生,出水叶片戟形,顶端裂片三角状披针形,基部具二长裂片,全缘。圆锥花序,花茎直立,单生或疏分枝,花白色。

生态习性 对气候和土壤的适应性很强,池塘、湖泊的浅水处或水田中、水沟渠中均能很好生长,但喜气候温暖,阳光充足的环境;喜富含腐殖质而土层不太厚的黏质壤土为宜。喜生浅水中,但不宜连作。

繁殖方法 通常用分株繁殖,也可播种。

栽培要点 管理较简单粗放。最适栽植期为终霜过后,盆栽时,盆土以含大量腐殖质的河泥并施入马蹄片做基肥为好,株距 15～20 cm,泥土上保持 10～20 cm 水层,放置于向阳通风处,如在园林水体中种植,若根茎留原地越冬时,须注意不应使土面干涸,应灌水保持水深 1 m以上,以防冻害。

园林应用 园林水边绿化。

附录4 城市园林苗圃育苗技术规程

中华人民共和国城镇建设行业标准
CJ/T 23—1999

1 总则

1.1 为了加强城市园林苗圃技术管理,提高育苗技术水平,满足城市园林绿化对苗木的基本需要,特制订本规程。

1.2 本规程主要对城市园林绿化需要的乔木、灌木和部分花木的繁育技术作出有关规定。其他专业苗圃可参照使用。花卉、草皮、地被植物、水生植物和盆栽花木等园林植物的育苗规程另行制订。

1.3 一个城市的园林苗圃面积应占建成区面积的2%~3%,并根据城市园林绿化的发展及市场需要制订苗木生产规划。

1.4 园林苗圃要结合生产实际,开展科学试验,推广采用新技术,逐步实现良种壮苗,培育种类丰富、造型优美的苗木产品。

1.5 各地园林苗圃应结合当地的实际情况,制订育苗技术操作规程,加强技术培训和技术考核,努力提高职工技术素质,按规程指导苗圃育苗生产。

2 圃地选择与区划

2.1 圃地选择

2.1.1 各城市应根据城市绿化规划的要求设置园林苗圃。设置两个苗圃以上时,宜分设于城市的不同方位。

2.1.2 苗圃宜建于背风向阳、地势平坦之处,生产区的坡度一般不大于0.2%;如建于丘陵地,应开垦梯田。

2.1.3 苗圃土壤的物理、化学性状应良好,土层深度在50 cm以上,pH宜为6.0~7.5,含盐量宜低于0.2%,有机质含量不低于2.5%,氮、磷、钾的含量与比例应适宜。

2.1.4 圃地应水源充足、排灌方便,地下水位宜为2 m左右,并无严重的大气和水源污染。交通方便,距市中心一般不宜远于20 km。

2.2 苗圃区划

2.2.1 根据育苗生产需要,苗圃应划分为生产区和辅助区。

2.2.2 生产区用地不得少于苗圃总面积的80%,一般可分为以下五个小区:

a 幼苗繁殖小区,宜设在土质好、水源近、并靠近管理区的平坦地段。

b 小苗培育小区,宜造近幼苗繁殖区。

c 大苗栽培小区,宜安排在土质一般的平地或缓坡地。

d 科学试验小区,根据不同试验的需要,分别在上述小区内选定,一般宜设在管理区附近。

e 母本小区,应在土壤肥沃、土层深厚处建立;也可在圃外建立采种基地。

2.2.3 辅助区包括管理区、机具站、仓库、积肥场等。要统筹规划,科学安排道路、水、暖、电等系统;苗圃周围宜营造防护林。

3 整地、施肥与轮作

3.1 整地

3.1.1 种植前应先整地,并达到以下标准:

a 深翻土壤,翻耕深度繁殖区宜为 25～30 cm,栽培区为 30 cm 以上。为耕作层较浅,应逐年加深。

b 修筑排灌沟,沟渠应按小区设计,结合畦床的设置进行修筑。

c 做畦,根据生产和操作需要,设置方形或长方形畦床,整平畦面。

d 土壤消毒,应定期进行土壤药物消毒。

3.1.2 生荒地和其他用地如用于育苗,应先浅耕灭茬,然后再翻耕;如有条件,可先种植一茬绿肥以提高地力。

3.2 施肥

3.2.1 苗圃应常年积肥,以积有机肥为主,广开肥源。

3.2.2 施肥以基肥为主,追肥为辅,有机肥应腐熟后施用。要逐步推广复合肥料。

3.2.3 基肥于翻地前施入,撒布均匀。追肥于苗木生长期施用,一般在生长初期以氮、磷为主,中期以氮为主,后期以磷、钾为主。应注意微量元素和根外施肥的应用。

3.2.4 施肥要与改良土壤的理化性状相结合。带土球苗木出圃后应及时补回栽培土和有机肥。

3.3 轮作与休闲

3.3.1 为保持和提高土壤肥力,减少病虫害的发生,育苗地应实行轮作和休闲制。

3.3.2 除互为病虫害寄主的种类外,其余苗木品种均可轮作。

3.3.3 土地瘠薄或有严重病虫害时,应深翻休闲。休闲地应种植绿肥;休闲期不得超过一年。

4 苗木繁殖

4.1 繁殖准备

4.1.1 做好繁殖床。选择保水、排水和通气性能良好的材料为基质,搞好繁殖场地的消毒。

4.1.2 常年进行繁殖要建造温室,推广容器育苗。尽量采用技术先进的温室和配套装置,逐步实现工厂化育苗。

4.1.3 种子采集的亲本必须选择生长健壮、适应性强和无病虫害的壮龄母树,并根据育苗目的和要求,分别选用不同性状和功能的优良品系。

4.1.4 做好种源调查,适时采种。采集时严禁混杂,并详细记载采集地点、时间和种名。

4.2 播种繁殖

4.2.1 为了获得数量多、抗性强和易于驯化的苗木,宜采用播种繁殖。

4.2.2 种子采后应立即选种。选种标准为外观正常,粒大充实,内含物新鲜,无病虫,纯度 95％和含水量适度。

4.2.3 种子要及时处理,不随采随播的种子应妥善贮藏。

4.2.4 播种前应进行种子消毒,测定发芽率,合理确定播种量。不易发芽的种子必须进行物理或药物催芽处理。

4.2.5 播种时间应根据种子生理特性决定。一般为春播,休眠期长或带硬壳的种子宜秋播,易丧失发芽力的种子宜随采随播。

4.2.6　播种方式有条播、撒播和点播等。一般树种采用条播,少粒种子宜撒播,大粒或名贵种子应采用点播,有条件者可采用容器育苗。

4.2.7　播种要均匀适度,播后立即覆土,覆土厚度应根据种子大小和土壤、气候条件而定。播种后要保持苗床湿润,防止板结。

4.3　营养繁殖

4.3.1　为了保持母本原有性状,获得早开花结实的苗木,宜采用营养繁殖。营养繁殖可分为扦插、压条、埋条、分株、嫁接等方式。

4.3.2　播插繁殖。适时采集发育良好的枝、叶或根做插穗,易生根的树种可在大田扦插,较难生根的树种可在保护地扦插,并用生根素处理。要注意防止倒插。

a　硬枝扦插。落叶树于落叶后选取1～2年生壮枝,分级贮存于冷凉湿润处,到次年春季扦插。常绿树于春、秋季和雨季随采随插。

b　软枝扦插。选取当年生半木质化枝条为插穗,随采随插。

c　根插。宜在春、秋季进行,根穗顶部与土面平齐。

4.3.3　压条繁殖。扦插不易生根的树种采用压条繁殖法。凡压条繁殖时,均应先将压入土中枝条的表皮刻伤或行环状剥皮,待形成根系后方可剪离母树培育。压条可分为以下几种方式:

a　伞状压条。亦称普通压条。在早春发芽前将母树1～3年生壮枝向四周弯曲,埋入土中8～12 cm,并使枝梢直立露出土面。

b　偃枝压条,将母树基部一年生萌条偃伏于地面,待叶芽萌发生长到15～20 cm时,剪去新梢基部叶片,将偃伏的枝条连同新梢基部平置于4～6 cm深的土沟内,用细土填实。

c　空中压条。亦称高枝压条。将细土或其他保湿通气性能良好的基质装入容器后套在枝条上。此法主要用于不易生根的珍贵苗木的繁殖。

4.3.4　埋条繁殖。在秋季从已落叶的母树上采集根部萌发的长枝,混沙埋藏,次年春季将枝条平置于3～5 cm深的土沟内,上覆细土,灌水,并保持土壤湿润。

4.3.5　分株繁殖。一般在春、秋季将母树根部萌发的枝条连根分离出来栽植,多用于根蘖发达的树种。

4.3.6　嫁接繁殖。根据繁殖要求,选择接穗与砧木之间亲和力强、生长健壮、无病虫害的树种进行嫁接。切口要平滑,各种操作要衔接迅速,保持形成层接触面的吻合。接后应加强管理,采取遮阴、保湿、培土、去砧等措施,提高成活率。

a　枝接,一般在春季发芽前随采随接,如秋季采穗,应蜡封低温贮藏至次年春季使用。

b　芽接,一般在夏末秋初砧木易离皮时进行,接芽不宜贮藏。

5　幼苗抚育

5.1　幼苗出土后,在傍晚或阴天陆续揭除覆盖物,对易受日灼的树种和软枝插条应及时搭棚遮阴。

5.2　幼苗抚育区应设喷灌,扦插床应设喷雾装置。喷水量和喷雾量根据苗木生长情况而定。

5.3　应清除床面、步道和沟渠中的杂草。一般宜采用化学除草。雨后和灌水后表土微干时应进行中耕。

5.4 播种苗出齐后应间苗 2~3 次,定苗疏密均匀,过稀处应予以补栽。

5.5 扦插、压条、埋条及嫁接繁殖苗应及时剥芽去蘖,已木质化者则用枝剪剪除。

5.6 应十分注意防治幼苗病虫害,一经发现病虫,应及时喷药,防止蔓延。

5.7 根据幼苗生长发育情况及时追肥,生长旺季每 10~15 天施肥一次,还可酌情进行根外施肥。

5.8 幼苗须注意防寒。根据其抗寒能力的强弱,分别采用灌封冻水、设风障、覆盖、搭棚等措施,长根而未出土的秋播苗应覆土越冬。

6 大苗培育

6.1 移植

6.1.1 1~2 年生小苗必须移植,将其养成具有完整根系和一定干型、冠型的大苗。速生树种移植 1~2 次,慢生树种移植 2 次以上后,即可定向培育出圃。

6.1.2 移植期以春季为主。在秋季移植落叶树时,应在苗木落叶后进行;雨季移植应以带土球移植为主。北方可于冬季带土球移植针叶树。

6.1.3 移植株行距依苗木生长需要而定,并要便于蓄力和机械操作。

6.1.4 苗木在掘、运、栽的过程中应尽量缩短时间,并分级栽植或予以假植。苗木栽植后应立即灌水。

6.2 修剪

6.2.1 苗木修剪方式因树种及培育目的而定。一般从自然树形为主,因树造型,轻量勤修,分枝均匀,冠幅丰满,干冠比例适宜。

a 乔木类:行道树苗木要求主干通直,主、侧枝分明,分枝点高 1.8~2.0 cm,并逐年上移,直到规定干高为止;庭园观赏树苗的主干不宜太高,可养成多干型或曲干型等。

b 灌木类:枝叶茂密,主枝 5~8 支,并分布匀称。

c 针叶树类:养成全冠型或低干型者应保留主枝顶梢;顶梢不明显的树种宜养成多干型或几何型。

d 绿篱类:应促其分枝,保持全株枝叶丰满。也可作定型修剪,出圃后拼装成绿篱。

e 地被、攀缘类:主蔓 3~5 支,分布均匀。

特殊造型苗木应分步骤修剪成型。

6.2.2 休眠期修剪以整型为主,可稍重剪;生长期修剪以调整树势为主,宜轻剪。有伤流的树种应在夏秋修剪。

6.3 其他栽培技术措施

6.3.1 要加强灌溉、施肥、中耕、除草等技术措施,促使苗木健壮生长,达到预定指标。

6.3.2 要注意预防旱、涝、风、雹、严寒、酷热等自然灾害和人、畜的损伤,提高苗木保存率。

6.3.3 合理间作、套种和补苗,提高土地利用率。

7 病虫害防治

7.1 苗圃应设专人负责病虫害防治工作,加强虫情预测预报,建立植保档案。

7.2 应根据本地区不同树种和不同生长阶段的主要病虫发生规律,制订长期和年度防治计划,采取生物、化学和物理等方法进行综合防治。

7.3 认真进行土壤和苗木消毒。避免具有相同病虫害的苗木在一块地上连接种植或连年栽植;不得在育苗地种植易感染病虫的蔬菜和其他作物。

7.4 严格执行国家植物检疫条例的规定,未经检疫的种苗不得引进或输出。

7.5 对病虫害采取防治措施时,应十分注意保护天敌。

7.6 应重点防治下列病虫害:

a 根部病虫害:立枯病、根腐病、根癌病;蛴螬、蝼蛄、灰象甲、金针虫、地老虎、线虫等。

b 叶部病虫害:锈病、白粉病、褐斑病、黄化病、丛枝病;蚜虫、红蜘蛛、卷叶虫、避债蛾、巢蛾、天社蛾、刺蛾等。

c 枝干病虫害:腐烂病;透刺蛾、木蠹蛾、天牛、吉丁虫、介壳虫等。

7.7 使用药剂应严格执行国家植物保护条例的有关规定,尤其应注意以下几点:

a 正确选择药剂,防止植物产生药害。

b 在有效范围内,宜使用低浓度农药。应注意换用不同药剂,防止病虫产生抗药性。

c 不得使用高污染、高残毒和彼此干扰的药物,提高防治效果。

d 必须执行植保操作规程,确保人畜安全。

8 苗木出圃

8.1 出圃准备

8.1.1 苗木出圃前应对在圃苗木进行调查,将准备出圃的苗木的品种、规格、数量和质量加以统计,以便按计划出圃。

8.1.2 出圃苗木应符合园林苗木产品标准的各项规定。

8.1.3 5年生以下的常绿树苗,移植不足2年时不得出圃,5年生以上的移栽不足3年时不得出圃。

8.1.4 大苗出圃应行环状断根,断根后可在2年内出圃。

8.2 掘苗

8.2.1 掘苗规格

小 苗

苗木高度(cm)	应留根系长度(cm)	
	侧根(幅度)	直根
<30	12	15
31~100	17	20
101~150	20	20

大、中苗

苗木胸径(cm)	应留根系长度(cm)	
	侧根(幅度)	直根
3.1~4.0	35~40	25~30
4.1~5.0	45~50	35~40
5.1~6.0	50~60	40~45
6.1~8.0	70~80	45~55
8.1~10.0	85~100	55~65
10.1~12.0	100~120	65~75

带土球苗

苗木高度(cm)	土球规格(cm)	
	横径	纵径
＜100	30	20
101～200	40～50	30～40
201～300	50～70	40～60
301～400	70～90	60～80
401～500	90～110	80～90

以上为一般掘苗规格,对生根慢和深根性树种可适当增大。

8.2.2 裸根苗掘苗时,土壤含水量不得低于 17％,带土球苗的土壤含水量不得低于 15％。

8.3 其他要求

8.3.1 裸根苗掘起后的暴露时间不得过长,否则应假植。假植期不宜超过 20 天。

8.3.2 裸根苗掘起后应覆盖根部,带土球苗的土球应打包扎紧。运输前要打捆挂牌,标明种类与数量,防止混杂。

8.3.3 出圃苗木修剪时,要为种植时的修剪留有余地,必须剪去病虫枝和冗长枝。根系的修剪,则按带根标准剪去过长部分即可。

8.3.4 出圃苗木应设专人检查,做到四不出圃,即品种不对、规格不符、质量不合格、有病虫害不出圃。

9 技术档案

9.1 苗圃必须建立完整的技术档案。要及时收集,系统积累,进行科学整理与分析,掌握育苗规律,总结经营管理经验。

9.2 技术档案的主要内容有:

9.2.1 育苗地区、场圃概况

a 气候、物候、水文、土质、地形等自然条件的图表资料及调查报告。

b 苗圃建设历史及发展计划。

c 苗圃构筑物、机具、设备等固定资产的现状及历年增减、损耗的记载。

9.2.2 育苗技术资料

a 苗木繁殖:按树种分类记载,包括种条来源、种质鉴定、繁殖方法、成苗率、产苗量及技术管理措施等。

b 苗木抚育:按地块分区记载,包括苗木品种、栽植规格和日期、株行距、移植成活率、年生长量、存苗量、存苗率、技术管理措施、苗木成本、出圃规格、出圃数量和日期等。

c 使用新技术、新工艺和新成果的单项技术资料。

d 试验区、母本区技术管理资料。

9.2.3 经营管理状况

a 苗圃建设任务书,育苗规划,阶段任务完成情况等。

b 职工组织,技术装备情况,投资与经济效益分析,副业生产经营情况等。

9.2.4　各类统计报表和调查总结报告等。

9.3　技术资料应每本整理一次,编好目录,分类归档。

附录　用词及用语说明

1　表示很严格,非这样做不可的用词:

正面词采用"必须";反面词采用"严禁"。

2　表示严格,在正常情况下均应这样做的用词:

正面词采用"应";反面词采用"不应"或"不得"。

3　表示允许稍有选择,在有条件时首先应这样做的用词:

正面词采用"宜"或"可";反面词采用"不宜"。

4　条文中应按指定的标准、规范或其他有关规定执行的写法为"应按……执行"或"应符合……要求或规定"。如非必须按所指的标准、规范或其他规定执行的写法为"可参照……"。

附录5 城市绿地草坪建植与
管理技术规程 第1部分

中华人民共和国国家标准

GB/T 19535.1—2004

城市绿地草坪建植与管理技术规程

第1部分:城市绿地草坪建植技术规程

Technical guidelines for urban lawn establishment and maintenance—

Part 1,Technical guidelines for urban lawn establishment

1 范围

GB/T 19535 的本部分规定了城市绿地草坪建植技术要求。

本部分适用于城市绿地草坪的建植。

2 规范性引用文件

下列文件中的条款通过 GB/T 19535 的本部分的引用而成为本部分的条款。凡是注日期的引用文件,其随后所有的修改单(不包括勘误的内容)或修订版均不适用于本部分,然而,鼓励根据本部分达成协议的各方研究是否可使用这些文件的最新版本。凡是不注日期的引用文件,其最新版本适用于本部分。

GB /T 18247.7— 2000 主要花卉产品等级 第 7 部分:草坪

GB /T 19535.2—2004 城市绿地草坪建植与管理技术规程 第 2 部分:城市绿地草坪管理技术规程

GB 50319—2000 建设工程监理规范

3 术语和定义

下列术语和定义适用于 GB/T 19535 的本部分。

3.1 绿地 green space

利用乔木、灌木、藤本和草本等植物建植,以绿化美化、改善环境为主要目的,具有一定范围的绿化地面或空间。

3.2 城市绿地草坪 urban lawn

用于城镇人口集居地,起绿化、美化、环保及游憩作用的,以草坪为主体的植被。

3.3 绿地草坪工程 lawn engineering

以草坪为主,辅以乔木、灌木和花卉等的植物种植工程。

3.4 植生带 lawn nursery strip

将筛选好的草坪草种子均匀置于两层载体之间,复合而成的带状草坪建植材料。

3.5 草皮 sod

把草坪平铲为平板状或剥离成不同规格和形状,在其上附带一定土壤或基质的草坪建植材料。

3.6 床土改良剂 soil amendment agent

能改善床土理化特性,使其符合草坪生长要求的添加物。

3.7 客土 foreign soil

从异地取来改善原土壤的肥力和理化性质的土壤。

3.8 坪床 turf-bed

为建植草坪而准备的具有一定厚度的床土。

3.9 坪床清理 turf-bed clearing

在建坪场地内有计划地清除和减少障碍物,成功建植草坪的作业。

3.10 园土 garden soil

进行过植物种植并熟化的园田耕作土。

3.11 匍匐茎 stolon

匍匐于地表生长的茎,茎的茎节可向下产生不定根,向上产生新枝。

3.12 根状茎 rhizome

地表以下生长的茎,茎的每个节可长出根和枝条。

3.13 平整 grading

平滑地表,提供理想坪床的作业。

3.14 镇压 rolling

为求得一个平整坚实的坪床面和使叶丛紧密平整生长而进行的碾压作业。

3.15 液压喷播 hydro-seeding

利用液流播种原理,将草坪草种子或茎节、黏合剂、覆盖材料、肥料、保水剂、染色剂和水的浆状物等,通过喷播器具高压喷到床土表面的建植方式。

3.16 覆盖 mulching

将外来材料盖在已经播种的坪床上,以便为种子的萌发和幼苗的生长提供良好的生境。

3.17 草皮铺植法

用草皮建植草坪的方法。

3.18 营养体建植法

用营养枝建植草坪的方法。

3.19 种子直播法

用种子直接播种建植草坪的方法。

3.20 植生带建植法

用植生带建植草坪的方法。

4 绿地草坪建植前准备

4.1 城市绿地草坪建植应按照批准的绿地草坪建植工程设计与有关文件施行。建植人员应掌握设计意图,进行建植准备。

4.2 建植前,设计单位应向建植单位进行设计说明,建植单位应按设计图纸、文件进行现场核对。有不符及不合理之处,应向设计单位提出变更。

4.3 建植任务明确后,建植单位应及时对建植地进行现场踏察和实地调查,确定建植条件,编制出建植计划。

4.4 绿地草坪建植工程的监理遵照 GB 50319—2000 进行。

4.5 建植材料(种子、种苗、草皮、植生带等)的质量遵照 GB/T 18247.7—2000,依次进行评定。草种的选定与组合可按下述要点进行:

—建坪用途、成本及管理费用；

—应适应当地气候和土壤条件；

—灌溉设施的有无及水平；

—抗逆性；

—生长习性；

—对外力的抵抗性；

—抗病虫及杂草的能力；

—持久性；

—形成草皮的能力；

—有机质层的形成及积累。

5 坪床准备

5.1 草坪建植前应对建植场地进行彻底清理和粗平整。

5.2 草坪建植场地不宜使用建筑垃圾土、化学污染土、废渣和僵土等。

5.3 根据设计要求，对场地原土壤进行适当改造与处理。

5.3.1 沙性大的土壤，应混拌泥炭土和增施有机肥。

5.3.2 黏重土壤，应适当掺入粗沙或有机质，以增加土壤疏松性。

5.3.3 偏酸性土壤，应结合施肥增加石灰、草木灰的比重，调高土壤 pH 至适宜值。

5.3.4 偏碱性土壤应进行铺沙或淡水压碱，增施土壤改良剂、过磷酸钙或腐熟的泥炭和有机肥，降低土壤 pH 至适宜值。

5.4 用于建植草坪的土壤应按设计要求制备，并做到充分利用原有优质的表土。

5.5 对土质较差或要求较高的草坪建植地应施加充分腐熟的有机肥或复合肥。施肥量根据土壤肥力状况、草坪草特性与草坪类型确定。

5.6 坪床按设计要求制备，土深 20 cm 以上。回填客土应混匀，按设计要求分层填入并进行 1～2 次渗水沉降或适度镇压。床土适度紧实，无沉陷，无波状起伏。床土质地偏沙性，肥力中等以上。

5.7 播种前床土应浇好底水，床土湿润层保持在 10 cm 以上。待坪床面稍干后，浅耙、打碎土块，使土粒保持黄豆粒大小，细平整、轻压后待播。

5.8 床土质量应达到表 1 和表 2 的指标要求。

表 1 床土肥力指标

项目	指标值	项目	指标值
有机质	2%～3%	速效铁	5～10 mg/kg
全氮	0.1%～0.15%	容重	1.2～1.4 g/cm³
速效磷	5～10 mg/100 g 干土	土壤质地	轻壤土
速效钾	＞30 mg/100 g 干土		

表 2 床土的含盐量与酸碱度指标

项目	指标值	项目	指标值
全盐量	＜0.3%	碱化度	＜25%
氯离子	＜0.02%	pH 值	5.5～8

6　灌排水设施建设

6.1　根据设计要求设置供水装置和排水设施。

6.2　灌排水设施的建设应在整地前完成。

6.3　灌溉用水的矿化度应＜0.5 g/L,钠吸附比(SAR)应＜10,生活废水及工业废水不应直接用于灌溉。

7　绿地草坪建植方法

7.1　草皮铺植法

7.1.1　满铺:草皮按1:1的比例铺植,间距2 cm左右,缝与缝之间用土填实,使草皮间密接。

7.1.2　拆铺:草皮按1:2以上的比例有规律地间铺,间距要均匀。拆铺比例大小视草种生长特性、铺植季节及建成草坪要求的时间确定。

7.1.3　铺植时间:暖季型草坪草以初夏为好,尤以梅雨季节为佳。冷季型草坪草春季或秋季为宜,而以秋季为佳。

7.1.4　草皮铺植后应及时浇水,水要浇透浇匀。待土壤表面见干时,适时镇压,直至草坪面完全平整和紧实为止。

7.1.5　新铺草皮适时追施氮肥,应做好病虫害、杂草防治及日常养护管理工作。

7.2　营养体建植法

7.2.1　分栽:将草坪挖起,分切成小块,每块含5～10株草苗,栽入建坪地。

7.2.1.1　对于北方地区冷季型草坪草在春秋较适宜分栽,夏季温度过高,不宜分栽。分栽高度以苗高5～8 cm为宜。

7.2.1.2　栽植距离可按15 cm×20 cm开沟,沟深6～8 cm,然后将切好的草苗按10～15 cm的距离栽入沟内,踏实,与原地水平。

7.2.1.3　草苗栽植后应立即浇水,待土壤表面见干时,适时镇压,直至草坪面完全平整和紧实为止。低洼处覆土和清除杂草。

7.2.2　播茎法:用匍匐枝和根状茎建植草坪的方法。

7.2.2.1　播茎建草坪的时间暖季型草坪草以春末夏初为宜,冷季型草坪草应提前或延后至夏末。

7.2.2.2　从二年以上的草坪上剪取具芽的茎段,均匀地撒播在制备好的坪床表面,用碾磙镇压后,在其上覆1 cm左右的细土或沙,再镇压。

7.2.2.3　播茎后应及时浇水,并保持地表湿润。对露出的茎段应及时用细土或沙补盖。对覆土过厚处应及时疏松。做好杂草和病虫害的防除工作。

7.3　种子直播法

7.3.1　播种前应对使用的种子的质量再次进行确认。有的种子还要进行消毒或催芽处理。

7.3.2　播种要求种子分布均匀,覆土以0.5～1.0 cm为宜。

7.3.3　播种期应根据草种生物学特性,做到适时播种。具体播种时间应视气温而定,冷季型和暖季型。草坪草发芽适宜温度分别为15～25℃和20～35℃。

7.3.4　播种量取决于种子的大小、质量、组合配方和建坪地的立地条件。其确定的标准是以足够量的活种子来确保单位面积上幼苗的额定株数,即10 000～20 000株/m²。通常冷季型草坪草大粒种子的单播种量 20～40 g/m²，小粒种子 8～20 g/m²，优质混播草坪 20～40 g/m²；暖季型草坪草的日本结缕草 20～30 g/m²，狗牙根和假俭草 10～15 g/m²，地毯草 10～15 g/m²，巴哈雀稗 10～15 g/m²。

7.3.5 播种可用人工，也可用专用机械进行，在特定条件下亦可采用喷播。通常播种可按下列步骤进行：

— 把欲建植地划分成若干等面积的块或条；

— 把种子额定播种量依划分的地块数分开；

— 把种子播在对应的地块；

— 轻耙，使种子与表土均匀混合。种子入土深度 0.5～1.0 cm；

— 视条件与需要加盖覆盖物；

— 及时浇水，做好幼坪管理。

通常在下列情况下需对坪床进行覆盖：

— 需稳定土壤和固定种子，以抗大风和地表径流的侵蚀时；

— 为减少地表蒸发，提供一个较湿润的小生境时；

— 减缓水滴的冲击能量，减少地表板结，使土壤保持较高的渗透速度时；

— 晚秋、早春低温播种时；

— 需草坪提前返青和延迟枯黄时。

7.4 植生带建植法

7.4.1 铺植时将成卷的植生带自然地铺放在坪床表面，拉直、紧密衔接，确保植生带与表土紧贴，并用 U 形铁丝钉固定。

7.4.2 覆细土或沙 0.3 cm 厚，及时浇水，做好幼坪管理。

8 幼坪管理

遵照 GB/T 19535.2—2004。

9 验收与质量等级评定

9.1 草坪建植后经过幼坪管理阶段，在进行第一次修剪后可进行竣工的初验收。原则上经过一个完整生长周期，达到建植标准时方可进行完工验收。

9.2 建成的城市绿地草坪遵照 GB/T 18247.7—2000，依此进行质量等级评定。

参 考 文 献

［1］张树宝．花卉生产技术．2版．重庆：重庆大学出版社，2008.

［2］李国庆．草坪建植与养护．北京．化学工业出版社，2011.

［3］陈志远，陈红林，周必成.常用绿化树种苗木繁育技术.北京：金盾出版社，2010.

［4］苏金乐．园林苗圃学.北京：中国农业出版社，2010.

［5］叶要妹．园林绿化苗木培育与施工实用技术.北京：化学工业出版社，2011.

［6］孙时轩．林木育苗技术.北京：金盾出版社，2011.

［7］叶要妹．160种园林绿化苗木繁育技术.北京：化学工业出版社，2011.

［8］谢云．园林苗木生产技术手册.北京：中国林业出版社，2012.

［9］白永莉，乔丽婷.草坪建植与养护技术.北京：化学工业出版社，2009.

［10］丁彦芬，田如男.园林苗圃学.南京：东南大学出版社，2010.

［11］杨玉贵，郭淑英.园林苗圃.重庆：重庆大学出版社，2010.

［12］闫永庆．园林植物生产、应用技术与实训.北京：中国劳动社会保障出版社，2005.

［13］车代弟．园林花卉学.北京：中国建筑工业出版社，2009.

［14］卢建国．园林花卉.北京：中国林业出版社，2007.

［15］吴亚芹，等．花卉栽培生产技术.北京：化学工业出版社，2006.

［16］周鑫，郭晓龙.草坪建植与养护.郑州：黄河水利出版社，2010.

［17］鲁朝辉，张少艾.草坪建植与养护.重庆：重庆大学出版社，2006.

［18］王文和．花卉栽培与管理.北京：化学工业出版社，2009.